过程控制系统与实践

丁永生 韩 芳 任正云 陈 磊 等 编著

U0351102

科学出版社

北 京

内 容 简 介

本书以过程控制系统为研究对象,阐述了过程控制系统的主要设计方法,同时结合编者从事的实际课题,对典型流程工业的生产过程控制系统进行案例分析。全书共 8 章:第 1 章为绪论;第 2 章为工业过程的建模方法;第 3 章为常规过程控制策略;第 4 章为简单控制系统的分析与设计;第 5 章为常用复杂控制系统;第 6 章为实现特殊工艺要求的复杂控制系统;第 7 章为先进控制技术;第 8 章为过程控制系统工程实践,包括化纤过程控制系统应用、单晶硅生长炉过程控制系统应用等。

本书可以作为普通高等院校自动化类专业本科生及研究生"过程控制系统"课程的教材和教学参考书,也可作为有关工程技术人员的自学教材和参考资料。

图书在版编目(CIP)数据

过程控制系统与实践 / 丁永生等编著 . —北京:科学出版社,2016.8
ISBN 978-7-03-049533-4

Ⅰ.①过⋯ Ⅱ.①丁⋯ Ⅲ.①过程控制-研究 Ⅳ.①TP273

中国版本图书馆 CIP 数据核字(2016)第 187025 号

责任编辑:张海娜 高慧元 / 责任校对:桂伟利
责任印制:徐晓晨 / 封面设计:蓝正设计

科 学 出 版 社 出版
北京东黄城根北街 16 号
邮政编码:100717
http://www.sciencep.com

北京京华虎彩印刷有限公司 印刷
科学出版社发行 各地新华书店经销
*
2016 年 8 月第 一 版 开本:720×1000 1/16
2017 年 3 月第二次印刷 印张:17 1/4
字数:345 000
定价:105.00元
(如有印装质量问题,我社负责调换)

前　言

本书是控制理论、生产工艺、计算机技术和仪器仪表知识等相结合的一门综合性教材。随着计算机、控制、传感检测等相关技术的高速发展,过程控制技术这一自动化领域内的重要分支也在不断地前进与发展。国际上的很多学者在此领域内作出了杰出的成就,并成功运用于电力、冶金、轻工、纺织等连续型生产过程系统。由于过程控制的理论与应用结合紧密、内容较广、实践性较强,从而造成学生在学习的过程中遇到了很多的实际困难。因此,本书课程的教学内容、理念、方法和手段都必须随着新应用和新技术的出现而进行改革,以使学生更好地适应社会发展的需要,真正实现实践型与创新型人才的培养。

基于上述考虑,本书以过程控制系统为研究对象,积极跟踪过程控制领域内最新研究成果,扩充先进控制理论应用的成果,并分析控制系统方案。主要内容包括:工业过程的建模方法、控制器的控制规律、简单控制系统的分析与设计、常用复杂控制系统(串级控制系统、前馈控制系统、大滞后过程控制系统等)、实现特殊工艺要求的复杂控制系统(比值控制、均匀控制、分程控制、选择控制、解耦控制等)和先进控制技术(自适应控制、预测控制、模糊控制、神经网络控制等)等。同时结合编者的实际工程研究课题,对典型流程工业的生产过程进行案例分析,如化纤生产过程控制系统、单晶硅生长炉过程控制系统等。

本书的特点是理论与实际相结合,基本理论与新技术并重,内容切合信息时代的需要,并力求深入浅出,有很多工业过程控制的应用案例,便于学生学习与理解。全书内容丰富,系统性和先进性都比较突出。

感谢东华大学提供的工作条件,以及各位同仁对我们工作的一贯支持,使我们能顺利地完成本书的编写工作,尤其要感谢徐楠、黄丽、韩韬等博士生和周凯、赵然、陈贝贝、程功、李峰、毛祎蒙、赵军、刘妍、鲍磊、赵润喆、朱欣萌、沈冬梅、侍倩、李彩云、毕云松、王伟凯、张广磊、王艺楠等硕士生为本书的编写和校对所作出的贡献。

由于本书内容涉及面广,编者学识有限,书中的有些观点和提法难免有不妥之处,恳请广大读者给予批评指正。

作 者

2016 年 4 月

目 录

第1章 绪 论

1.1 过程控制系统的发展简史

在石油、化工、化纤、冶金、电力、轻工和建材等工业生产中,连续的或按一定程序周期进行的生产过程的自动控制称为生产过程自动化。生产过程自动化是保持生产稳定、降低消耗、降低成本、改善劳动条件、促进文明生产、保证生产安全和提高劳动生产率的重要手段,是工业现代化的标志。

过程控制是指采用模拟或数字控制方式对生产过程的某一或某些物理参数进行的自动控制。过程控制系统可以分为常规仪表过程控制系统与计算机过程控制系统两大类。随着工业生产规模走向大型化、复杂化、精细化、批量化,常规仪表过程控制系统已很难达到生产和管理的要求,所以计算机过程控制系统应运而生,这是近几十年发展起来的以计算机为核心的控制系统。

过程控制在石油、化工、电力、冶金等工业生产中有广泛的应用。20世纪50年代,过程控制主要用于使生产过程中的一些参量保持不变,从而保证产量和质量稳定。60年代,随着各种组合仪表和巡回检测装置的出现,过程控制已开始过渡到集中监视、操作和控制。70年代,出现了过程控制最优化与管理调度自动化相结合的多级计算机控制系统。80年代至现在,出现了过程控制的各种先进控制方法和网络控制系统。

1.2 过程控制系统组成及特点

1.2.1 过程控制系统组成

以表征生产过程的参数为被控制量,使之接近给定值或保持在给定范围内,是过程控制系统的主要任务。这里"过程"是指在生产装置或设备中进行的物质和能量的相互作用和转换过程。例如,锅炉中蒸汽的产生、分馏塔中原油的分离等。表征过程的主要参数有温度、压力、流量、液位、成分、浓度等。通过对过程参数的控制,可使生产过程中产品的产量增加、质量提高和能耗减少。

所谓过程控制是指根据工业生产过程的特点,采用测量仪表、执行机构和计算机等自动化工具,应用控制理论,设计工业生产过程控制系统,实现工业生产过程自动化。

过程控制系统的基本结构一般可用图 1-1 表示。

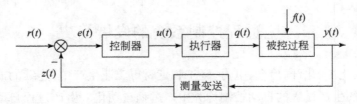

图 1-1 过程控制系统的基本结构

图 1-1 中各变量分别为被控变量 $y(t)$、控制(操纵)变量 $q(t)$、扰动量 $f(t)$、给定值 $r(t)$、反馈值 $z(t)$、偏差 $e(t)$ 和控制作用 $u(t)$。

图 1-2 所示几个简单过程控制系统的实例。图中需要控制的变量,如温度、压力、液位、流量等,称为被控变量。为了使被控变量与希望的设定值保持一致,那些

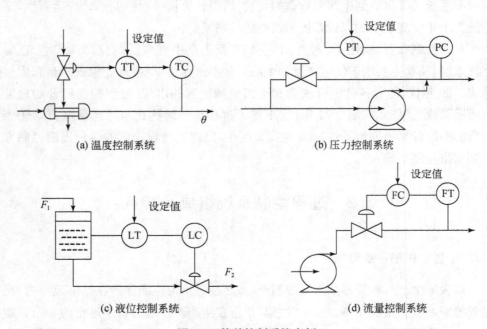

(a) 温度控制系统

(b) 压力控制系统

(c) 液位控制系统

(d) 流量控制系统

图 1-2 简单控制系统实例

用于调节的变量,如蒸汽流量、回流流量和出料流量等,称为操纵变量或操作变量。被控变量偏离设定值的原因是过程中存在扰动,如蒸汽压力、泵的转速、进料量的变化等。

过程控制系统工作的基本方式是,检测元件和变送器将被控变量检测出来并转换为标准信号,当系统受到扰动影响时,检测信号与设定值之间就有了偏差,控制器(或调节器)根据系统输出反馈值与设定值的偏差,按照一定的控制算法输出控制量,驱动执行机构(如调节阀)改变操纵变量,使被控变量恢复到设定值。可见,简单控制系统由被控过程(控制对象)、测量变送单元、控制器和执行器(调节阀)组成。

测量变送单元用于检测被控变量,并将检测到的信号转换为标准信号输出,如热电阻、热电偶等温度变送器、压力变送器、液位变送器、流量变送器等。

控制器用于将检测变送单元的输出信号与设定值信号进行比较,按一定的控制规律对其偏差信号进行计算,运算结果输出到执行器。控制器可以采用模拟仪表的控制器,或由微处理器组成的数字控制器,如用 DCS 中的控制功能模块等实现。

调节阀是控制系统环路的最终元件,直接用于控制操纵变量变化。调节阀接收控制器的输出信号,改变操纵量。调节阀可以是气动薄膜调节阀、带电气阀门定位器的电动调节阀等,也可用变频调速电动机等实现。

图 1-2 中,TT、PT、LT 和 FT 分别表示温度、压力、液位和流量变送器,TC、PC、LC 和 FC 表示相应的控制器。用这些符号表示的过程控制系统结构图称为系统的工艺流程图。

1.2.2 过程控制系统特点

生产过程的自动控制,一般要求保持过程进行中的有关参数为一定值或按一定规律变化。被控参数不但受内、外界各种条件的影响,而且各参数之间也会相互影响,这就给对某些参数进行自动控制增加了复杂性和困难性。此外,过程控制还有如下一些特点:

(1) 被控对象的多样性。对生产过程进行有效的控制,首先得认识被控对象的行为特征,并用数学模型给以表征,这是对象特性的辨识。被控对象多样性这一特点,给辨识对象特性带来一定困难。

(2) 被控对象存在滞后。由于生产过程大多在比较庞大的设备内进行,对象的储存能力大,惯性也大。在热工生产过程中,内部介质的流动和热量转移都存在一定的阻力,因此对象一般均存在滞后性。

由自动控制理论可知,如系统中某一环节具有较大的滞后特性,将给系统的稳定性和动态质量指标带来不利的影响,增加控制的难度。

(3)被控对象一般具有非线性特点。当被控对象具有的非线性特性较明显而不能忽略不计时,系统为非线性系统,必须用非线性理论来设计控制系统,设计的难度较高。若将具有明显非线性特性的被控对象经线性化处理后近似成线性对象,用线性理论来设计控制系统,由于被控对象的动态特性有明显的差别,难以达到理想的控制目的。

(4)控制系统比较复杂。控制系统的复杂性表现之一是其运行现场具有较多的干扰因素。基于生产安全的考虑,应使控制系统具有很高的可靠性。但是基于以上特点,要完全通过理论计算进行系统设计与控制器的参数整定至今仍存在相当的困难,一般是通过理论计算与现场调整的方法,达到过程控制的目的。

1.3　过程控制系统的分类

按系统的结构特点,过程控制系统可分为:

(1)反馈控制系统。偏差值是控制的依据,最后达到减小或消除偏差的目的。反馈信号可能有多个,从而可以构成多回路控制系统(如串级控制系统)。

(2)前馈控制系统。扰动量的大小是控制的依据,控制"及时"。它属于开环控制系统,在实际生产中不能单独采用。

(3)闭环与开环控制系统。反馈是控制的核心,只有通过反馈才能实现对被控参数的闭环控制。开环控制系统不能自动地"察觉"被控参数的变化情况,也不能判断控制参数的校正作用是否适合实际需要。闭环控制系统在过程控制中使用最为普遍。

按给定值信号的特点,过程控制系统可分为:

(1)定值控制系统。定值控制系统是工业生产过程中应用最多的一种过程控制系统。在运行时,系统被控量(温度、压力、流量、液位、成分等)的给定值是固定不变的,有时在规定的小范围附近不变。

(2)随动控制系统。随动控制系统是一种被控量的给定值随时间任意变化的控制系统。如在锅炉燃烧控制系统中,要求空气量随燃料量的变化而变化,以保证燃烧的经济性。它的主要作用是克服一切扰动,使被控量随时跟踪给定值。一般意义上的随动控制系统是指位置随动系统,如火炮、导弹的位置跟踪等。

1.4 过程控制系统的性能指标

控制系统的性能指标应根据生产工艺过程的实际需要来确定,不能不切实际地提出过高的控制性能指标要求。评价系统控制性能的好坏通常从稳定性、快速性和准确性三个方面来进行。

分析系统性能指标通常采用阶跃响应性能指标,系统工程整定时采用偏差积分性能指标。

系统性能指标主要包括以下几个方面:

(1)稳态误差,即余差。描述系统稳态特性的唯一指标,反映控制的准确性。指系统过渡过程终了时给定值与被控参数稳态值之差。阶跃扰动作用下控制系统过渡过程曲线如图 1-3 所示。一般要求稳态误差为零或越小越好,但不是所有的控制系统对余差都有很高的要求,如一般贮槽的液位控制,往往允许液位在一定范围内变化。

(2)静态指标与动态指标。生产过程中干扰无时不在,控制系统时时刻刻都处在一种频繁的、不间断的动态调节过程中。所以,在过程控制中,了解或研究控制系统的动态比其静态更为重要、更有意义。常用的动态指标有衰减比、超调量、过渡过程时间等。

①衰减比。衡量系统过渡过程稳定性的一个动态指标,它的定义是振荡过程中第一个波的振幅与同方向第一个波的振幅之比,如图 1-4 中的 B_1/B_2。一般取衰减比为 $4:1 \sim 10:1$,其中 $4:1$ 衰减比常作为评价过渡过程动态性能的一个理想指标。

②最大动态偏差或超调量 σ。σ 是描述被控变量偏离设定值最大程度的物理量,是衡量过渡过程稳定性的一个动态指标。对于定值控制系统,过渡过程的最大动态偏差是指被控变量第一个波的峰值。在随动控制系统中,通常采用超调量来表示被控变量偏离设定值的程度,其定义是第一个波的峰值与最终稳态值之差。一般超调量以百分数给出。

③过渡过程时间 t_s。t_s 指系统从受扰动作用时起,直到被控参数进入新的稳态值 $\pm5\%$(或 $\pm2\%$) 的范围内所经历的时间,反映控制的快速性。要求 σ、t_s 应越小越好。

性能指标之间的关系有些是相互矛盾的(如超调量与过渡过程时间)。对于不同的控制系统,这些性能指标各有其重要性。应根据工艺生产的具体要求,分清主次,统筹兼顾,保证优先满足主要的品质指标要求。

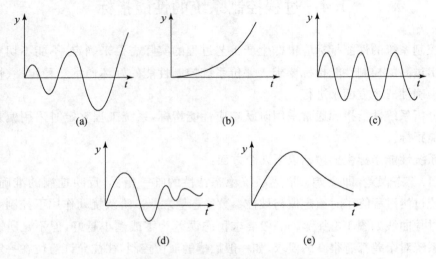

图 1-3　阶跃扰动作用下控制系统过渡过程曲线

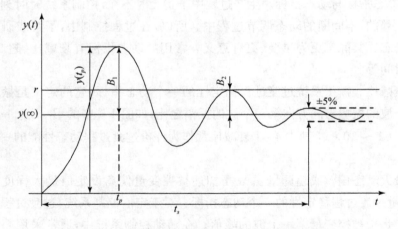

图 1-4　给定值阶跃变化时过渡过程的典型曲线

1.5　过程控制系统设计

　　工业过程自动化的目标应该是使生产过程达到安全、平稳、优质、高效(高产、低耗)。作为自动化的初级阶段能够达到的目标主要是使生产过程安全(仅限于越限报警和联锁)与平稳地进行。

要实现过程自动控制,首先要对整个工业生产过程的物料流、能源流和生产过程中的有关状态(如温度、压力、流量、物位、成分等)进行准确的测量和计量。根据测量到数据和信息,用生产过程工艺和控制理论的知识管理、控制该生产过程。

一个完整的过程控制系统设计,应包括方案设计、工程设计、工程安装、仪表调校以及控制器参数整定等主要内容。控制方案设计和控制器参数整定则是系统设计中的两个核心内容。由于工业生产过程各种各样而且非常复杂,因此,在设计工业生产过程控制系统时,必须花大量的时间和精力了解该工业生产过程的基本原理、操作过程和过程特性,这是设计和实现一个工业生产过程控制系统的首要条件。这就要求从事过程控制的技术人员必须与工艺人员充分交流。

控制方案设计的基本原则包括合理选择被控参数和控制参数、被控参数的测量变送、控制规律的选取以及执行机构的选择等。

1.6　过程控制策略与算法的进展

几十年来,过程控制策略与算法出现了三种类型:简单控制、复杂控制与先进控制。通常将单回路 PID 控制称为简单控制,它一直是过程控制的主要手段。PID 控制以经典控制理论为基础,主要用频域方法对控制系统进行分析与综合。目前,PID 控制仍然得到广泛应用。

从 20 世纪 50 年代开始,过程控制界逐渐发展了串级控制、比值控制、前馈控制、均匀控制和 Smith 预估控制等控制策略与算法,称为复杂控制。它们在很大程度上,满足了复杂过程工业的一些特殊控制要求。但它们仍然是以经典控制理论为基础,只是在结构与应用上各有特色,而且目前仍在继续改进与发展。

20 世纪 70 年代中后期,出现了以 DCS 和 PLC 为代表的新型计算机控制装置,为过程控制提供了强有力的硬件与软件平台。

从 20 世纪 80 年代开始,在现代控制理论和人工智能发展的理论基础上,针对工业过程控制本身的非线性、时变性、耦合性和不确定性等特性,提出了许多行之有效的解决方法,如解耦控制、推断控制、预测控制、模糊控制、自适应控制、人工神经网络控制等,常统称为先进过程控制。近十年来,以专家系统、模糊逻辑、神经网络、遗传算法为主要方法的基于知识的智能处理方法已经成为过程控制的一种重要技术。先进过程控制方法可以有效地解决那些采用常规控制效果差,甚至无法控制的复杂工业过程的控制问题。

实践证明,先进过程控制方法能取得更高的控制品质和更大的经济效益,具有广阔的发展前景。

思考题与习题

1. 什么是过程控制系统？典型过程控制系统由哪几部分组成？画出其基本框图。

2. 过程控制有哪些主要特点？

3. 说明过程控制系统的分类方法，通常过程控制系统可分为哪几类？

4. 评价控制系统性能的常用单项指标有哪些？它们分别表征过程控制系统的什么性能？

5. 什么是定值控制系统？试说明定值控制系统稳态与动态的含义。为什么在分析过程控制系统的性能时更关注其动态特性？

第 2 章　过程控制系统建模方法

要想对工业生产过程进行控制,首先要了解被控过程或者控制对象的特点,建立对应过程或对象的数学模型。本章描述系统建模的基本概念,介绍过程建模的方法及常见过程模型知识。

2.1　过程模型概念及其建模方法

2.1.1　概述

在工业生产过程中,被控对象的类型很多,这些被控对象的特性是由工艺设备决定的,只有充分地掌握被控对象的特性,根据被控对象的内在规律,才能提出适合被控对象特性的最优控制策略,以便选择稳妥合适的控制器、控制阀,以及制定合适的控制器参数。

研究分析被控对象的特性,就是要建立描述被控对象特性的数学模型。被控过程的数学模型,是反映被控过程的输出量和输入量之间关系的数学描述,或者说是描述被控过程因输入作用导致输出量变化的数学关系式。

建模需要三类主要的信息源:首先要确定明确的输入量与输出量,通常选择可控性良好、对输出量影响最大的一个输入信号作为输入量,其余的输入信号则为干扰量;其次要有先验知识,先验知识来自内在的物理化学规律,来自事前测试数据,也来自日常操作记录的分析,如过程是否接近线性、时滞和时间常数的大小等,对模型结构、实验设计、辨识方法都有影响,先验知识越丰富准确,在建模中就越容易迅速地得到精确的结果,所以在建模中必须掌握建模对象所要用到的先验知识;最后,得出试验数据,控制过程的信息通过对对象的试验与测量而获得,合适的试验数据是验证模型和建模的重要依据。数学建模的过程如图 2-1 所示。

建立过程的数学模型需要恪守以下五条基本原则:

(1)目的性:确定建模的目标和任务。

(2)实用性:模型的内在物理概念要确定。

(3)准确性:用于控制的数学模型要求准确可靠,但并不是越准确越好。这是

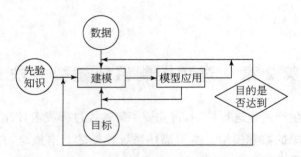

图 2-1　数学建模的信息源过程图

因为控制过程一般都会具有闭环控制环节,而闭环控制在结构上,就会显示出一定的鲁棒性。这时,模型的误差就可以视为干扰,在某种程度上,闭环控制具有自动消除干扰影响的能力。

(4)适用性:在建立数学模型时,时刻注意要抓住主要因素,忽略次要因素,这就要求在某一程度上,需要进行很多近似处理,如线性化、分布参数系统和模型降阶处理等。

(5)准则函数:通常选用的准则函数,需要满足过程中涉及的算法简单,同时不出现非线性干扰,便于实现全局最优。

2.1.2　建模方法

一般情况下,建立一个过程的数学模型有以下三种基本方法:

(1)机理建模法。机理建模法又称为白箱模型,在进行建模之前,通常需要分析工业生产过程中的机理,也就是日常生活中所涉及的一些原理、方法,如能量守恒原理、动量平衡关系、动力学原理等。掌握这些基本规律,结合数学描述,建立过程的数学模型。另外还需要使用其他辅助关系的公式代入基本方程,通过以上建立的关系式方程组,就建立起实用的过程模型。

(2)试验测试法。试验测试法又称为黑箱模型,对于机理尚不清楚或机理过于复杂的系统,实验建模就是针对所要研究的系统,人为地施加某种测试信号,并记录其输出响应,或者记录正常运行时的输入/输出数据,这些数据可以用来表示对象特性,也可以对这些数据进行进一步处理,利用这些数据确定系统模型结构和模型参数,从而使其转化为描述对象特性的解析表达式。

(3)机理建模法和试验测试法的混合使用,称为灰箱模型。

2.1.3　机理建模方法

机理建模法进行建模的关键是过程中的机理已经被充分掌握,同时也能确定地进行数学描述,但是其只能用于简单过程的建模。

机理法建模的一般步骤如下:

(1)根据系统建模对象和过程模型使用目的进行合理假设;

(2)根据物料和能量守恒等过程的内在机理关系列写基本方程式;

(3)对自由度分析,保证模型有解;

(4)最终简化为系统动态模型。

对于弱非线性系统,为了简化数学模型,同时提高系统的稳定性,可以在工作点处对其进行线性化处理,在系统输入和输出工作范围内,把非线性关系近似为线性关系,最常用的是切线法,在稳态特性上用经过工作点的切线代替原来的曲线,在列写动态方程后,将输入变量与输出变量间的非线性函数,在工作点附近展开成泰勒级数,忽略高次项后,即可得到变量的近似线性化模型。

例 2-1　用一个液位对象来描述其机理模型的建立步骤。

图 2-2 所示为液位对象,其液体流入量为 F_1,通过改变控制阀门 1 的开度,可以改变 F_1 的大小。液体流出量为 F_2,它取决于用户的需要,可控制阀门 2 的开度来加以改变。液位 h 代表存储罐中存储液体的数量,h 的变化反映了由于液体流入量 F_1 与流出量 F_2 不等而引起存储罐中蓄水或者泄水的过程。

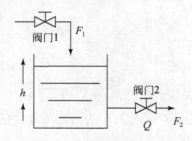

图 2-2　液位对象示意图

设液位对象的输入量为 F_1,输出量为液位 h。根据物料平衡的关系,液体流入量与流出量之差应等于储罐中液体存储量的变化率,即

$$F_1 - F_2 = k \frac{\mathrm{d}h}{\mathrm{d}t} \tag{2-1}$$

将式(2-1)表示为增量形式:

$$\Delta F_1 - \Delta F_2 = k \frac{\mathrm{d}\Delta h}{\mathrm{d}t} \tag{2-2}$$

式中，ΔF_1、ΔF_2、Δh 分别表示偏离某一平衡状态 F_{10}、F_{20}、h_0 的增量；k 表示存储罐的截面积。

设某一平衡状态下的流入量 F_{10} 等于流出量 F_{20}，液位的平衡值为 h_0，ΔF_1 是由控制阀门 1 的开度变化而引起的。

液体的流出量 F_2 是随液位 h 而变化的，h 越高，阀门 2 前的静压力越大，流出量 F_2 也就越大。同时，F_2 还与控制阀的阻力 Q 相关，假设三者变化量之间的关系为

$$\Delta F_2 = \frac{\Delta h}{Q} \tag{2-3}$$

式中，Q 表示阀门 2 的阻力，称为液阻。

液体在流动中总存在阻力，在图 2-2 中液阻 Q 可定义为

$$Q = \frac{液位差变化}{流量变化}$$

其物理意义是：产生单位流量变化所需要的液位变化量。液体在一般流动情况下，液位 h 和流量 F_2 之间的关系是非线性的，因此液阻 Q 在 F_2 不同时是不同的。

由式 (2-2) 和式 (2-3) 可得

$$\Delta F_1 - \frac{\Delta h}{Q} = k \frac{\mathrm{d}\Delta h}{\mathrm{d}t} \quad \text{或者} \quad Qk \frac{\mathrm{d}\Delta h}{\mathrm{d}t} + \Delta h = Q\Delta F \tag{2-4}$$

将式 (2-4) 改写成一般形式为

$$F \frac{\mathrm{d}\Delta h}{\mathrm{d}t} + \Delta h = k\Delta F_1 \tag{2-5}$$

或者写成拉氏变换式为

$$G_0(s) = \frac{H(s)}{F_1(s)} = \frac{K}{Ts+1} \tag{2-6}$$

式中，T 为对象的时间常数，$T = KQ$；K 为对象的放大倍数，$K = Q$；Q 为阀门 2 的阻力。

液位对象时间常数 T 是反映对象在扰动作用下被控参数变化的快慢程度，即表示对象惯性大小的参数。

具有纯延迟的液位系统，如图 2-3 所示，其中 q^* 表示有延时的情况下的流量。列写物料平衡方程，有

$$q_1(t - \tau_0) - q_2(t) = A \frac{\mathrm{d}h(t)}{\mathrm{d}t} \tag{2-7}$$

同理

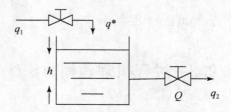

图 2-3　具有纯延迟的液位对象示意图

$$\Delta q_1(t-\tau_0) - \Delta q_2(t) = A\frac{\mathrm{d}\Delta h(t)}{\mathrm{d}t} \tag{2-8}$$

同样有

$$\Delta q_2(t) = \frac{\Delta h(t)}{R_2} \tag{2-9}$$

代入式(2-8)，可得

$$\Delta q_1(t-\tau_0) - \frac{\Delta h(t)}{R_2} = A\frac{\mathrm{d}\Delta h(t)}{\mathrm{d}t} \tag{2-10}$$

对上式求拉氏变换得

$$AR_2 s\Delta H(s) + \Delta H(s) = R_2\Delta Q_1(s)\mathrm{e}^{-\tau_0 s} \tag{2-11}$$

$$W_0(s) = \frac{\Delta H(s)}{\Delta Q_1(s)} = \frac{R_2}{AR_2 s+1}\mathrm{e}^{-\tau_0 s} = \frac{K_0}{T_0 s+1}\mathrm{e}^{-\tau_0 s} \tag{2-12}$$

式中，τ_0 为过程的纯延迟时间。

　　例 2-2　图 2-4 所示为机械转动系统，系统的转动惯量为 J，黏性阻尼系数为 f，输出量为惯性负载的角速度 ω，$T(t)$ 为作用到系统上的转矩。求系统的传递函数。

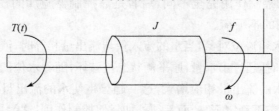

图 2-4　机械转动系统的示意图

　　应用牛顿第二定律：

$$J\frac{\mathrm{d}\omega}{\mathrm{d}t} = \sum T, \quad J\frac{\mathrm{d}\omega}{\mathrm{d}t} = T(t) - f\omega$$

方程两边同时求拉氏变换：

$$Js\omega(s) + f\omega(s) = T(s)$$

则

$$\Phi(s) = \frac{\omega(s)}{T(s)} = \frac{1}{Js + f}$$

2.2　过程机理建模方法

2.2.1　自衡过程与非自衡过程

被控过程在干扰作用下,原有的平衡状态被打破后,无须外加任何控制作用,依靠对象自身自动恢复到新的平衡状态,具有这种特性的被控过程称为自衡过程;否则称为非自衡过程。图 2-5 和图 2-6 分别为自衡过程和非自衡过程的阶跃响应曲线。

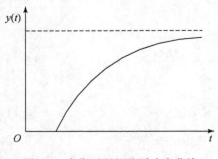

图 2-5　自衡过程的阶跃响应曲线

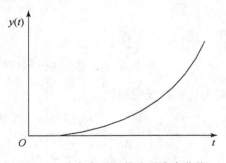

图 2-6　非自衡过程的阶跃响应曲线

自衡是一种自然形式的负反馈,好像在过程内部具有比例控制作用,但对象的自衡作用与系统的控制作用完全不同,后者是靠控制器施加的控制作用来消除输入量和输出量之间的不平衡。

例如,简单的水箱液位对象,当水的流入量与流出量相等时,液位处于平衡状态。在进水量阶跃增大时,超过出水量,原平衡状态被破坏,随着水位的上升,水箱内的液体静压力增高,使水的流出量相应增大,这一趋势将使水的流出量再次等于流入量,液位在新的平衡状态下稳定下来,而无须外加任何控制作用,这就是自衡过程。

2.2.2　单容过程模型

单容过程是指只有一个贮存容量的过程,单容过程可分为无自衡单容过程和自衡单容过程。

1. 无自衡单容过程

典型无自衡单容过程,如图 2-7 所示。

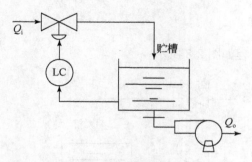

图 2-7　无自衡单容液位过程

图 2-7 中, Q_i 为贮槽的流入量, Q_o 为贮槽的流出量,其中计量泵排出的流量 Q_o 可以改变,而 Q_i 不可以改变,贮槽所容纳流体数量的变化速度等于输入流量和流出流量之差:

$$p \frac{dV}{dt} = Q_i - Q_o \qquad (2\text{-}13)$$

式中, V 表示容器体积; p 表示溶液密度。如果贮槽横截面积 A 固定,则上式为

$$Ap \frac{dh}{dt} = Q_i - Q_o \qquad (2\text{-}14)$$

式中, h 代表液位,该式的解为

$$h(t) = \frac{1}{Ap} \int (Q_i - Q_o) dt \qquad (2\text{-}15)$$

假设初始条件为

$$h(0) = h_0, \quad h'(0) = 0$$

则上式的拉氏变换式为

$$ApsH(s) = Q_i(s) - Q_o(s) = dQ(S) \qquad (2\text{-}16)$$

即传递函数:

$$G(s) = \frac{H(s)}{dQ(s)} = \frac{1}{Aps} = \frac{1}{T_i s} \qquad (2\text{-}17)$$

式中, $T_i = Ap$ 表示积分时间。

当过程具有纯延时 τ 时,其传递函数为

$$G(s) = \frac{1}{T_i s} e^{-\tau s} \qquad (2\text{-}18)$$

无自衡单容过程的传递函数为一阶积分环节,积分作用的大小与积分时间成反比,对于同种介质,容器面积越大,积分时间越长,积分作用越弱。

2. 自衡单容过程

典型自衡单容过程如图 2-8 所示。

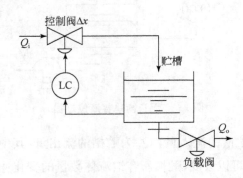

图 2-8　自衡单容液位过程

与无自衡单容图相比,自衡单容图中的计量泵改为一般手动阀门,则液位的增加会使流出量增加,这种作用将使液位力图恢复平衡,称为自衡。水箱内的液位对象就代表单容过程,在稳态下,$Q_o = Q_i$,液位 h 保持不变。若控制阀突然开大一些 ($Q_o < Q_i$),液位逐渐上升;如果流出侧负载阀的开度不变,则随着液面的升高而流出量逐渐增大,这时流入量和流出量之差为

$$\Delta Q_i - \Delta Q_o = \frac{\mathrm{d}V}{\mathrm{d}t} = A \frac{\mathrm{d}\Delta h}{\mathrm{d}t} \qquad (2\text{-}19)$$

式中,ΔQ_i 和 ΔQ_o 为流入量与流出量的微变量;$\mathrm{d}V$ 为存储液体的微变量;A 为水箱横截面积;Δh 为液位微变量,此外流入量的变化与控制阀的开度 Δx 有关,即

$$\Delta Q_i = k_x \Delta x \qquad (2\text{-}20)$$

式中,k_x 为控制阀的流量系数,则液位和流出量之间关系可表达为

$$Q_o = a \sqrt{h_2} \qquad (2\text{-}21)$$

其中,a 表示比例系数,它与手动阀门开度有关;h_2 表示液位。对 Q_o 线性化处理后,在给定的工作点:

$$\Delta Q_o = \frac{a}{2\sqrt{h_0}} \Delta h_2 \qquad (2\text{-}22)$$

可见流量与液位是非线性的二次函数关系,过程的特性方程也将是非线性的,当只考虑液位与流量均只在有限范围内变化时,就可以认为流出量与液位变化呈线性关系,则其线性化数学模型为

$$A_2 p \frac{\mathrm{d}h_2}{\mathrm{d}t} = Q_i - \frac{a}{2\sqrt{h_0}} \Delta h_2 \qquad (2\text{-}23)$$

式中，A_2 表示横截面积。上式经拉氏变换有

$$\left(A_2 ps + \frac{a}{2\sqrt{h_0}}\right)\Delta h_2(s) = \Delta Q_\mathrm{i}(s) = k_2 \Delta X_2(s) \tag{2-24}$$

则液位过程的传递函数为

$$G(s) = \frac{\Delta h_2(s)}{\Delta X_2(s)} = \frac{k_2}{\left(A_2 ps + \dfrac{a}{2\sqrt{h_0}}\right)} = \frac{k_2 R_2}{A_2 ps R_2 + 1} = \frac{K}{T_2 s + 1} \tag{2-25}$$

式中，$R_2 = \dfrac{2\sqrt{h_0}}{a}$ 为水阻；$T_2 = A_2 p R_2$ 为时间常数；$K = k_2 R_2$ 为过程增益。当过程具有纯延时 τ 时，其传递函数为

$$G(s) = \frac{K}{T_2 s + 1}\mathrm{e}^{-\tau s} \tag{2-26}$$

该过程传递函数为一阶惯性环节，是稳定的自衡系统，其中时间常数 T_2 的大小决定了系统反应的快慢。时间常数越小，系统对输入的反应越快；反之，若时间常数越大（即容器面积越大），则反应较慢。

由式（2-26）可得出单容过程的阶跃响应为

$$\Delta h = K\Delta x(1 - \mathrm{e}^{-t/T}) \tag{2-27}$$

显然过程的特性与放大系数 K 和时间常数 T 有关：

（1）放大系数 K。过程输出量变化的新稳态值与输入量变化值之比，称为过程的放大系数。自衡单容过程中，流入水量的大小以阀门开度变化 Δx 表示，即当阀门开度增加 Δx 时，液位相应升高 $\Delta h(\infty)$ 并稳定不变。

（2）时间常数 T。时间常数是指被控量保持起始速度不变而达到稳定值所经历的时间 T。

2.2.3　单容过程模型仿真

下面利用 MATLAB/Simulink 对单容过程模型进行仿真。

1. 无自衡单容过程的阶跃响应实例

例 2-3　已知两个无自衡单容过程的模型分别为 $G_1(s) = \dfrac{1}{0.5s}$ 和 $G_2(s) = \dfrac{1}{0.5s}\mathrm{e}^{-5s}$，试在 Simulink 中建立模型，并求单位阶跃响应曲线。

解　在 Simulink 中建立模型如图 2-9 所示。运行模型后，双击 Scope，得到的单位阶跃响应曲线如图 2-10 所示。

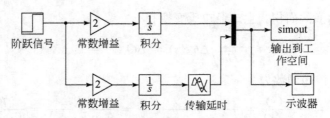

图 2-9　无自衡单容过程的 Simulink 模型

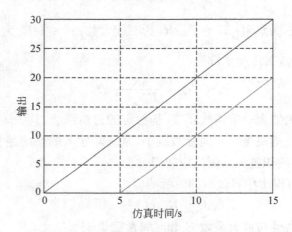

图 2-10　无自衡单容过程的阶跃响应曲线

在此阶跃响应过程图中,由于 $G_2(s)$ 加了一个延迟环节,时间为 5s,所以在 MATLAB 仿真中,就比 $G_1(s)$ 在时间轴上向后平移了 5s。

2. 自衡单容过程的阶跃响应实例

例 2-4　已知两个自衡单容过程的模型分别为 $G(s) = \dfrac{2}{2s+1}$ 和 $G(s) = \dfrac{2}{2s+1}e^{-5s}$,试在 Simulink 中建立模型,并求单位阶跃响应曲线。

解　在 Simulink 中建立模型如图 2-11 所示。运行模型后,双击 Scope,得到的单位阶跃响应曲线如图 2-12 所示。

2.2.4　多容过程模型

多容过程是指有多个贮存容量的过程,多容过程可分为有相互影响的多容过程和无相互影响的多容过程。双容过程是最简单的多容过程,下面以双容过程为例,分析多容过程的数学模型。

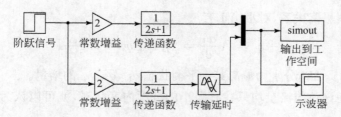

图 2-11　自衡单容过程的 Simulink 模型

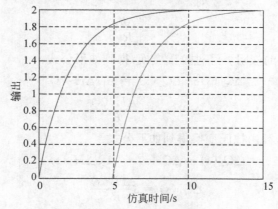

图 2-12　自衡单容过程的阶跃响应曲线

右边曲线为延时的

1. 有自衡能力的双容过程

具有自平衡能力的双容过程要求建立输入变量 q_1、输出变量 h_2 的双容对象的动态特性。系统如图 2-13 所示。

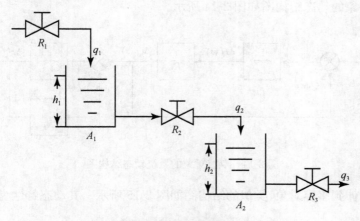

图 2-13　有相互影响的双容液位过程

根据物料平衡关系,对水箱 1 有

$$q_1 - q_2 = A\frac{\mathrm{d}h_1}{\mathrm{d}t} \Rightarrow \Delta q_1 - \Delta q_2 = A\frac{\mathrm{d}\Delta h_1}{\mathrm{d}t} \tag{2-28}$$

式中,Δq_1、Δq_2、Δh_1 分别为偏离某一平衡状态 q_{10}、q_{20}、h_0 的增量。

当只考虑液位与流量均只在有限小的范围内变化时,就可以认为流出量与液位变化呈线性关系 $\Delta q_2 = \dfrac{a}{2\sqrt{h_0}}\Delta h_1$,令 $1/R_2 = k/(2\sqrt{h_0})$,经线性化处理,有

$$\Delta q_2 = \frac{\Delta h_1}{R_2} \tag{2-29}$$

式中,R_2 为阀门 2 的液阻。经过拉氏变换,得到如下公式:

$$\Delta Q_1(s) - \Delta Q_2(s) = A_1 s \Delta H_1(s) \tag{2-30}$$

$$\Delta Q_2(s) = \frac{\Delta H_1(s)}{R_2} \tag{2-31}$$

同理对于水箱 2,由拉氏变换得到如下公式:

$$\Delta Q_2(s) - \Delta Q_3(s) = A_2 s \Delta H_2(s) \tag{2-32}$$

$$\Delta Q_3(s) = \frac{\Delta H_2(s)}{R_2} \tag{2-33}$$

则得到此双容对象的动态特性为

$$W_0(s) = \frac{\Delta H_2(s)}{\Delta Q_1(s)} = \frac{R_3}{(A_1 R_2 s + 1)(A_2 R_3 s + 1)} = \frac{K}{(T_1 s + 1)(T_2 s + 1)}$$

$$\tag{2-34}$$

式中,$T_1 = A_1 R_2$,$T_2 = A_2 R_3$ 分别为水箱 1 的时间常数和水箱 2 的时间常数;K 为双容对象的放大系数。

双容对象的动态结构图如图 2-14 所示。

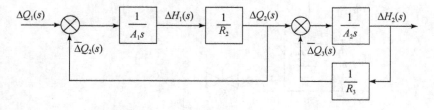

图 2-14　双容对象的系统动态结构图

由此延伸到多容对象,类似的结构图如图 2-15 所示。其动态特性为

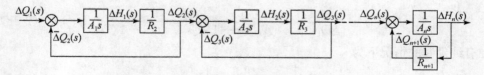

图 2-15　多容对象的系统动态结构图

$$W_0(s) = \frac{\Delta H_n(s)}{\Delta Q_1(s)} = \frac{R_{n+1}}{(A_1 R_2 s + 1)(A_2 R_3 s + 1)\cdots(A_n R_{n+1} s + 1)}$$

$$= \frac{K}{(T_1 s + 1)(T_2 s + 1)\cdots(T_n s + 1)} \tag{2-35}$$

如果 $T_1 = T_2 = \cdots = T_n = T$，则

$$W_0(s) = \frac{K}{(Ts + 1)^n} \tag{2-36}$$

若还具有纯延迟，则

$$W_0(s) = \frac{K}{(Ts + 1)^n} e^{-\tau_0 s} \tag{2-37}$$

2. 无自平衡能力的双容过程

一个有自平衡能力的单容对象和一个无自平衡能力的单容对象的串联，即为无自平衡能力的双容过程，如图 2-16 所示。

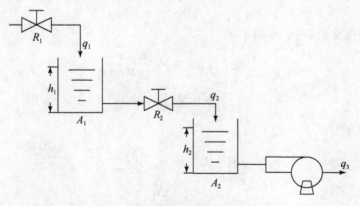

图 2-16　无自平衡能力的双容过程

利用前面的知识，有

$$W_{01}(s) = \frac{\Delta Q_2(s)}{\Delta Q_1(s)} = \frac{1}{A_1 R_2 s + 1}, \quad W_{02}(s) = \frac{\Delta H_2(s)}{\Delta Q_2(s)} = \frac{1}{A_2 s}$$

则得到

$$W_0(s) = \frac{\Delta H_2(s)}{\Delta Q_1(s)} = \frac{1}{A_1 R_2 s + 1} \frac{1}{A_2 s} = \frac{1}{T_1 s + 1} \frac{1}{T_2 s} \tag{2-38}$$

在有纯延时的情况下为

$$W(s) = \frac{1}{T_1 s + 1} \frac{1}{T_2 s} e^{-\tau_0 s} \tag{2-39}$$

3. 相互作用的双容对象

相互作用的双容水箱如图 2-17 所示。

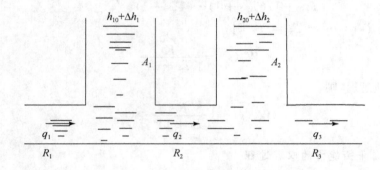

图 2-17　相互作用的双容对象

要求建立输入变量 q_1、输出变量 q_3 的双容对象的动态特性,平衡时:

$$h_{10} = h_{20}, \quad q_1 = q_2 = q_3$$

当输入出现扰动后,对于水箱 1,有

$$\Delta q_1 - \Delta q_2 = A_1 \frac{\mathrm{d}\Delta h_1}{\mathrm{d}t} \tag{2-40}$$

$$\Delta q_2 = \frac{\Delta h_1 - \Delta h_2}{R_2} \tag{2-41}$$

对于水箱 2,有

$$\Delta q_2 - \Delta q_3 = A_2 \frac{\mathrm{d}\Delta h_2}{\mathrm{d}t} \tag{2-42}$$

$$\Delta q_3 = \frac{\Delta h_2}{R_3} \tag{2-43}$$

通过拉氏变换,得到对应的传递函数为

$$W_0(s) = \frac{\Delta Q_3(s)}{\Delta Q_1(s)} = \frac{1}{R_2 A_1 R_3 A_2 s^2 + (R_2 A_1 + R_3 A_2 + R_3 A_1)s + 1}$$

$$= \frac{1}{(T_1 s + 1)(T_2 s + 1)} \tag{2-44}$$

若以 Δh_2 为被控参数,则

$$\frac{\Delta H_2(s)}{\Delta Q_i(s)} = \frac{R_2}{(T_1 s+1)(T_2 s+1)} \tag{2-45}$$

2.2.5　多容过程模型仿真

下面利用 MATLAB/Simulink 对多容过程模型进行仿真。

1. 有相互影响的多容过程的阶跃响应实例

例 2-5　已知有相互影响的多容过程的模型为 $G(s)=\dfrac{1}{T^2 s^2+2\xi Ts+1}$,当参数 $T=1,\xi=0$、0.3、1、1.2 时,试在 Simulink 中建立模型,并求单位阶跃响应曲线。

解　在 Simulink 中建立模型如图 2-18 所示。运行模型后,可得到单位阶跃响应曲线如图 2-19 所示。

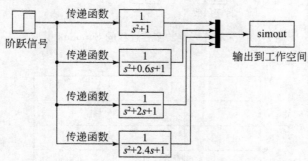

图 2-18　有相互影响的多容过程的 Simulink 模型

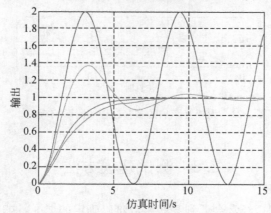

图 2-19　有相互影响的多容过程的阶跃响应曲线

第一个波峰处,从上往下依次是阻尼系数为 0、0.3、1、1.2

2. 无相互影响的多容过程的阶跃响应实例

例 2-6 已知两个无相互影响的多容过程的模型为 $G(s) = \dfrac{1}{(2s+1)(s+1)}$
（多容有自衡能力的对象）和 $G(s) = \dfrac{1}{s(2s+1)}$（多容无自衡能力的对象），试在 Simulink 中建立模型，并求单位阶跃响应曲线。

解 在 Simulink 中建立模型如图 2-20 所示。运行模型后，得到的单位阶跃响应曲线如图 2-21 所示。

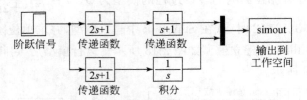

图 2-20　无相互影响的多容过程的 Simulink 模型

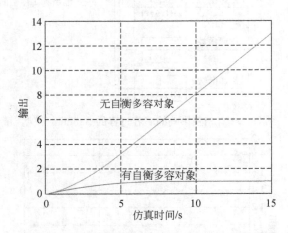

图 2-21　无相互影响的多容过程的阶跃响应曲线

2.3　测试建模方法

用机理法建模时，经常会遇到某些参数难以确定的情况，这时就要利用下面介绍的试验法建模，从而将这些参数估计出来。

2.3.1　对象特性的试验测定方法

试验法建模通常也称为系统辨识,系统辨识是将被控对象看做一个黑箱,从外部特性上描述其输入/输出之间的动态性质,而无须深入了解其内部机理。在实际的生产过程中根据过程输入、输出的实验数据,通过过程辨识与参数估计的方法建立被控过程的数学模型。因此,一般来说此方法比机理法要简单些,尤其是对于复杂系统更为明显。

系统辨识的定义:系统辨识是在输入和输出的基础上,从一组给定的模型类中,确定一个与所测系统等价的模型。

常用的测试法有:

(1)非参数模型辨识方法,包括时域响应曲线法、频域法和统计相关法;

(2)参数模型辨识方法,如最小二乘法、梯度校正法。

2.3.2　测定动态特性的时域法

1. 由阶跃扰动法测响应曲线

这是阶跃响应法建模时常用的方法,通过操作被控过程的调节阀,使过程的输入产生一个阶跃变化,测量被控量随时间变化的曲线(响应曲线),再依据这条曲线,求出被控过程的输入与输出的数学关系,如图 2-22 所示。其中,图(c)和(d)分别为图(a)和(b)简化后的结果。

为了得到合理可靠的测试结果,应注意以下几个方面:

(1)合理选择阶跃扰动信号的强度,一般取阶跃信号为正常输入信号的 5% ～ 10%;

(2)在输入阶跃信号前,被控过程必须处于相对稳定的工作状态;

(3)考虑到实际被控对象的非线性,在被控量的不同设定值下,进行多次测试,以排除偶然性的干扰;

(4)由于被控过程的非线性,应在阶跃信号作正、反方向变化时分别测取其响应曲线,以求取过程的真实性。

2. 由阶跃响应求传递函数

由阶跃响应曲线确定过程的数学模型,首先要根据曲线的形状,选定模型结构。大多数工业过程的动态特性是不振荡的,具有自衡能力。因此可以假定过程近似为一阶、一阶加滞后、二阶、二阶加滞后,对于高阶系统过程可近似为二阶加滞

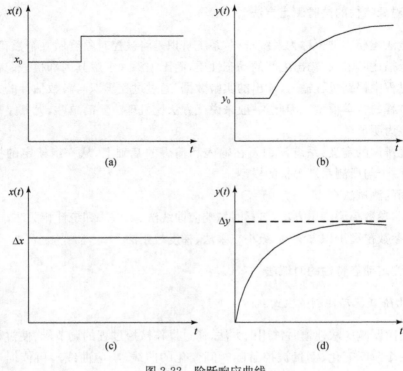

图 2-22　阶跃响应曲线

后处理。

1）一阶惯性对象

一阶惯性对象的阶跃响应曲线如图 2-23 所示。一阶惯性对象的传递函数为

$$G(s) = \frac{K}{Ts+1} \tag{2-46}$$

传递函数中，只需确定过程的增益或放大系数 K 以及过程的时间常数 T。由所测定的阶跃响应曲线，估计并绘出被控量的最大稳态值 $y(\infty)$，则过程增益或放大系数 K 为

$$K = \frac{y(\infty) - y(0)}{r} \tag{2-47}$$

式中，$y(\infty)$ 和 $y(0)$ 分别是输出的新稳态值和原稳态值；r 是阶跃信号的幅值。图 2-23 所示的响应曲线起点做切线与 $y(\infty)$ 相交点在时间坐标上的投影，就是时间常数 T。由于切线不易做准，由图 2-23 可知，在响应曲线 $y(t) = 0.632y(\infty)$ 处量的 t 就是 T，还可计算出 $t_2 = 2T, t_3 = \frac{T}{2}, t_4 = \frac{T}{1.44}$ 各点用于校准。

2) 具有纯滞后的一阶惯性对象的传递函数

当所测响应曲线的起始速度比较慢、曲线为 S 形时,可在理论上近似为带纯滞后的一阶非周期过程,其响应曲线如图 2-24 所示。

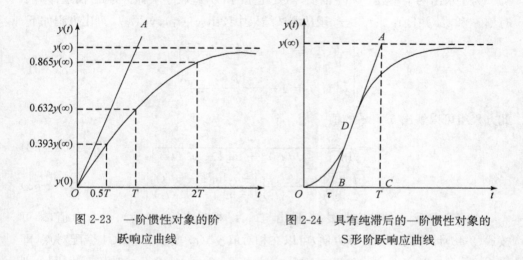

图 2-23　一阶惯性对象的阶　　　　图 2-24　具有纯滞后的一阶惯性对象的
　　　　　跃响应曲线　　　　　　　　　　　　　S 形阶跃响应曲线

将对象的容量滞后也当做纯滞后处理,则传递函数为

$$G(s) = \frac{K}{Ts+1} e^{-\tau s} \tag{2-48}$$

传递函数中,必须确定过程的增益 K、过程的时间常数 T 和滞后时间 τ。对于 S 形的曲线,常用以下两种方法处理:

(1) 切线法。这是一种比较简单的方法,即通过图 2-24 中响应曲线的拐点 D 做一切线,该切线与时间轴的交点即为滞后时间 τ,与 $y(t) = y(\infty)$ 直线的交点在时间轴上的投影即为等效时间常数 T,对象的放大系数 K 与一阶惯性对象的计算相同。

(2) 计算法。针对切线法不够准确的缺点,利用阶跃响应曲线上的两点来计算出 T 和 τ 的值,而 K 值的计算仍按下式计算:

$$K = \frac{y(\infty) - y(0)}{r} \tag{2-49}$$

为了便于处理,首先将 $y(t)$ 转换成无量纲形式 $y^*(t)$,即 $y^*(t) = \dfrac{y(t)}{y(\infty)}$。
阶跃响应的无量纲形式为

$$y^*(t) = \begin{cases} 0, & t < \tau \\ 1 - \exp\left(-\dfrac{t-\tau}{T}\right), & t \geqslant \tau \end{cases} \tag{2-50}$$

为了求出两个参数 T 和 τ 的值,需要建立两个方程联立求解。为此,需选择两个时刻 t_1 和 t_2,并且 $t_1 > t_2 \geqslant \tau$,现从测试结果中读出 $y^*(t_1)$、$y^*(t_2)$,列出方程如下:

$$\begin{cases} y^*(t_1) = 1 - \exp\left(-\dfrac{t_1-\tau}{T}\right) \\ y^*(t_2) = 1 - \exp\left(-\dfrac{t_2-\tau}{T}\right) \end{cases} \tag{2-51}$$

此方程组可以解出 T 和 τ 的值:

$$T = \frac{t_2 - t_1}{\ln[1-y^*(t_1)] - \ln[1-y^*(t_2)]} \tag{2-52}$$

$$\tau = \frac{t_2\ln[1-y^*(t_1)] - t_1\ln[1-y^*(t_2)]}{\ln[1-y^*(t_1)] - \ln[1-y^*(t_2)]} \tag{2-53}$$

在图 2-25 所示的响应曲线上,量出与 t_1、t_2 相对应的 $y^*(t_1)$、$y^*(t_2)$ 值,即可按式(2-48)计算。为了计算方便,可以在相对值 $y^*(t)$ 曲线上选取 4 个配对点,即 $y^*(t_1) = 0.33$,$y^*(t_2) = 0.39$,$y^*(t_3) = 0.632$,$y^*(t_4) = 0.7$,其相应的时间分别为 t_1、t_2、t_3 和 t_4,根据式(2-53)可求出两组 T 和 τ 的值分别为

$$\begin{cases} T_1 = 2(t_3 - t_2) \\ \tau_1 = 2t_2 - t_1 \end{cases} \tag{2-54}$$

$$\begin{cases} T_2 = 1.25(t_4 - t_1) \\ \tau_2 = 0.5(3t_1 - t_4) \end{cases} \tag{2-55}$$

如果 T_1 值和 T_2 值、τ_1 值和 τ_2 值相差太大,则不能用这种方法,应选用二阶时延环节来近似描述,如果上述两组值都很接近,则可取平均值。即

$$T = \frac{T_1 + T_2}{2} = t_3 - t_2 + \frac{t_4 - t_1}{1.6} \tag{2-56}$$

$$\tau = \frac{\tau_1 + \tau_2}{2} = 0.75t_1 + t_2 - 0.5t_3 - 0.25t_4 \tag{2-57}$$

这样计算出来的值相对切线法得出的值更准确,而放大系数 K 仍按上述方法求取。

3)用两点法确定二阶惯性加纯滞后环节的特征参数

对于图 2-25 所示的函数也可用带纯滞后的二阶惯性环节的传递函数 $G(s) = \dfrac{Ke^{-\tau s}}{(T_1 s + 1)(T_2 s + 1)}$ 去拟合,由于它包含两个一阶惯性环节,因此可以期望拟合得更好。

纯滞后时间常数 τ 可以根据阶跃响应曲线从起点开始,到开始出现变化的时刻为止的这段时间来确定,如图 2-26 所示。

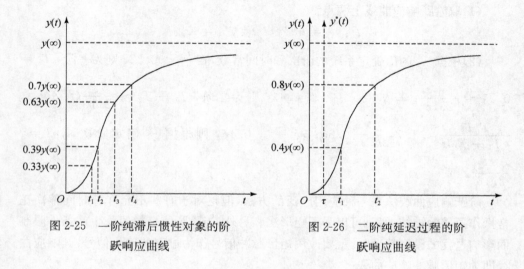

图 2-25 一阶纯滞后惯性对象的阶
        跃响应曲线

图 2-26 二阶纯延迟过程的阶
        跃响应曲线

接下来去除纯滞后的部分,并化为无量纲形式的阶跃响应 $y^*(t)$。这样,$y^*(t)$ 对应的传递函数形式为

$$W(s) = \frac{1}{(T_1 s + 1)(T_2 s + 1)}, \quad T_1 \geqslant T_2 \tag{2-58}$$

对应的阶跃响应为

$$y^*(t) = 1 - \frac{T_1}{T_1 - T_2}\exp\left(-\frac{t}{T_1}\right) - \frac{T_2}{T_2 - T_1}\exp\left(-\frac{t}{T_2}\right) \tag{2-59}$$

在图 2-26 所示的阶跃响应曲线上取两个点 $(t_1, y^*(t_1))$ 和 $(t_2, y^*(t_2))$,代入两个方程求解,确定出参数 T_1 和 T_2。为了计算方便,不妨取 $y^*(t_1) = 0.4$,$y^*(t_2) = 0.8$,然后从曲线上定出 t_1、t_2,则得到如下联立方程:

$$\frac{T_1}{T_1 - T_2}\exp\left(-\frac{t_1}{T_1}\right) - \frac{T_2}{T_1 - T_2}\exp\left(-\frac{t_1}{T_2}\right) = 0.6 \tag{2-60}$$

$$\frac{T_1}{T_1 - T_2}\exp\left(-\frac{t_2}{T_1}\right) - \frac{T_2}{T_1 - T_2}\exp\left(-\frac{t_2}{T_2}\right) = 0.2 \tag{2-61}$$

则得出近似解为

$$T_1 + T_2 \approx \frac{1}{2.16}(t_1 + t_2) \tag{2-62}$$

$$\frac{T_1 T_2}{(T_1 + T_2)^2} \approx 1.74 \frac{t_1}{t_2} - 0.55 \tag{2-63}$$

可以从图中查出 t_1 和 t_2，代入上面两式中，就能求出参数 T_1 和 T_2。

对于用两点法求 n 阶惯性环节的时间常数的步骤可总结如下：

（1）取阶跃响应曲线上两点：

$$t_1 : y_1^* = 40\%, \quad t_2 : y_2^* = 80\%$$

（2）根据 $\dfrac{t_2}{t_1}$ 的值确定系统的阶次和时间常数，若 $\dfrac{t_2}{t_1} < 0.32$，则为一阶，$T_2 = 0, T_1 = \dfrac{t_1 + t_2}{2.16}$；若 $0.32 < \dfrac{t_2}{t_1} \leqslant 0.46$，则为二阶，$T_1 + T_2 \approx \dfrac{1}{2.16}(t_1 + t_2)$，$\dfrac{T_1 T_2}{(T_1 + T_2)^2} \approx 1.74\dfrac{t_1}{t_2} - 0.55$；若 $\dfrac{t_2}{t_1} > 0.46$，则根据 $\dfrac{t_2}{t_1}$ 确定阶次 $n, nT \approx \dfrac{t_1 + t_2}{2.16}$。

阶跃响应曲线法是一种应用广泛的方法，但是对于有些不允许长时间偏离正常操作条件的被控过程，可以采用矩形法。另外，当阶跃信号幅值受生产条件限制而影响过程的模型精度时，就要改用矩形脉冲信号作为过程的输入信号，其响应曲线即为矩形脉冲响应曲线。

2.3.3 测量动态特性的频域法

在前面时域法的基础上，继续介绍通过频率域方法进行建模。这时，被控对象的动态特性采用频域方法来描述，它与传递函数及微分方程一样，也表征了系统的运动规律。图 2-27 为频率特性的相关测试原理图。

$$G(j\omega) = \frac{y(j\omega)}{u(j\omega)} = |G(j\omega)| \angle G(j\omega) \tag{2-64}$$

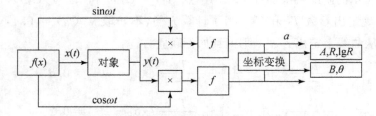

图 2-27 频率特性的相关测试原理图

利用正弦波的输入信号测定对象频率特性的优点在于，能直接从记录曲线上求得频率特性，且由于是正弦的输入输出信号，容易在试验中发现干扰的存在和影响。稳态正弦激励试验是利用线性系统频率保持特性，即在单一频率强迫振动时系统的输出也是单一频率，且把系统的噪声干扰及非线性因素引起输出畸变的谐波分量都看做干扰。因此测量装置应能过滤出与激励频率一致的信号，并显示出响应幅值和相对于激励信号的相移，以便画出在该测量点处系统响应的奈奎斯特图。

图 2-27 中，A 为被测对象响应的同相 $G(j\omega)$ 分量，B 为被测对象响应 $G(j\omega)$ 的正交分量，R 为输出的基波幅值，θ 为对象输入与输出的相位差，$\lg R$ 为输出基波幅值的对数值，则其相关测试原理的数学表达式如下：

$$x(t) = R_1 \sin\omega t \tag{2-65}$$

$$y(t) = R_2 \sin(\omega t + \theta) \tag{2-66}$$

式中，R_1 和 R_2 分别为对象输入和输出信号的幅值；θ 为对象输入与输出的相位差。

考虑到系统存在干扰的情况：

$$y(t) = R_2 \sin(\omega t + \theta) = \frac{a_0}{2} + \sum_{k=1}^{\infty}(a_k \sin k\omega t + b_k \cos k\omega t) + n(t) \tag{2-67}$$

式中，$n(t)$ 为随机噪声。

现将该输出信号 $y(t)$ 分别与 $\sin\omega t$、$\cos\omega t$ 进行相关运算，有

$$
\begin{aligned}
\frac{2}{NT}\int_0^{NT} y(t)\sin\omega t\,\mathrm{d}t &= \frac{2}{NT}\int_0^{NT}\frac{a_0}{2}\sin\omega t\,\mathrm{d}t + \frac{2}{NT}\int_0^{NT}\sum_{k=1}^{\infty}a_k\sin k\omega t\sin\omega t\,\mathrm{d}t \\
&\quad + \frac{2}{NT}\int_0^{NT}\sum_{k=1}^{\infty}b_k\cos k\omega t\sin\omega t\,\mathrm{d}t + \frac{2}{NT}\int_0^{NT}n(t)\sin\omega t\,\mathrm{d}t \\
&= a_1 + \frac{2}{NT}\int_0^{NT}n(t)\sin\omega t\,\mathrm{d}t \\
&\approx a_1
\end{aligned}
\tag{2-68}
$$

式中，假定 $\dfrac{2}{NT}\displaystyle\int_0^{NT} n(t)\sin\omega t\,\mathrm{d}t = 0$。同理可得

$$\frac{2}{NT}\int_0^{NT} y(t)\cos\omega t\,\mathrm{d}t = b_1 + \frac{2}{NT}\int_0^{NT} nt\cos\omega t\,\mathrm{d}t \approx b_1 \tag{2-69}$$

式中，a_1 为系统输出一次谐波的同相分量；b_1 为系统输出一次谐波的正交分量；T 为周期；N 为正整数。设被测对象响应 $G(j\omega)$ 的同相分量为 A，正交分量为 B，则

$$A = \frac{a_1}{R_1}, \quad B = \frac{b_1}{R_1} \tag{2-70}$$

由于一般工业控制对象的惯性都比较大，因此测定对象的频率特性，需要持续很长的时间。而测试时，将有较长的时间使生产过程偏离正常运行状态，这在实际现场往往是不允许的，故采用频率特性的方法在线求取对象的动态数学模型将受到一定限制。当然，该方法的优点是简单、测试方法方便且具有一定的精度。

2.3.4　测量动态特性的统计相关法

相关统计法辨识过程的数学模型优点是可以在生产过程正常运行状态下进

行,可直接利用正常运行所记录的数据进行统计分析,由此获得过程的数学模型。但是它的缺点也同样明显,因为是较长时间的记录数据,要进行烦琐的计算,同时正常运行时的记录数据,参数变动不大,所以统计分析的精度不太高。随机过程理论为基础的统计学方法在此已获得了广泛的应用,可以缩短测试时间和提高精度。

相关统计法辨识过程数学模型的步骤是:先将 M 序列伪随机信号输入被控过程,然后计算其输出信号与输入信号的相关函数,这样就求得过程的脉冲响应函数,从而获得其数学模型。

1. 随机信号的统计描述

随机信号:信号是随时间随机变化的,称为随机信号。

随机过程:客观世界中的许多随机现象表示着事物随机变化的过程。随机现象不能只用一个随机变量来描述,需要用一组随机变量来描述。随机过程可以用总体平均值、总体均方值来描述。

平稳随机过程:一个随机过程,它的统计特性在各个时刻都不变。平稳随机过程在不同时刻(T_1, T_2, …)的总体平均值和总体均方值都是相等的。

随机过程的一个实现:研究随机过程所得到一条试验曲线 $x_1(t)$, $x_2(t)$, …。

各态历经的平稳随机过程:$x_1(t)$, $x_2(t)$, …的统计性质是彼此相同的,此时其总体的统计特性就可用一条记录曲线的统计特性来表示。有些生产过程的统计特性变化是非常缓慢的,在足够长的时间内可以近似为一个平稳随机过程,而且具有各态历经性,所以可以用一条时间足够长的记录曲线来进行统计分析。

2. 相关函数

自相关函数:一个信号的未来值与现在值之间的相关程度 $R_{xx}(\tau)$,它为 $x(t)$ 与 $x(t+\tau)$ 乘积的平均值,即

$$R_{xx}(\tau) = \lim_{T \to \infty} \frac{1}{2T} \int_{-T}^{T} x(t)x(t+\tau)\mathrm{d}t \tag{2-71}$$

当 $\tau = 0$ 时,$R_{xx}(0) = \sigma^2$。

互相关函数:两信号间有相互影响 $R_{xy}(\tau)$,为 $x(t)$ 与 $y(t+\tau)$ 乘积的时间平均值,即

$$R_{xy}(\tau) = \lim_{T \to \infty} \frac{1}{2T} \int_{-T}^{T} x(t)y(t+\tau)\mathrm{d}t \tag{2-72}$$

3. 白噪声

白噪声是一种均值为零、谱密度函数为非零常数的平稳随机过程,或者说是由

一系列不相关的随机变量组成的一种理想化随机变量。简单地说:凡是均值为零并在所有频率下都具有恒定幅值的随机信号就为白噪声。白噪声只是理论上的抽象,实际上是不存在的。

4. 相关统计法辨识过程的数学模型

用白噪声辨识过程的数学模型,一个线性过程的数学模型可用它的脉冲响应函数来表示,如图 2-28 所示。若其输入 $x(t)$ 是一个平稳的随机过程,则其输出 $y(t)$ 是一个平稳随机过程。其过程的输入自相关函数为 $R_{xx}(\tau)$,输出的互相关函数为 $R_{xy}(\tau)$。

图 2-28　线性过程的输入输出关系

如图 2-29 所示,对于线性系统,对象的动态特性可用脉冲响应函数来表示,任意形式的输入 $x(t)$ 可看做无数个脉冲叠加而成的,对应于每一个脉冲 $x_n(t)$,输出端有一个响应 $y_n(t)$。由于是线性系统,总的输出 $y(t)$ 是 $y_1(t)$ 到 $y_n(t)$ 的总和。只要一个脉冲响应函数,就可以求出该对象任意输入量的响应。

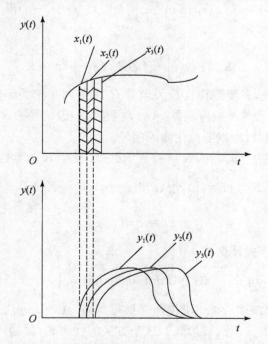

图 2-29　线性系统输入响应与输入的关系示意图

当输入 $x(t)$ 为任意形式的时间函数时,可将它分解成许多脉冲之和,且每个

脉冲的面积为 $x(t)\Delta\tau(\tau=t)$。当 $\Delta\tau\rightarrow0$ 时，此脉冲的面积为 $x(\tau)dt$，记为 $x(\tau)\delta(t-\tau)d\tau$。它相应的脉冲函数响应是 $x(\tau)g(t-\tau)d\tau$，对于整个线性对象，输出 $y(t)$ 应当是 $\tau<t$ 全部的时间响应函数之和，即

$$y(t)=\int_{-\infty}^{t}x(\tau)g(t-\tau)d\tau \tag{2-73}$$

令 $t-\tau=u$，代入式(2-73)则

$$y(t)=-\int_{-\infty}^{0}x(t-u)g(u)du=\int_{0}^{\infty}x(t-u)g(u)du \tag{2-74}$$

两边乘以 $x(t)$，得

$$x(t)y(t+\tau)=\int_{0}^{\infty}x(t+\tau-u)x(t)g(u)du \tag{2-75}$$

两边取时间平均值：

$$\lim_{T\to\infty}\frac{1}{2T}\int_{-T}^{T}x(t)y(t+\tau)dt=\lim_{T\to\infty}\frac{1}{2T}\int_{-T}^{T}x(t)\int_{0}^{\infty}g(u)x(t+\tau-u)dudt \tag{2-76}$$

$$R_{xy}(\tau)=\int_{0}^{\infty}g(u)\left[\lim_{T\to\infty}\frac{1}{2T}\int_{-T}^{T}x(t)x(t+\tau-u)dt\right]du \tag{2-77}$$

改写成

$$R_{xy}(\tau)=\int_{0}^{\infty}g(u)R_{xx}(\tau-u)du \tag{2-78}$$

由式(2-78)可见，只要测得自相关函数 $R_{xx}(\tau)$ 和互相关函数 $R_{xy}(z)$，就可以解出式(2-78)，而求得脉冲响应函数 $g(u)$。但是对一般信号的 $R_{xx}(\tau)$ 和 $R_{xy}(\tau)$ 来说，解卷积方程很困难，所以要简化输入信号。

由于所使用的是白噪声，则 $R_{xx}(\tau)=K\delta(\tau)$，其中 K 为常数，则方程可简化为

$$R_{xy}(\tau)=\int_{0}^{\infty}Kg(u)\delta(\tau-u)du=Kg(\tau) \tag{2-79}$$

$$g(\tau)=\frac{1}{K}R_{xy}(\tau) \tag{2-80}$$

而互相关函数可由下式计算：

$$R_{xy}(\tau)=\lim_{T\to\infty}\frac{1}{T}\int_{0}^{T}x(t)y(t+\tau)dt=\lim_{T\to\infty}\frac{1}{T}\int_{0}^{T+\tau}x(t-\tau)y(t)dt \tag{2-81}$$

对象的传递函数可对 $g(\tau)$ 求拉氏变换得到 $G(s)=L[g(\tau)]$。上式就是要得到的对象数学模型的传递函数形式。这个方法的优点是，试验可以在正常运行状态下进行，它不需要被测对象过大偏离正常运行状态，这是因为白噪声的整个分布在一个很宽的频率范围内，所以它对正常运行状态影响不大。但是该方法有两个困难：一是要获得精确的互相关函数，就必须在较长一段时间内进行积分，这样会

产生信号漂移等问题;二是白噪声是一种数学上的描述,在物理上无法实现。为了解决这两个困难,常用的办法是采用伪随机信号作为输入探测信号。

2.3.5　最小二乘法

以上介绍的建模方法都是求出过程或系统的连续模型,如微分方程或传递函数等,它描述了过程的输入、输出信号随时间或频率连续变化的情况。随着计算机控制技术的发展,有时要求建立过程或系统的离散时间模型,这是由于计算机控制系统本身就是一个离散时间系统,即它的输入、输出信号本身就是两组离散序列,这时用离散时间模型来描述过程或系统更为合适与直接。

最小二乘法是 1795 年高斯在预测星体运行轨道时最先提出的,它奠定了最小二乘估计理论的基础。在 20 世纪 60 年代瑞典学者 Austron 把这个方法用于动态系统的辨识,在这种辨识方法中,首先给出模型类型,在该类型下确定系统模型的最优参数。最小二乘的提出是采用未知量的最可能的值,它使各次实际观测值和计算值之间的差值的平方乘以度量其精确度的数值以后的和为最小。

最小二乘法是利用最小二乘原理,通过极小化广义误差的平方和函数来确定模型的参数。其特点是由最小二乘法获得的估算值有最佳的统计特性,具有一致性、无偏性和有效性。既可用于动态系统,也可用于静态系统;既可用于线性系统,也可用于非线性系统;既可用于离线估计,也可用于在线估计。

通过一个例子来进行最小二乘的推导,设长度为 y 的金属轴,温度为 T,求 y 与 T 的关系。

设 y 与 T 的关系为:$y = a + bT$。令 y_i 为试验真实值,n_i 为随机误差,$z_i = y_i + n_i$,即

$$z_i = a + bT_i + n_i, \quad i = 1, 2, \cdots, N \tag{2-82}$$

希望 a 和 b 值的确定能使观测值和模型计算值之间的误差为最小。每次观察误差为

$$n_i = z_i - a - bT_i \tag{2-83}$$

以误差平方和作为总误差,即最小二乘法:

$$J = \sum_{i=1}^{N} n_i^2 = \sum_{i=1}^{N} \left[z_i - (a + bT_i) \right]^2 \tag{2-84}$$

J 就是估计参数时所采用的性能指标。

$$\begin{cases} \dfrac{\partial J}{\partial a} = -2\displaystyle\sum_{i=1}^{N}(z_i - a - bT_i) = 0 \\[4mm] \dfrac{\partial J}{\partial b} = -2\displaystyle\sum_{i=1}^{N}(z_i - a - bT_i)T_i = 0 \end{cases} \tag{2-85}$$

a 和 b 的估计值为

$$\begin{cases} \hat{b}\displaystyle\sum_{i=1}^{N}T_i + \hat{a}N = \displaystyle\sum_{i=1}^{N}z_i \\[4mm] \hat{b}\displaystyle\sum_{i=1}^{N}T_i^2 + \hat{a}N = \displaystyle\sum_{i=1}^{N}z_iT_i \end{cases} \tag{2-86}$$

从式(2-86)中可以解出所需值。

最小二乘的一般形式为,假定变量 y 与 n 维变量 $x = (x_1, x_2, \cdots, x_n)$ 有线性关系,即

$$y = \theta_1 x_1 + \theta_2 x_2 + \cdots + \theta_n x_n \tag{2-87}$$

其系统原理图如图 2-30 所示。其线性关系式为

$$y = \theta_1 x_1(i) + \theta_2 x_2(i) + \cdots + \theta_n x_n(i) \tag{2-88}$$

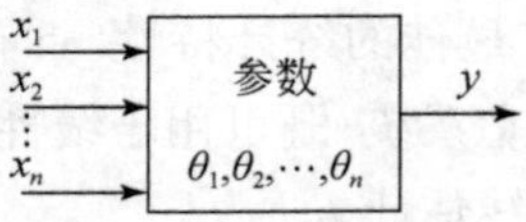

图 2-30　n 个参数的线性系统

则通过此式,推导出其矩阵形式为

$$Y = X\theta \tag{2-89}$$

式中

$$Y = \begin{bmatrix} y(1) \\ y(2) \\ \vdots \\ y(n) \end{bmatrix}, \quad X = \begin{bmatrix} x_1(1) & \cdots & x_n(1) \\ x_1(2) & \cdots & x_n(2) \\ \vdots & & \vdots \\ x_1(m) & \cdots & x_n(m) \end{bmatrix}, \quad \theta = \begin{bmatrix} \theta_1 \\ \theta_2 \\ \vdots \\ \theta_n \end{bmatrix}$$

若 $m = n$,则有 $\theta = X^{-1}Y$,只要方阵 X 的逆存在,则能够唯一地求解 θ;若 $m > n$,由最小二乘法估算 $\hat{\theta}$:

$$\varepsilon = Y - X\theta \tag{2-90}$$

$$J = \sum_{i=1}^{m}\varepsilon_i^2 = \varepsilon^{\mathrm{T}}\varepsilon \tag{2-91}$$

则

$$J = (Y - X\theta)^{\mathrm{T}}(Y - X\theta) = Y^{\mathrm{T}}Y - \theta^{\mathrm{T}}X^{\mathrm{T}}Y - Y^{\mathrm{T}}X\theta + \theta^{\mathrm{T}}X^{\mathrm{T}}X\theta \tag{2-92}$$

$$\frac{\partial J}{\partial \theta}\Big|_{\theta = \hat{\theta}} = -2X^{\mathrm{T}}Y + 2X^{\mathrm{T}}X\hat{\theta} = 0 \tag{2-93}$$

即

$$X^{\mathrm{T}}Y = X^{\mathrm{T}}X\hat{\theta} \tag{2-94}$$

$$\hat{\theta} = (X^{\mathrm{T}}X)^{-1}X^{\mathrm{T}}Y \tag{2-95}$$

$\hat{\theta}$ 称为最小二乘估计量。

以上所述的最小二乘估计法是在测取一批数据后再进行计算的。如果新增加一组采样数据,则需将新数据附加到原数据上,然后再重新计算一遍,因此工作量大,不适合在线辨识。另外,上面介绍的最小二乘估计是假设模型阶次 n 已知,并且没有纯滞后($\tau = 0$)的情况,事实上,模型的阶次很难预先知道,而实际工业生产过程的纯滞后时间也不一定为零,所以对此也必须加以辨识。

思考题与习题

1. 常见的工业过程动态特性的类型有哪几种? 通常的模型都有哪些?

2. 单容对象的放大系数 K 和时间常数 T 各与哪些因素有关,试从物理概念上加以说明,并解释 K、T 的大小对动态特性有何影响?

3. 某二阶系统的模型为 $G(s) = \dfrac{\bar{\omega}_n^2}{s^2 + 4\zeta\bar{\omega}_n s + \bar{\omega}_n^2}$,二阶系统的性能主要取决于 ζ、$\bar{\omega}_n$ 两个参数。试利用 Simulink 仿真两个参数的变化对二阶系统输出响应的影响,加深对二阶系统的理解,分别进行下列仿真:

(1) $\bar{\omega}_n = 2$ 不变时, ζ 分别为 0.1、0.8、1.0、2.0 时的单位阶跃响应曲线;

(2) $\zeta = 0.8$ 不变时, $\bar{\omega}_n$ 分别为 2、5、8、10 时的单位阶跃响应曲线。

4. 某水槽如图 2-31 所示,其中 F 为槽的截面积, R_1、R_2 和 R_3 均为线性水阻, Q_1 为流入量, Q_2 和 Q_3 为流出量。要求:

(1) 写出以水位 H 为输出量, Q_1 为输入量的对象动态方程;

(2) 写出对象的传递函数 $G(s)$,并指出其增益 K 和时间常数 T 的数值。

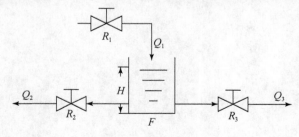

图 2-31　习题 4 图

5. 如图 2-32 所示,两个串联在一起的水液存罐,水首先进入存罐 1,然后再通过存罐 2 流出。要求:

(1)求出传递函数 $\dfrac{H_2(s)}{Q_1(s)}$;

(2)画出串联液体存罐系统的动态结构图。

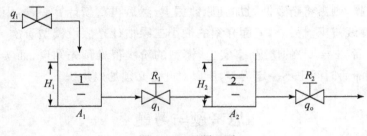

图 2-32　习题 5 图

第 3 章　PID 常规过程控制规律

控制系统的设计归根到底是调节器的设计,而调节器的设计就是调节规律的确定和调节器参数的整定。在过程控制系统中,调节器将系统被控变量的测量值 $y(t)$ 与设定值 $r(t)$ 相比较,如果存在偏差 $e(t)$,即 $e(t) = y(t) - r(t)$,就按预先设置的不同控制规律,发出控制信号 $u(t)$ 去控制生产过程,使被控变量的测量值与设定值相等。调节器的输出信号随偏差信号的变化而变化的规律称为控制规律。

调节器的控制规律来源于人工操作规律,是在模仿、总结人工操作经验的基础上发展起来的。控制器的基本控制规律有比例控制、积分控制和微分控制等几种。工业上所用的控制规律是这些基本规律的不同组合,如比例积分(PI)控制、比例微分(PD)控制和比例积分微分(PID)控制。在当今工程实际中,尽管先进控制技术有了很大发展,PID 调节器仍然是最为广泛使用的控制器形式。

3.1　PID 控制器概述

PID 控制器是实现对输入的偏差信号进行比例(proportional)、积分(integral)、微分(differential)运算的器件,这三种运算分别由比例单元(P)、积分单元(I)和微分单元(D)来实现。PID 控制器通过对输入的偏差信号 $e(t)$ 进行比例、积分和微分三种运算,输出控制信号 $u(t)$ 去控制生产过程。

基本的 PID 控制规律可描述为

$$G_c(s) = K_P + \frac{K_I}{s} + K_D s \tag{3-1}$$

在很多情况下,并不一定需要三个单元,可以取其中的一或两个单元,不过比例控制单元是必不可少的。

PID 控制器具有以下优点:

(1)原理简单,使用方便。PID 参数(K_P、K_I 和 K_D)可以根据过程的动态特性及时调整。

(2)适应性强。按 PID 控制规律进行工作的控制器早已商品化,即使目前最新式的过程控制计算机,其基本控制功能也仍然是 PID 控制。

(3)鲁棒性强。其控制品质对被控制对象特性的变化不太敏感。

PID 控制器也有其固有的缺点。例如,PID 控制器在控制非线性、时变、耦合及参数和结构不确定的复杂过程时,效果不是太好;最主要的是,如果 PID 控制器不能控制复杂过程,无论怎么调参数都难以奏效。尽管有这些缺点,在科学技术尤其是计算机技术迅速发展的今天,虽说涌现出了许多新的控制方法,但 PID 控制器仍因其自身的优点而得到了最广泛的应用。PID 控制器是最简单且在许多时候仍是最好的控制器。

3.2　比　例　控　制

3.2.1　比例控制规律

考虑水阀的调节,若出水量较期望值小,即有调节偏差,则阀门开度(调节器输出)加大。偏差越大,阀门开度也越大;反之亦然。这在工业控制中称为比例调节(P 调节)。P 控制是一种最简单的控制方式,其调节器的输出信号 u 与偏差信号 e 成比例,即

$$\Delta u(t) = K_c e(t) \tag{3-2}$$

传递函数为

$$U(s) = K_c E(s) \tag{3-3}$$

式中,K_c 为比例增益(视情况可设置为正或负)。

图 3-1 是 P 调节器的阶跃响应曲线图。从图中可以看出,P 调节对偏差信号能作出及时反应,没有丝毫的滞后。

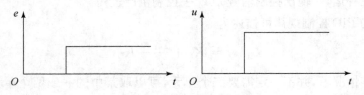

图 3-1　P 调节器的阶跃响应曲线图

需注意的是,式(3-2)中的 P 调节器的输出 u 实际上是对其起始值 u_0 的增量。因此,当偏差 e 为 0 时,$u = 0$ 并不意味着 P 调节器没有输出,它只说明此时有 $u = u_0$。u_0 的大小是可以通过调整 P 调节器的工作点加以改变的。

另外,在实际应用中,由于执行机构的运动(如阀门开度)有限,P 调节器的输出 u 也就被限制在一定的范围之内,换句话说,在 K_c 较大时,偏差 e 仅在一定范围

内与 P 调节器的输出保持线性关系。

为表示 P 调节器输入和输出之间的比例关系,在过程控制中习惯用比例度(或比例带)δ 来代替比例增益 K_c。比例度 δ 的定义为

$$\delta = \frac{e/(e_{max} - e_{min})}{\Delta u/(u_{max} - u_{min})} \times 100\% = \frac{1}{K_c} \frac{u_{max} - u_{min}}{e_{max} - e_{min}} \times 100\% \qquad (3\text{-}4)$$

式中,$e_{max} - e_{min}$ 为偏差信号范围,即仪表的量程;$u_{max} - u_{min}$ 为 P 调节器输出信号范围,即 P 控制器输出的工作范围。δ 具有重要的物理意义。从式(3-4)可以看出,如果 u 直接代表调节阀开度的变化量,那么 δ 就代表使调节阀开度改变 100%,即从全关到全开时所需要的被调量的变化范围。只有当被调量处在这个范围内,调节阀的开度才与偏差成比例。超出这个比例度,调节阀已处于全关或全开的状态,此时 P 调节器的输入与输出已不再保持比例关系,而 P 调节器也就暂时失去其控制作用。

如果采用的是单元组合仪表,P 调节器的输入和输出都是统一的标准信号,即 $e_{max} - e_{min} = u_{max} - u_{min}$,则有

$$\delta = \frac{e}{u} \times 100\% = \frac{1}{K_c} \times 100\% \qquad (3\text{-}5)$$

此时比例度与比例增益成反比,比例度小,意味着较小的偏差就能激励 P 调节器产生 100% 的开度变化,相应的比例增益就大。

3.2.2 控制器的正作用和反作用

控制器有正作用和反作用之分,控制器增益有正负之分。当控制器的测量值 y 增加时,控制器输出 u 增加,称该控制器为正作用控制器,而由于此时偏差 $e = r - y$ 减小,与控制器输出 u 变化趋势相反,因此控制器的增益 K_c 为负;反之,当控制器的测量值 y 增加时,控制器输出 u 减少,称该控制器为反作用控制器,而由于偏差 $e = r - y$ 的变化趋势与控制器输出 u 相同,因此控制器的增益 K_c 为正。选择控制器正反作用的目的是保证控制系统成为负反馈。

3.2.3 比例增益对闭环系统过渡过程的影响

将 P 控制器切入系统,P 控制器在闭环运行下 K_c 对系统过渡过程的影响如图 3-2 所示。

由图 3-2 可知:

(1)P 控制是有余差的控制。例如,储罐液位控制系统,在初始状态,进料量等于出料量,控制器输出为 u_0,设定 r 与液位测量值 y 相等。当负荷增大,即出料量

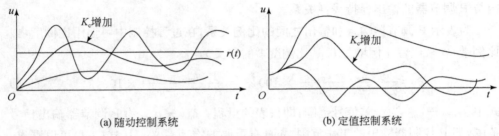

图 3-2 K_c 对系统过渡过程的影响

增大时,控制器输出为 $u = K_c e + u_0$,增加的控制输出 $K_c e$ 使进料的增加量等于出料的增加量,液位达到新的稳态值。这表明,P 控制是有余差的控制,余差的大小与 K_c 有关,与负荷的变化量有关。在同样的负荷变换扰动下,比例增益越大,余差越小;在相同比例增益下,负荷变化量越大,余差越大。

(2) K_c 对闭环系统稳定性的影响。无论在设定值变化还是负荷变化的情况下,K_c 越大,系统的振荡也越剧烈,稳定性越差;当 K_c 太大时,系统可能出现等幅振荡,甚至发散振荡;反之,则系统越稳定。

P 控制只改变系统的增益而不影响相位,它对系统的影响主要反映在系统的稳态误差和稳定性上,增大比例系数可提高系统的开环增益,减小系统的稳态误差,从而提高系统的控制精度,但这会降低系统的相对稳定性,甚至可能造成闭环系统的不稳定,因此,在系统校正和设计中,P 控制一般不单独使用。

下面演示利用 MATLAB/Simulink 仿真软件进行 P 控制器设计和相应的控制系统调节效果。

例 3-1 P 控制仿真。

具有 P 控制器的系统结构如图 3-3 所示。

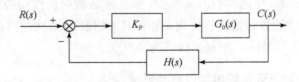

图 3-3   具有 P 控制器的系统结构图

图中,$G_0(s)$ 为三阶对象模型:

$$G_0(s) = \frac{1}{(s+1)(2s+1)(5s+1)}$$

$H(s)$ 为单位反馈,对系统采用 P 控制,比例系数分别为 $K_P = 0.1$、2.0、2.4、3.0、3.5,试求各比例系数下系统的单位阶跃响应,并绘制响应曲线。

解 程序代码如下：

```
G= tf(1,conv(conv([1,1],[2,1]),[5,1]));
kp= [0.1,2.0,2.4,3.0,3.5]
for  i= 1:5
        G= feedback(kp(i)* G,1);
step(G)
hold on
end
gtext('kp= 0.1')
gtext('kp= 2.0')
gtext('kp= 2.4')
gtext('kp= 3.0')
gtext('kp= 3.5')
```

响应曲线如图 3-4 所示。

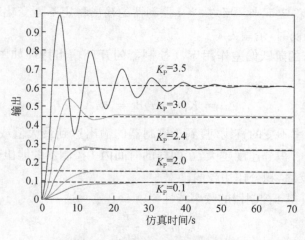

图 3-4　例 3-1 系统阶跃响应图

从图 3-4 可以看出，随着 K_P 值的增大，系统响应速度加快，系统的超调随着增加，调节时间也随着增长，但 K_P 增大到一定值后，闭环系统将趋于不稳定。

3.3　积分控制与比例积分控制

在工业上，为了保证控制质量，许多控制系统中是不允许存在余差的，因此，必须在比例控制的基础上引入积分控制。

3.3.1 积分控制

当控制器的输出变化量 Δu 与输入偏差 e 的积分成比例时,就是积分控制规律(I 调节)。其数学表达式为

$$\Delta u = K_I \int_0^t e(t)\mathrm{d}t = \frac{1}{T_i} \int_0^t e(t)\mathrm{d}t \tag{3-6}$$

传递函数为

$$U(s) = \frac{1}{T_i S}E(s) \tag{3-7}$$

式中, K_I 为控制器的积分速度; T_i 为控制器的积分时间 $\left(T_i = \dfrac{1}{K_I} \right)$。

由式(3-6)可以看出,输出变化量 Δu 的大小不仅与偏差 e 的大小有关,而且取决于偏差 e 存在时间的长短。当输入偏差存在时,I 控制器的输出会不断变化,而且偏差存在的时间越长,输出变化量 Δu 也越大。直到偏差等于零时,I 控制器的输出不再变化而稳定下来。反之,当 I 控制器的输出稳定不再变化时,偏差 e 一定为零。因此,I 控制时,余差为零。

在幅度为 A 的阶跃偏差作用下,I 控制器的开环输出特性如图 3-5 所示。由式(3-6)可得

$$\Delta u = K_I \int_0^t e(t)\mathrm{d}t = K_I A t \tag{3-8}$$

这是一条斜率不变的直线,直到 I 控制器的输出达到最大值或最小值而无法再进行积分为止。积分速度越大,在同样的时间内 I 控制器的输出变化量越大,即积分作用越强;反之,积分作用越弱。

由式(3-7)可得 I 控制器的频率特性为

$$G_c(\mathrm{j}\omega) = \frac{1}{\mathrm{j}\omega T_i} \tag{3-9}$$

由式(3-9)可以画出 I 控制器的 Bode 图,如图 3-6 所示。由图 3-6(a)可以看出,I 控制器的幅频特性是一条斜率为 $-20\mathrm{dB/dec}$ 的直线。在 $\omega \ll \dfrac{1}{T_i}$ 时,幅值 $|G_c(\mathrm{j}\omega)| \gg 1$;在 $\omega \gg \dfrac{1}{T_i}$ 时,幅值 $|G_c(\mathrm{j}\omega)| \ll 1$。因此 I 控制器对低频信号是放大的,对高频信号是衰减的,它在自动控制系统中能够消除余差,提高系统的稳态准确度。由图 3-6(b)可以看出,I 控制器的相频特性是一条 $-90°$ 的直线。由于输出总是滞后于输入,故 I 控制过程比较缓慢,控制作用不够及时,过渡过程中被控变

量波动较大,不易稳定。所以,I 控制作用一般不单独使用。

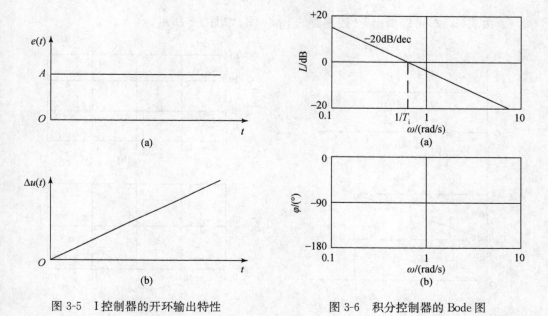

图 3-5　I 控制器的开环输出特性　　　图 3-6　积分控制器的 Bode 图

3.3.2　比例积分控制

通常,工业生产上都是将比例作用与积分作用组合成比例积分控制规律来使用。这样,既能及时控制,又能消除余差。具有比例加积分控制规律的控制称为比例积分控制,即 PI 控制。

PI 控制规律的数学表达式为

$$\Delta u = K_c\Big(e + \frac{1}{T_i}\int_0^t e(t)\,\mathrm{d}t\Big) \qquad (3\text{-}10)$$

传递函数为

$$U(s) = K_c\Big(1 + \frac{1}{T_i S}\Big)E(s) \qquad (3\text{-}11)$$

当输入偏差是一幅值为 A 的阶跃变化时,PI 控制器的输出是比例和积分两部分之和,其特性如图 3-7 所示。由图 3-7 可以看出,Δu 的变化开始是一阶跃变化,其值为 $K_c A$(比例作用),然后随时间逐渐上升(积分作用)。比例作用是即时的、快速的,而积分作用是缓慢的、渐变的。

由式(3-11)可得 PI 控制器的频率特性为

$$G_c(j\omega) = K_c\left(1 + \frac{1}{j\omega T_i}\right) \tag{3-12}$$

由式(3-12)可以画出 PI 控制器的 Bode 图,如图 3-8 所示。

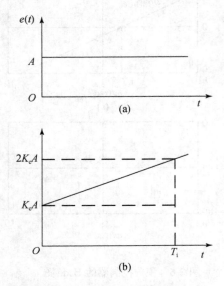

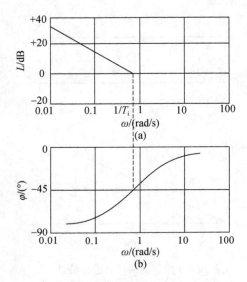

图 3-7 比例积分控制器特性 　　　　　　图 3-8 比例积分控制器的 Bode 图

由图 3-8(a)可知,PI 控制器的幅频特性在低频段近似为一条斜率为 $-20\mathrm{dB/dec}$ 的直线;在高频段是一条水平线,其高度由 K_c 值确定。由于在低频段能起放大作用,$\omega \ll \frac{1}{T_i}$ 时,幅值 $|G_c(j\omega)| \gg 1$,因此能够消除余差。由图 3-8(b)可知,PI 控制器的对数相频特性在低频段相角是滞后的,接近 $-90°$,而在高频段相滞角大大减小,逐渐接近 $0°$。所以 PI 控制器的积分作用只在低频段起作用,而在高频段几乎没有作用。当积分时间 T_i 减小时,幅频特性与相频特性都向右平移,说明起积分作用的频段加宽,因此,积分作用是随 T_i 减小而增强的。

PI 控制的主要特点为:

(1)PI 控制器在与被控对象串联连接时,相当于在系统中增加了一个位于原点的开环极点,同时也增加了一个位于 s 左半平面的开环零点;

(2)位于原点的极点可以提高系统的型别,以消除或减小系统的稳态误差,改善系统的稳态性能;

(3)增加的负实部零点则可减小系统的阻尼程度,缓和 PI 控制器极点对系统稳定性及动态过程产生的不利影响;

（4）在实际工程中，PI 控制器通常用来改善系统的稳态性能。

下面利用 MATLAB/Simulink 仿真软件进行 PI 控制仿真。

例 3-2 PI 控制仿真。

单位负反馈控制系统的开环传递函数 $G_0(s)$ 为三个一阶环节 $\frac{1}{s+1}$、$\frac{1}{2s+1}$、

$\frac{1}{5s+1}$ 的串联，即

$$G_0(s) = \frac{1}{(s+1)(2s+1)(5s+1)}$$

而且在第二个和第三个环节之间有累加的扰动输入（在 5s 时，幅值为 0.2 的阶跃扰动）。采用 PI 控制，比例系数 $K_P = 2$，积分时间常数分别取 $T_i = 3、6、12$，试利用 Simulink 求各积分时间常数下系统的单位阶跃响应和扰动响应。

解 本题的基本步骤如下。

（1）在 Simulink 中建立模型如图 3-9 所示。

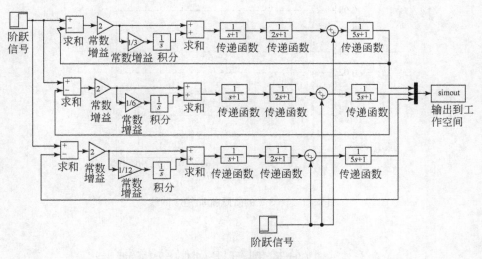

图 3-9 例 3-2 的模型框图

（2）运行模型后，得到的单位阶跃响应曲线如图 3-10 所示（图中，从上往下分别为 $T_i = 3、6、12$ 的响应曲线）。

（3）置阶跃输入为 0，在 5s 时，加入幅值为 0.2 的阶跃扰动，得到的扰动响应曲线如图 3-11 所示（图中，从上往下分别为 $T_i = 12、6、3$ 的响应曲线）。

从图 3-10 和图 3-11 中可以看出，随着积分时间的减小，I 控制作用增强，闭环系统的稳定性变差。

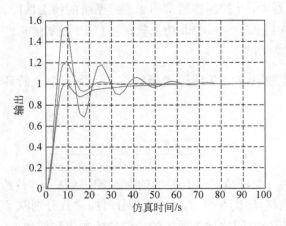

图 3-10 例 3-2 的单位阶跃响应曲线

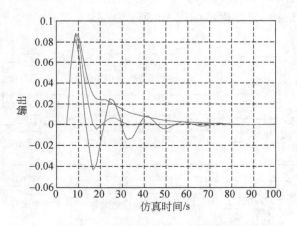

图 3-11 例 3-2 的阶跃扰动响应曲线

3.4 微分控制与比例微分控制

在比例作用的基础上增加了积分作用后,可以消除余差,但为了抑制超调,必须减小比例增益。当对象滞后很大,或负荷变化剧烈时,则不能及时控制。而且,偏差的变化速度越大,产生的超调就越大,需要越长的控制时间。在这种情况下,可以采用微分控制,因为比例和积分控制都是根据已形成的偏差而进行动作的,而微分控制却是根据偏差的变化趋势进行动作的,从而有可能避免产生较大的偏差,且可以缩短控制时间。

3.4.1　微分控制

理想微分控制,是指控制器的输出变化量与输入偏差的变化速度成正比的控制规律,其数学表达式为

$$\Delta u = T_{\mathrm{d}} \frac{\mathrm{d}e}{\mathrm{d}t} \tag{3-13}$$

传递函数为

$$U(s) = T_{\mathrm{d}} s E(s) \tag{3-14}$$

式中,T_{d} 为控制器的微分时间。

理想微分控制器在阶跃偏差信号作用下的开环输出特性是一个幅度无穷大、脉宽趋于零的尖脉冲,如图 3-12 所示。微分器的输出只与偏差的变化速度有关,而与偏差的存在与否无关,即偏差固定不变时,无论其数值有多大,微分作用都无输出。

由式(3-14)可得微分控制器的频率特性为

$$G_{\mathrm{c}}(\mathrm{j}\omega) = \mathrm{j}\omega T_{\mathrm{d}} \tag{3-15}$$

由式(3-15)可以画出理想微分控制器的 Bode 图,如图 3-13 所示。

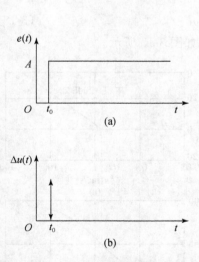

图 3-12　理想微分控制器输出特性

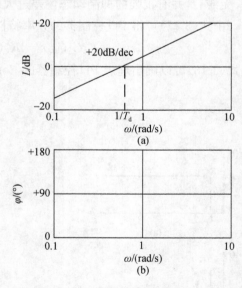

图 3-13　理想微分控制器的 Bode 图

由图 3-13(a)可知,理想微分控制器的幅频特性是一条斜率为 + 20dB/dec 的直线。在 $\omega \ll \dfrac{1}{T_{\mathrm{d}}}$ 时,幅值 $|G_{\mathrm{c}}(\mathrm{j}\omega)| \ll 1$;在 $\omega \gg \dfrac{1}{T_{\mathrm{d}}}$ 时,幅值 $|G_{\mathrm{c}}(\mathrm{j}\omega)| \gg 1$。因此微

分控制器对低频信号是衰减的，对高频信号是放大的，它在自动控制系统中能够抑制高频振荡，提高系统的稳定性。由图3-13(b)可以看出，理想微分控制器的相频特性是一条90°的直线，说明它的相角总是超前90°的。由于输出超前于输入，故是超前控制，适用于滞后比较大的对象。

3.4.2　比例微分控制

理想的比例微分(PD)控制器的数学表达式如下：

$$\Delta u = \Delta u_P + \Delta u_D = K_c\left(e + T_d\frac{de}{dt}\right) \tag{3-16}$$

传递函数为

$$U(s) = K_c(1 + T_d s)E(s) \tag{3-17}$$

当输入偏差是一幅值为 A 的阶跃变化时，理想的 PD 控制器的输出是比例与微分两部分输出之和，其特性如图3-14所示。由图3-14可以看出，e 变化的瞬间，输出 Δu 为一幅值为 ∞ 的脉冲信号，这是微分作用的结果。输出脉冲信号瞬间降至 K_cA 值并将保持不变，这是比例作用的结果。因此，理论上 PD 调节器控制作用迅速、无滞后，并有很强的抑制动态偏差过大的能力。

由式(3-17)可得 PD 控制器的频率特性为

$$G_c(j\omega) = K_c(1 + j\omega T_d) \tag{3-18}$$

由式(3-18)可以画出理想 PD 控制器的 Bode 图，如图3-15所示。

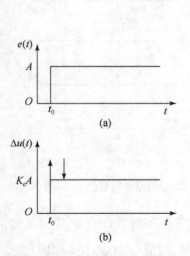

图 3-14　理想的比例微分控制器特

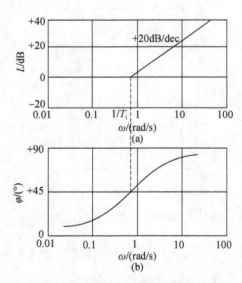

图 3-15　理想比例微分控制器的 Bode 图

由图 3-15(a)可知,PD 控制器的幅频特性在低频段是一条水平线,其高度由 K_c 值确定;在高频段是一条斜率为 +20dB/dec 的直线。由于在高频段能起放大作用,因此能够抑制系统中的高频振荡。由图 3-15(b)可知,PD 控制器的对数相频特性在低频段相角接近 0°,随着频率增加,超前角 φ 也增加,逐渐接近 90°,所以 PD 控制器的微分作用只在高频段起作用,而在低频段几乎没有作用。

3.5　比例积分微分控制

具有比例加积分加微分控制规律的控制称为比例积分微分控制,即 PID 控制。PID 控制器的数学表达式如下:

$$\Delta u = \Delta u_P + \Delta u_I + \Delta u_D = K_c \left(e + \frac{1}{T_i} \int_0^t e(t)\,dt + T_d \frac{de}{dt} \right) \tag{3-19}$$

传递函数为

$$U(s) = K_c \left(1 + \frac{1}{T_i s} + T_d s \right) E(s) \tag{3-20}$$

当输入偏差 e 为一幅值为 A 的阶跃信号时,实际 PID 控制器的输出特性如图 3-16 所示。

图 3-16 显示,实际 PID 控制器在阶跃输入下,开始时,微分作用的输出变化量最大,使总的输出大幅度的变化,产生强烈的"超前"控制作用,这种控制作用可看成"预调"。然后微分作用逐渐消失,积分作用的输出逐渐占主导地位,只要余差存在,积分输出就不断增加,这种控制作用可看成"细调",一直到余差完全消失,积分作用才有可能停止。而在 PID 控制器的输出中,比例作用的输出是自始至终与偏差相对应的,它一直是一种最基本的控制作用。在实际 PID 控制器中,微分环节和积分环节都具有饱和特性。

由式(3-20)可得 PID 控制器的频率特性为

$$G_c(j\omega) = K_c \left(1 + \frac{1}{j\omega T_i} + j\omega T_d \right) \tag{3-21}$$

由式(3-21)可以画出 PID 控制器的 Bode 图,如图 3-17 所示。

由图 3-17(a)可知,PID 控制器的幅频特性在低频段是一条斜率为 −20dB/dec 的直线,这是 I 控制起主要作用;在高频段是一条斜率为 +20dB/dec 的直线,这是 D 控制起主要作用。比例放大系数 K_c 的数值仅影响对数幅频特性的高度,它在整个频率段都起作用,因此是最基本的控制作用。图 3-17(b)显示,PID 控制器的对数相频特性在低频段相角是滞后的,最大滞后角为 90°,这时 I 控制起主要作用;在高频段相角是超前的,最大超前角为 90°,这时 D 控制起主要作用。

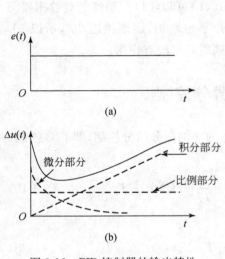

图 3-16　PID 控制器的输出特性

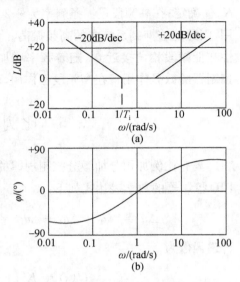

图 3-17　比例积分微分控制器
的 Bode 图

PID 控制的主要特点为:

(1)当阶跃输入作用时,P 作用是始终起作用的基本分量;I 作用一开始不显著,随着时间逐渐增强;而与 I 作用相反,D 作用在前期作用强些,随着时间逐渐减弱。

(2)PI 控制器与被控对象串联连接时,可以使系统的型别提高一级,而且还提供了两个负实部的零点。

(3)与 PI 控制器相比,PID 控制器除了同样具有提高系统稳态性能的优点外,还多提供了一个负实部零点,因此在提高系统动态性能方面具有更大的优越性。

(4)PID 控制通过 I 作用消除误差,而 D 控制可缩小超越量,加快反应,是综合了 PI 控制与 PD 控制长处并去除其短处的控制。

(5)从频域角度来看,PID 控制是通过 I 作用于系统的低频段,以提高系统的稳态性能,而 D 作用于系统的中频段,以改善系统的动态性能。

由于 PID 控制综合了 P、I、D 三种控制的优点,具有较好的控制性能,因而应用范围更广,在许多过程控制系统中得到更为广泛的应用。

3.6　离散比例积分微分控制

3.6.1　离散比例积分微分控制算法

离散 PID 控制是根据对模拟控制器的理想 PID 算法加以离散化得来的,且有几种不同的基本形式。

1)位置式 PID 控制算法

$$u(k) = K_c e(k) + \frac{K_c}{T_i} \sum_{i=0}^{k} e(i) \Delta t + K_c T_d \frac{e(k) - e(k-1)}{\Delta t}$$

$$= K_c e(k) + K_I \sum_{i=0}^{k} e(i) + K_D [e(k) - e(k-1)] \tag{3-22}$$

式中,K_I 为积分系数, $K_I = \frac{K_c}{T_i} \Delta t$;$K_D$ 为微分系数, $K_D = \frac{K_c T_d}{\Delta t}$;$\Delta t$ 为采样间隔时间。

注意,$u(k)$ 不是控制器的输出的变化量,而是其实际的输出,经过 D/A 转换后的模拟信号与阀门的位置一一对应,故有位置式之称;每次需计算阀的绝对位置;控制器输出需与数字式控制阀连接,否则需经 D/A 转换成模拟量,并需电路将输出信号保持到下一采样时刻;需采用必要措施来防止积分饱和及进行手动或自动切换。

2)增量式 PID 控制算法

$$\Delta u(k) = u(k) - u(k-1)$$

$$= K_c \Delta e(k) + K_I e(k) + K_D\{[e(k) - e(k-1)] - [e(k-1) - e(k)]\}$$

$$= K_c[e(k) - e(k-1)] + K_I e(k) + K_D[e(k) - 2e(k-1) + e(k-2)]$$

$$\tag{3-23}$$

式中,$\Delta u(k)$ 对应于两次采样时间间隔内控制阀开度的变化量,可通过步进电动机等累积机构,将其转换成模拟量。

采用增量式 PID 控制算法时,可以从手动时的 $u(k-1)$ 出发,直接计算出投入自动运行时控制器应有的输出变化量 $\Delta u(k)$,从而方便了手动自动切换。另外,由于这种算法对偏差不加以累积,从而不会引起积分饱和现象。因此,在实际中较多使用该算法。

3）速度式 PID 控制算法

$$v(k) = \frac{\Delta u(k)}{\Delta t} = K_c \frac{\Delta e(k)}{\Delta t} + \frac{K_c}{T_i}e(k) + \frac{K_c T_d}{(\Delta t)^2}[e(k) - 2e(k-1) + e(k-2)]$$

(3-24)

式中，$v(k)$ 为控制器输出的变化速率，表征控制阀在采样周期内的平均变化速度。

一旦采样周期选定之后，Δt 是一个常数，故速度式与增量式控制算法在本质上没有什么区别。

3.6.2　离散比例积分微分控制算法的改进

除了以上几种基本算法，在实际应用中还可以采用一些改进的方法，以提高控制品质。

1）积分分离

积分分离就是仅在偏差处于较小的范围内才使用积分作用，当偏差大于一定的数值时，则取消积分作用。其算式为

$$\Delta u(k) = K_c[e(k) - e(k-1)] + K_L K_I e(k) + K_D[e(k) - 2e(k-1) + e(k-2)]$$

(3-25)

式中，当 $e(k) \leqslant A$ 时，$K_L = 1$，即引入积分作用；当 $e(k) \geqslant A$ 时，$K_L = 0$，即取消积分作用；A 为预定的阈值。

采用积分分离算法后，可以避开在开、停车或大幅度改变设定值时，由于短时间内产生很大偏差而引起的严重超调或长时间的振荡。具有积分分离的 PID 控制过程如图 3-18 所示。从图 3-18 中可以看出，其对提高控制品质有明显的效果。

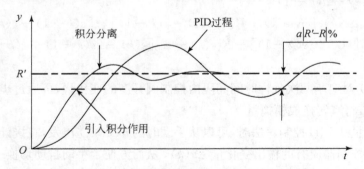

图 3-18　具有积分分离的 PID 控制过程

2）不完全微分

在基本算法中，采用的是理想的微分作用。当被控变量变化较快时，虽然计算机的相应输出也较大，但步进电动机无法在短时间内完成所要求的走步，从而限制

了微分校正作用。所谓不完全微分是用实际的微分环节来代替理想的微分环节，其算式为

$$\Delta u(k) = a\Delta u(k-1) + (1-a)\Delta u'(k) \tag{3-26}$$

式中

$$a = \frac{\dfrac{T_d}{K_D}}{\Delta t + \dfrac{T_d}{K_D}}$$

$$\Delta u'(k) = K_c[e(k) - e(k-1)] + K_I e(k) + K_D[e(k) - 2e(k-1) + e(k-2)]$$

理想微分虽然作用强烈，但仅在扰动产生的第一个周期起作用。而不完全微分尽管在第一个周期的作用有所减弱，却可以维持一段时间，从总体上来看，微分作用还是增强了，从而可以提高控制品质。

3)微分先行

所谓微分先行，是将微分环节移到测量值与设定值的比较点之前，即对测量值 $y(t)$ 而不是对偏差 $e(t)$ 进行微分运算。由于避开了对设定值的微分运算，因此在调整设定值时，输出就不会产生剧烈的跳变。而通常被控变量的变化总是比较平缓的。

对基本算式(3-23)加以修改，可导出采用微分先行时的如下算式：

$$\Delta u(k) = K_c[e(k) - e(k-1)] + K_I e(k) - K_D[y(k) - 2y(k-1) + y(k-2)]$$

$$\tag{3-27}$$

3.7　PID 调节器参数的工程整定

调节器参数的整定，是自动调节系统中相当重要的一个问题。在调节方案已经确定，仪表及调节阀等已经选定并已装好之后，调节对象的特性也就确定了，调节系统的品质就主要决定于调节器参数的整定。因此，调节器参数整定的任务，就是对已选定的调节系统，求得最好的调节质量时调节器的参数值，即所谓求取调节器的最佳值，具体讲就是确定最合适的比例度 δ、积分时间 T_i 和微分时间 T_d。

3.7.1　PID 参数的工程整定方法

1)动态特性参数法

这是一种以被控对象控制通道的阶跃响应为依据，通过一些经验公式求取调节器最佳参数整定值的开环整定方法。这种方法是由 Ziegler 和 Nichols 于 1942

年首先提出的。使用该方法的前提是，广义被控对象的阶跃响应可用一阶惯性环节加纯延迟来近似，即

$$G(s) = \frac{K}{Ts+1} \mathrm{e}^{-\tau s} \tag{3-28}$$

否则按该方法计算得到的整定参数只能作为初步估计值。上式的三个参数 K、T、τ 由对象的阶跃响应曲线获取。有了数据 K、T、τ，就可以用表 3-1 中的整定公式计算 PID 调节器的参数。

表 3-1　Z-N 调节器参数整定公式

调节规律	比例度 δ /%	积分时间 T_i /min	微分时间 T_d /min
P	$K(\tau/t)$		
PI	$1.1K(\tau/t)$	3.3τ	
PID	$0.85K(\tau/t)$	2.0τ	0.5τ

后来经过不少改进，总结出相应的调节器最佳参数整定公式。这些公式均以衰减率（ $\varphi = 0.75$ ）为系统的性能指标，其中广为流行的是柯恩（Cohen）-库恩（Coon）整定公式。

（1）P 调节器：

$$K_P K = (\tau/T)^{-1} + 0.333 \tag{3-29}$$

（2）PI 调节器：

$$\begin{cases} K_P K = 0.9\,(\tau/T)^{-1} + 0.082 \\ T_i/T = \dfrac{3.33(\tau/T) + 0.3\,(\tau/T)^2}{1 + 2.2(\tau/T)} \end{cases} \tag{3-30}$$

（3）PID 调节器：

$$\begin{cases} K_P K = 1.35\,(\tau/T)^{-1} + 0.27 \\ T_i/T = \dfrac{2.5(\tau/T) + 0.5\,(\tau/T)^2}{1 + 0.6(\tau/T)} \\ T_d/T = \dfrac{0.37(\tau/T)}{1 + 0.2(\tau/T)} \end{cases} \tag{3-31}$$

式中，K、T、τ 为对象动态特性参数。

2）稳定边界法

稳定边界法也称为临界比例度法。这是一种闭环的整定方法，它基于纯 P 控制系统临界振荡试验所得数据，即临界比例带 δ_{pr} 和临界振荡周期 T_{pr}，利用一些经验公式，求取调节器最佳参数值，其整定计算公式如表 3-2 所示。

表 3-2　稳定边界法参数整定计算公式

调节规律	比例度 δ/%	积分时间 T_i/min	微分时间 T_d/min
P	$2\delta_{pr}$		
PI	$2.2\delta_{pr}$	$0.85\delta_{pr}$	
PID	$1.67\delta_{pr}$	$0.50\delta_{pr}$	$0.125\delta_{pr}$

稳定边界法整定 PID 参数的具体步骤如下：

(1)置调节器积分时间 T_i 到最大值（$T_i = \infty$），微分时间 T_d 为零（$T_d = 0$），比例度 δ 置较大值，使控制系统投入运行。

(2)待系统运行稳定后，逐渐减小比例度，直到系统出现等幅振荡，即临界振荡。记下此时的比例度 δ_{pr}（临界比例度），并计算两个波峰间的时间 T_{pr}（临界振荡周期）。

(3)利用 δ_{pr} 和 T_{pr} 值，按表 3-2 给出的相应计算公式，求调节器各整定参数 δ、T_i 和 T_d 的数值。

注意：在采用这种方法时，控制系统应工作在线性区，否则得到的持续振荡曲线可能是极限环，不能依据此时的数据来计算整定参数。

3)衰减曲线法

它与稳定边界法类似，也是一种闭环整定方法，整定的依据也是纯比例调节下的试验数据，不同的只是这里的试验数据来自系统的衰减振荡，且衰减比特定（通常为 4∶1 或 10∶1），之后就与稳定边界法一样，也是利用一些经验公式，求取调节器相应的整定参数。其整定计算公式如表 3-3 所示。

衰减比为 4∶1 的衰减曲线法的具体步骤如下：

(1)置调节器积分时间 T_i 到最大值（$T_i = \infty$），微分时间 T_d 为零（$T_d = 0$），比例度 δ 置较大值，使控制系统投入运行。

(2)待系统运行稳定后，作设定值阶跃扰动，并观察系统的响应，若系统响应衰减太快，则减小比例度；反之，系统响应衰减过慢，应增大比例度，如此反复，直到系统出现 4∶1 衰减振荡过程，记下此时的比例度 δ_s 和振荡周期 T_s 的数值。

(3)利用 δ_s 和 T_s 值，按表 3-3 给出的相应计算公式，求调节器各整定参数 δ、T_i 和 T_d 的数值。

表 3-3 衰减曲线法整定计算公式

衰减比	调节规律	比例度 δ /%	积分时间 T_i /min	微分时间 T_d /min
4 : 1	P	δ_s		
	PI	$1.2\delta_s$	$0.5T_s$	
	PID	$0.8\delta_s$	$0.3T_s$	$0.1T_s$
10 : 1	P	δ_s'		
	PI	$1.2\delta_s'$	$2T_r$	
	PID	$0.8\delta_s'$	$1.2T_r$	$0.4T_r$

以上介绍的几种系统参数工程整定法有各自的优缺点和适用范围,要善于针对具体系统的特点和生产要求,选择适当的整定方法。无论采用哪种方法,所得的调节器整定参数都需要通过现场试验,反复调整,直到取得满意的效果为止。

下面举例说明 PID 参数整定的过程。

例 3-3 PID 参数整定仿真。

已知图 3-19 所示的控制系统,其中系统开环传递函数 $G_0(s)$ 为

$$G_0(s) = \frac{1}{s(s+1)(s+5)}$$

试采用稳定边界法(临界比例度法)计算系统 P、PI、PID 控制器的参数,并绘制整定后系统的单位阶跃响应曲线。

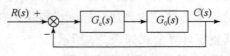

图 3-19 控制系统结构图

解 根据题意,建立图 3-20 所示的 Simulink 模型。

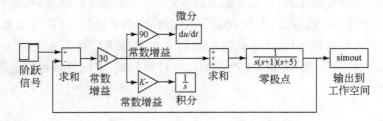

图 3-20 例 3-3 系统 Simulink 模型

　　稳定边界法整定的第一步是获取系统的等幅振荡曲线。在 Simulink 中,把反馈连线、微分器的输出连线、积分器的输出连线都断开,K_P 的值从大到小进行试验,每次仿真结束后,观察示波器的输出,直到输出等幅振荡曲线为止。本例中当 $K_P = 30$ 时出现等幅振荡,此时的等幅振荡周期 $T_k = 2.81$,等幅曲线如图 3-21 所示。之后可利用稳定边界法的计算公式分别计算 P、PI、PID 控制器的参数。

　　令 $K_P = 15$,仿真运行。运行完毕后,可以得到图 3-22 所示的结果。

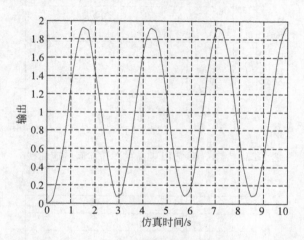

图 3-21　例 3-3 系统等幅振荡曲线

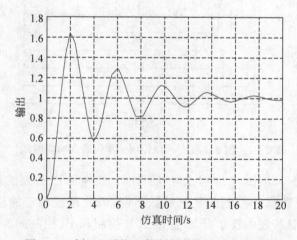

图 3-22　例 3-3 系统 P 控制的单位阶跃响应曲线

　　令 $K_P = 13.5, 1/T_i = 1/2.3417$,将积分器的输出连线连上,仿真运行。运行完毕后,可以得到图 3-23 所示的结果。

令 $K_P = 17.6471, 1/T_i = 1/1.405, t_{ou} = 0.35125$，将积分器和微分器的输出连线连上，仿真运行。运行完毕后，可以得到图 3-24 所示的结果。

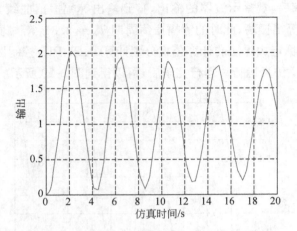

图 3-23　例 3-3 系统 PI 控制的单位阶跃响应曲线

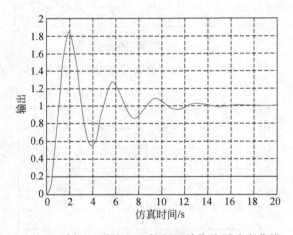

图 3-24　例 3-3 系统 PID 控制的单位阶跃响应曲线

由图 3-22、图 3-23、图 3-24 对比可以看出，P 控制和 PI 控制的阶跃响应上升速度基本相同，由于这两种控制的比例系数不同，因此系统稳定的输出值不同。PI 控制的超调量比 P 控制的要小，PID 控制比 P 控制和 PI 控制的响应速度要快，但是超调量大些。

3.7.2　PID 参数的自整定方法

以上介绍的几种 PID 参数工程整定方法均属于人工离线的方法,这些方法对 PID 参数的选择给出了很好的指导,但真正应用到实际过程中,考虑到每个生产过程的具体特点,所需的 PID 参数还有必要进行在线的修正,更何况有些生产过程的特性还经常变动。所以,多年来广大工程技术人员一直关注着 PID 参数自整定的研究和开发。

继电器型自整定法就是一种简单可靠的自适应 PID 参数整定方法。它是由著名的瑞典自动控制学者 Aström 于 1984 年首先提出的。

继电器型自整定法的基本思想是在控制系统中设置测试和控制两种模式,在测试模式下利用继电器的时滞环使系统处于等幅振荡,从而测取系统的振荡周期和振幅,然后利用稳定边界法的经验公式(表 3-2)计算出 PID 控制参数;在控制模式下,控制器使用整定后的参数对系统的动态过程进行调节。如果对象特性发生变化,可重新进入测试模式,再进行测试,以求得新的整定参数。采用继电器型自整定法的系统结构如图 3-25 所示。

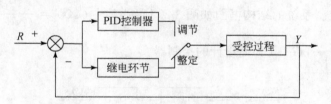

图 3-25　继电器型 PID 参数自整定控制结构

在测试模式下,根据继电器的时滞特性,表 3-2 中所需要的临界比例度 δ_{pr} 可以按下式求出:

$$\delta_{\mathrm{pr}} = \frac{\pi A}{4d} \tag{3-32}$$

式中,A 为系统等幅振荡的幅值;d 为继电滞环的幅值。

不难看出,继电器型 PID 参数自整定方法实际上还是在使用稳定边界法,只不过稳定边界法所需的与控制过程有关的参数可根据过程的变化方便地在线获取,这在很大程度上提高了控制参数的自适应性,改善了控制器的控制性能。但使用继电器型 PID 参数自整定方法也有一定局限性。与普通稳定边界法相同,因为被控过程需要在继电环节的作用下产生等幅振荡,这在有些生产环节中是不允许的。另外,对于时间常数较大的被控对象,整定过程将很费时;对一些干扰因数较多且较频繁的系统,则要求振荡幅度足够大,严重时将影响稳定等幅振荡的形成,从而无法加以整定。

思考题与习题

1. 什么是比例控制、积分控制和微分控制? 试总结 P、PI、PID 动作规律对系统控制质量的影响。

2. 什么是积分饱和? 引起积分饱和的原因是什么? 如何消除?

3. 一个自动控制系统,在比例控制的基础上分别增加:①适当的积分作用;②适当的微分作用。试问:

(1)这两种情况对系统的稳定性、最大动态偏差和余差分别有何影响?

(2)为了得到相同的系统稳定性,应如何调整调节器的比例带? 说明理由。

4. 某电动比例调节器的测量范围为 $100 \sim 200℃$,其输出为 $0 \sim 10mA$。当温度从 140℃ 变化到 160℃时,测得调节器的输出从 3mA 变化到 7mA。试求出该调节器的比例带。

5. 已知控制系统的结构框图如图 3-26 所示,其中 $G_0(s) = \dfrac{4}{(2s+1)(0.5s+1)}$, $H(s) = \dfrac{1}{0.05s+1}$, $G_c(s)$ 为需设计的控制器。

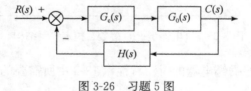

图 3-26 习题 5 图

试利用 Simulink 仿真实现以下设计:

(1)将 $G_c(s)$ 设计为一个 PI 控制器 $G_c(s) = K_P\left(1 + \dfrac{K_I}{s}\right) = K_P\left(\dfrac{s + K_I}{s}\right)$,其比例放大器 K_P 由 0.3 到 1.7,每次增加 0.2,画出参考输入在不同的 K_P 值时的单位阶跃响应图形;

(2)将 $G_c(s)$ 设计为一个 PID 控制 $G_c(s) = K_P\left(\dfrac{K_D s^2 + s + K_I}{s}\right)$,若 K_P 由 1 到 10 每次增加 1,$K_I = 0.5$,$K_D = 0.3$,画出其单位阶跃响应图形。

6. 建立图 3-27 所示的 Simulink 仿真系统图。

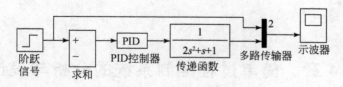

图 3-27　习题 6 图

利用 Simulink 仿真软件，进行以下实验：

（1）建立图 3-27 所示的实验 Simulink 原理图。

（2）双击原理图中的 PID 模块，出现参数设定对话框，将 PID 控制器的积分增益和微分增益改为 0，使其具有比例调节功能，对系统进行纯比例控制。

（3）进行仿真，观测系统的响应曲线，分析系统性能；然后调整比例增益，观察响应曲线的变化，分析系统性能的变化。

（4）重复步骤（2）和（3），将控制器的功能改为比例微分控制，观测系统的响应曲线，分析比例微分控制的作用。

（5）重复步骤（2）和（3），将控制器的功能改为比例积分控制，观测系统的响应曲线，分析比例积分控制的作用。

（6）重复步骤（2）和（3），将控制器的功能改为比例积分微分控制，观测系统的响应曲线，分析比例积分微分控制的作用。

（7）将 PID 控制器的积分增益和微分增益改为 0，对系统进行纯比例控制，不断修改比例增益，使系统输出的过渡过程曲线的衰减比 $n = 4$，记下此时的比例增益值。

（8）修改比例增益，使系统输出的过渡过程曲线的衰减比 $n = 2$，记下此时的比例增益值。

（9）修改比例增益，使系统输出呈临界振荡波形，记下此时的比例增益值。

（10）将 PID 控制器的比例、积分增益进行修改，对系统进行 PI 控制。不断修改比例、积分增益，使系统输出的过渡过程曲线的衰减比 $n = 2、4、10$，记下此时比例和积分增益；将 PID 控制器的比例、积分、微分增益进行修改，对系统进行比例、积分、微分控制。不断修改比例、积分、微分增益，使系统输出的过渡过程曲线的衰减比 $n = 2、4、10$，记下此时比例、积分、微分增益。

第 4 章　简单过程控制系统的分析与设计

简单控制系统指的是单输入单输出（SISO）的线性控制系统。在所有反馈控制系统中，单回路反馈控制系统是最基本、结构最简单的一种。单回路控制系统虽然结构简单，却能解决大量的过程控制问题，因此它是生产过程控制中应用最为广泛的一种控制系统。力求简单、可靠、经济与保证控制效果是控制系统设计的基本原则。

4.1　简单过程控制系统的结构组成

从第 1 章已经知道，过程控制系统由被控过程（对象）、控制器、执行器和检测器这四个基本环节构成。图 4-1 所示为一水槽液位控制系统，下面以此系统的工作过程为例，说明这四个基本环节如何有机地结合在一起，构成一个单回路系统。

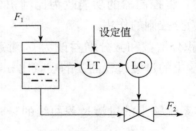

图 4-1　水槽液位控制系统

假定流入量和流出量分别为 Q_1 和 Q_2，控制要求是维持水槽液位 L 不变。为了控制液位，就要选择相应的变送器、控制器和调节阀。

为了便于分析问题，假定调节阀为气关式，控制器为反作用（调节阀开关形式和控制器正反作用的选择见 4.2 节）。

首先假定在干扰发生之前系统处于平衡状态，即流入量等于流出量，液位等于给定值。一旦此时有干扰发生，平衡状态将被破坏，液位开始变化，于是控制系统开始动作。

假如在平衡状态下，流入量突然变大（如入口阀突然开大），使得 $Q_1 > Q_2$，于是液位 L 将上升。随着 L 的上升，控制器的输入增大，而控制器是反作用的，于是它的输出将减小。前已假定调节阀是气关式的,则随着控制器输出的减小,调节阀将开大,流出量 Q_2 随之增大,液位 L 则将慢慢下降并逐渐趋于给定值。当再度达到 $Q_2 = Q_1$ 时,系统达到一个新的平衡状态,这时调节阀将处于一个新的开度上。如果在平衡状态下,流入量突然减小(如入口阀突然关小),那么将出现 $Q_1 < Q_2$,液位 L 将下降,控制器输出将增大,调节阀将关小,这样,液位又会逐渐恢复到给定值而达到新的平衡。

另一种情况,假如在平衡状态下,流出量 Q_2 突然增大,这就使 $Q_2 > Q_1$,L 将下降。这时,控制器输出将增大,调节阀将关小,于是 Q_2 将随之逐渐减小,L 又会慢慢上升而回到给定值。如果在平衡状态下,Q_2 突然减小了,此时 L 将上升,控制器输出将减小,调节阀将开大,重新使 Q_2 增大而使 L 逐渐恢复到给定值为止。

由以上分析可知,无论液位在何种干扰作用下出现上升或下降的情况,系统都可通过变送器、控制器和调节阀等工具,最终把液位拉回到给定值上。这个水槽液位控制系统就是一个典型的单回路过程控制系统。

简单控制系统的框图如图 4-2 所示。

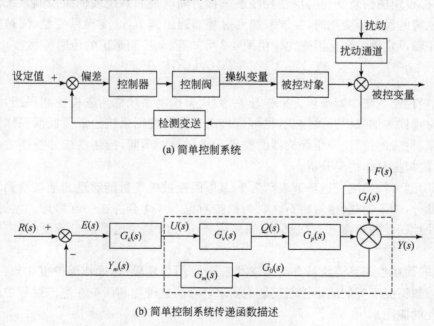

(a) 简单控制系统

(b) 简单控制系统传递函数描述

图 4-2　简单控制系统的框图

下面对上述框图进行几点说明:

(1)框图中的各个信号都是增量。增益和传递函数都是在稳态值为零时(即在工作点上)得到的。图中的箭头表示信号的流向,并非物流或能流的方向。

(2)各环节的增益有正、负之别。各环节的增益可根据在稳态条件下该环节输出变化量与输入变化量之比确定。当该环节的输入增加时,其输出增加,则该环节的增益为正;反之,如果输出减小则增益为负。

(3)通常将调节阀、被控对象和检测变送环节合并为广义对象,广义对象传递函数用 $G_0(s)$ 表示。因此,简单控制系统亦可表示为由控制器 $G_c(s)$ 和广义对象 $G_0(s)$ 组成的闭合回路。

(4)简单控制系统有控制通道和扰动通道两个通道:控制通道是操纵变量作用到被控变量的通道;扰动通道是扰动作用到被控变量的通道。

(5)设定值保持不变的反馈控制系统称为定值控制系统,当扰动影响被控量时,简单控制系统通过控制通道的调节,通过改变操作变量来克服扰动对被控变量的影响。由图 4-2 可知,定值控制系统的传递函数为

$$\frac{Y(s)}{F(s)} = \frac{G_f(s)}{1 + G_c(s)G_v(s)G_p(s)G_m(s)} \tag{4-1}$$

(6)设定值任意变化的反馈控制系统称为随动控制系统或伺服控制系统。当控制系统的设定值变化时,控制系统通过控制通道调节,改变操纵变量,使被控变量能跟随设定值的变化而变化。由图 4-2 可知,随动控制系统的传递函数为

$$\frac{Y(s)}{R(s)} = \frac{G_c(s)G_v(s)G_p(s)}{1 + G_c(s)G_v(s)G_p(s)G_m(s)} \tag{4-2}$$

(7)控制系统中如果包含采样开关,则这类控制系统称为采样控制系统,它可以由常规仪表加采样开关组成,也可直接由计算机控制系统组成。根据采样开关的数量、设置的位置、采用保持器的类型和采样周期不同,控制系统的控制效果会不同,应根据具体情况分析。

(8)通常将检测变送环节表示为1,其原因是被控变量能够迅速地被检测和变送。此外,为了简化,也常将 $G_m(s)$ 与被控对象 $G_p(s)$ 合并在一起考虑。但是,在有非线性特性的检测和变送环节,如采用孔板和压差变送器测量流量时,应分别列出。

(9)简单控制系统所需自动化技术工具少,投资比较低,操作维护也比较方便,而且一般情况下都能满足控制质量的要求,因此,这种控制系统在生产过程中得到了广泛的应用。

4.2 简单过程控制系统的分析

为了设计好一个简单控制系统,并使该系统在运行时达到规定的质量指标要

求,就要很好地了解具体的生产工艺,掌握生产过程的规律性,以便确定合理的控制方案。这包括:正确地选择被控变量和操纵变量,正确地选择调节阀的气开和气关形式,正确地选择控制器的类型及其正反作用,以及正确地选择测量变送装置等。为此,必须对系统的被控对象、控制器、调节阀和测量变送装置特性对控制质量的影响情况,分别进行分析和研究。

4.2.1　被控变量的选择

被控变量的选择是控制系统设计的核心问题,其选择的正确与否,会直接关系到生产的稳定、产品质量以及安全与劳动条件等。如果被控变量选择不当,无论采用何种自动化装置,组成什么样的控制系统,都不能达到预期的控制效果。

对于以温度、压力、流量、液位为操作指标的生产过程,可直接选择温度、压力、流量、液位作为控制变量。

质量指标是产品质量的直接反映,因此,选择质量指标作为被控变量应是首先要进行考虑的。采用质量指标作为被控变量,必然要涉及产品成分或物性参数(如密度、黏度等)的测量问题,这就需要用到成分仪表和物性参数测量仪表。但有关成分和物性参数的测量问题,目前国内外尚未得到很好的解决。当直接选择质量指标作为被控变量比较困难或不可能时,可以选择一种间接的指标作为被控变量。但是所选用的间接指标必须与直接指标有单值的对应关系,并且还需要一定的变化灵敏度,即随着产品质量的变化,间接指标必须有足够大的变化。

通过上述分析,可以总结出如下几条选择被控量的原则:

(1)如有可能,应当尽量选择质量指标作为被控变量;

(2)当不能选择质量指标作为被控变量时,应当选择一个与产品质量指标有单值对应关系的间接指标作为被控变量;

(3)所选的间接指标应当具有足够大的灵敏度,以便反映产品质量的变化;

(4)选择被控变量时需考虑到工艺的合理性和国内外仪表的生产现状。

4.2.2　对象特性对控制质量的影响及操纵变量的选择

被控量确定之后,还需选择一个合适的操纵变量,以便被控变量在外界干扰作用下发生变化时,能够通过对操纵变量的调整,使得被控变量迅速地返回到原先的给定值上,以保持产品质量的不变。

操纵变量一般选系统中可以调整的物料量或能量参数,而石油、化工生产过程中遇到最多的操纵变量则是物料流或能量流,即流量参数。

在一个系统中,可作为操纵变量的参数往往不止一个。操纵变量的选择,对控制系统的控制质量有很大的影响,因此操纵变量的选择问题是设计控制系统的一个重要考虑因素。

为了正确地选择操纵变量,首先要研究被控对象的特性。

被控变量是被控对象的一个输出,影响被控变量的外部因素则是被控对象的输入,显然影响被控变量的输入不止一个,因此,被控对象实际上是一个多输入单输出的对象。在影响被控变量的输入中选择其中某一个可控性良好的输入量作为操纵变量,而其他未被选中的所有输入量则称为系统的干扰。

所谓通道就是某个参数影响另外一个参数的通路。用 U 来表示操纵变量,用 F 来表示系统干扰,这里所说的控制通道,就是控制作用 $U(s)$ 对被控变量 $Y(s)$ 的影响通路;同理,干扰通道就是干扰作用 $F(s)$ 对被控变量 $Y(s)$ 的影响通路。一般来说,控制系统分析更加注重信号之间的联系,因此,通常所说的通道是指信号之间的信号联系。干扰通道就是干扰作用与被控变量之间的信号联系,控制通道则是控制作用与被控变量之间的信号联系。

干扰作用与控制作用同时影响被控变量,不过在控制系统中通过控制器正、反作用的选择,可以使控制作用对被控变量的影响正好与干扰作用对被控变量的影响相互抵消,这样,当干扰作用使被控变量偏离给定值发生变化时,控制作用就可以抑制干扰的影响,把已经变化的被控变量拉回到给定值。因此,在一个控制系统中,干扰作用与控制作用是相互对立而存在的。有干扰就有控制,没有干扰也就无须控制。

控制作用能否有效地克服干扰对被控变量的影响,关键在于选择一个可控性良好的操纵变量。通过研究对象的特性,研究系统中存在各种输入量以及它们对被控变量的影响情况,可以总结出选择操纵变量的一些原则。

1. 干扰通道特性对控制质量的影响

1)放大倍数 K_f 的影响

假定所研究的系统方框图如图 4-3 所示。

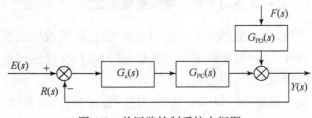

图 4-3　单回路控制系统方框图

由图 4-3 可直接求出在干扰作用下的闭环传递函数为

$$\frac{Y(s)}{F(s)} = \frac{G_{PD}(s)}{1 + G_c(s)G_{PC}(s)} \tag{4-3}$$

由式(4-3)可得

$$Y(s) = \frac{G_{PD}(s)}{1 + G_c(s)G_{PC}(s)} F(s) \tag{4-4}$$

令 $G_{PD}(s) = \dfrac{K_f}{1 + T_f s}$，$G_{PC}(s) = \dfrac{K_0}{(1 + T_{01}s)(1 + T_{02}s)}$，$G_c(s) = K_c$，并假定 $f(t)$ 为

单位阶跃干扰，则 $F(s) = \dfrac{1}{s}$，将各环节传递函数代入式(4-4)，并用终值定理可得

$$y(\infty) = \lim_{s \to 0} sY(s) = \lim_{s \to 0} s \cdot \frac{1}{s} \cdot \frac{\dfrac{K_f}{1 + T_f s}}{1 + \dfrac{K_c K_0}{(1 + T_{01}s)(1 + T_{02}s)}} = \frac{K_f}{1 + K_c K_0}$$

$$\tag{4-5}$$

式中，$K_c K_0$ 为控制器放大倍数与被控对象放大倍数的乘积，称为该系统的开环放大倍数。对于定值系统，$y(\infty)$ 即系统的余差。由式(4-5)可以看出，干扰通道放大倍数越大，系统的余差也就越大，即控制质量越差。

2)时间常数 T_f 的影响

为研究问题方便起见，令图 4-3 的各个环节放大倍数均为 1，这样系统在干扰作用下的闭环传递函数应为

$$\frac{Y(s)}{F(s)} = \frac{\dfrac{1}{1 + T_f s}}{1 + G_c(s)G_{PC}(s)} = \frac{1}{T_f} \frac{1}{\left(s + \dfrac{1}{T_f}\right)\left[1 + G_c(s)G_{PC}(s)\right]} \tag{4-6}$$

系统的特征方程为

$$\left(s + \frac{1}{T_f}\right)\left[1 + G_c(s)G_{PC}(s)\right] = 0 \tag{4-7}$$

由式(4-7)可知，当干扰通道为一阶惯性环节时，与干扰通道为放大环节相比，系统的特征方程发生变化，表现在根平面的负实轴上增加了一个附加极点 $-\dfrac{1}{T_{f1}}$。这个附加极点的存在，除了会影响过渡过程时间外，还会影响到过渡过程的幅值，使其缩小了 T_f 倍，这样过渡过程的最大动态偏差也将随之减小，这对提高系统的品质是有利的，而且，随着 T_f 的增大，控制过程的品质也会提高。

如果干扰通道的阶次增加，例如，干扰通道的传递函数为二阶，那么就有两个

时间常数 $T_{f1}T_{f2}$。按照根平面的分析,系统将增加两个附加极点 $-\dfrac{1}{T_{f1}}$ 及 $-\dfrac{1}{T_{f2}}$,这样过渡过程的幅值将缩小 $T_{f1}T_{f2}$ 倍。因此,控制质量将进一步获得提高。

干扰从不同的位置进入系统对控制质量有何影响呢? 如图 4-4 所示,如果干扰的幅值和形式都是相同的,那么,F_3 对 y 的影响依次要经过 $G_{03}(s)$、$G_{02}(s)$、$G_{01}(s)$ 三个环节,如果每一环节都是一阶惯性的,则对干扰信号 F_3 进行了三次滤波,它对被控变量的影响会削弱较多,对被控变量的实际影响就会较小。而 F_1 只经过了一个环节 $G_{01}(s)$ 就影响到 y,它的影响会削弱得比较少,因此它对被控变量的影响最大。所以,它们对于被控变量的影响程度为 F_1 最大,F_2 次之,F_3 最小。

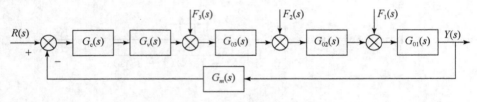

图 4-4   干扰进入位置图

由以上分析可得出结论:干扰通道的时间常数越大,个数越多,或者说干扰进入系统的位置越远离被控变量而靠近调节阀,干扰对被控变量的影响就越小,系统的质量则越高。

3)纯滞后 τ_f 的影响

上面分析干扰通道时间常数对被控变量的影响时,没有考虑到干扰通道具有纯滞后的问题。如果考虑干扰通道有纯滞后,那么其传递函数可写成

$$G'_{PD}(s) = G_{PD}(s)e^{-\tau_f s} \tag{4-8}$$

式中,$G_{PD}(s)$ 为干扰通道传递函数中不包括纯滞后的那一部分。前已分析,对于无滞后的情况:

$$Y(s) = \frac{G_{PD}(s)}{1 + G_c(s)G_{PC}(s)}F(s) \tag{4-9}$$

对上式进行拉氏反变换,即可求得干扰作用下的过渡过程 $y(t)$。

对于有纯滞后的情况:

$$Y_\tau(s) = \frac{G_{PD}(s)e^{-\tau_f s}}{1 + G_c(s)G_{PC}(s)}F(s) \tag{4-10}$$

对上式进行拉氏反变换,即可求得干扰作用下的过渡过程 $y_\tau(t)$。

由控制原理中的滞后定理可以找到 $y(t)$ 和 $y_\tau(t)$ 之间的关系为

$$y_\tau(t) = y_{t-\tau_f} \tag{4-11}$$

上式结果表明：$y_r(t)$ 与 $y(t)$ 是两条完全相同的变化曲线。这就是说干扰通道有无纯滞后对质量没有影响，所不同的只是两者在影响时间上相差一个纯滞后时间 τ。即当有纯滞后时，干扰对被控变量的影响要向后推迟一个纯滞后时间 τ_f。

2. 控制通道特性对控制质量的影响

1）放大倍数 K_0 的影响

放大倍数 K_0 对控制质量的影响主要从静态和动态两个方面分析。从静态方面分析，由式(4-5)可以看出，控制系统的余差与干扰通道放大倍数成正比，与控制系统的开环放大倍数成反比。因此当 K_f、K_c 不变时，控制通道放大倍数 K_0 越大，系统的余差越小。

但是 K_0 的变化不仅会影响控制系统的静态控制质量，同时对系统的动态控制质量也会产生影响。对一个控制系统来说，在一定的稳定程度（即一定衰减比）情况下，系统的开环放大倍数是一个常数。而这里系统开环放大倍数即控制器放大倍数 K_c 与广义对象控制通道放大倍数 K_0 的乘积。这就是说，在一定的系统衰减比下，K_c 和 K_0 之间存在着相互匹配的关系，当 K_0 减小时，K_c 必须增大；而 K_0 增大时，K_c 必须减小，这样才能维持系统具有相同的稳定程度。所以为了保持系统具有相同的稳定程度，在改变 K_0 时，K_c 不可能保持原来的数值，而应维持与 K_0 的乘积不变。可以得出如下结论：系统的余差与控制通道放大倍数无关。也就是说，在一定稳定性前提下，系统的控制质量与控制通道放大倍数无关。当然，这个结论只是对线性系统而言，对于非线性系统，由于 K_0 随着负荷的变化而变化，这时由 K_c 来补偿有困难，因此，此时 K_0 的变化将会影响系统的质量。

然而从控制角度看，K_0 越大，则表示操纵变量对被控变量的影响越大，即通过对它的调节来克服干扰的影响更为有效。此外，在相同衰减比的情况下，K_0 与 K_c 的乘积为一常数，当 K_0 越大时则 K_c 越小，K_c 小则 δ 大，δ 大则比较容易调整；反之，δ 小则不易调整，因为当 δ 小于 3‰时，控制器相当于一位式控制器，已失去作为连续控制器的作用。因此，从控制的有效性及控制参数易调整性来考虑，则希望控制通道放大倍数 K_0 越大越好。

2）时间常数 T_0 的影响

由图 4-3 可得出单回路系统的特征方程为

$$1 + G_c(s)G_{PC}(s) = 0 \tag{4-12}$$

便于分析起见，令 $G_c(s) = K_c$，$G_{PC}(s) = \dfrac{K_0}{(1 + T_{01}s)(1 + T_{02}s)}$。将 $G_c(s)$、$G_{PC}(s)$ 代

入式(4-12),可得

$$T_{01}T_{02}s^2 + (T_{01} + T_{02})s + 1 + K_cK_0 = 0 \qquad (4\text{-}13)$$

将式(4-13)化为标准二阶系统形式,得

$$s^2 + \frac{T_{01} + T_{02}}{T_{01}T_{02}}s + \frac{1 + K_cK_0}{T_{01}T_{02}} = 0 \qquad (4\text{-}14)$$

于是可得

$$\omega_0^2 = \frac{1 + K_cK_0}{T_{01}T_{02}}, \quad 2\xi\omega = \frac{T_{01} + T_{02}}{T_{01}T_{02}} \qquad (4\text{-}15)$$

由式(4-15)可求得

$$\omega_0 = \sqrt{\frac{1 + K_cK_0}{T_{01}T_{02}}}, \quad \xi = \frac{T_{01} + T_{02}}{2\sqrt{T_{01}T_{02}(1 + K_cK_0)}} \qquad (4\text{-}16)$$

式中,ω_0 为系统的自然振荡频率。根据控制原理的知识可知,系统工作频率 ω_β 与其自然振荡频率 ω_0 有如下关系:

$$\omega_\beta = \sqrt{1 - \xi^2}\omega_0 \qquad (4\text{-}17)$$

由式(4-17)可以看出,在 ξ 不变的情况下,ω_0 与 ω_β 成正比,即

$$\omega_\beta \propto \sqrt{\frac{1 + K_cK_0}{T_{01}T_{02}}} \qquad (4\text{-}18)$$

由式(4-18)可知,无论 T_{01}、T_{02} 哪一个增大,都将会导致系统的工作频率降低。而系统工作频率越低,则控制速度越慢。这就是说控制通道的时间常数 T_0 越大,系统的工作频率越低,控制速度越慢,这样就不能及时地克服干扰的影响,因而系统的质量会变差。

上面仅对具有两个时间常数的对象进行了分析。当控制通道时间常数增多时(即容量数增多),将会得到与控制通道时间常数增大时相类似的结果。

综上所述,控制通道时间常数越大,经过的容量数越多,系统的工作频率越低,控制越不及时,过渡过程时间也越长,系统的控制质量越差。随着控制通道时间常数的减小,系统的工作频率会提高。然而也不是控制通道时间常数越小越好,因为时间常数太小,系统工作频率过于频繁,系统将变得过于灵敏,反而使系统的稳定性下降,系统质量也会变差。大多数流量控制系统的流量记录曲线波动得都比较厉害,就是由于流量系统的时间常数较小所致。

3)纯滞后的影响

控制通道纯滞后的存在会使系统的稳定性降低。这是因为纯滞后的存在,使得控制器不能及时获得控制作用效果的反馈信息,会使控制器出现失控。当需要增加控制作用时,会使控制作用增加得太多,而一旦需要减少控制作用时,则又会

使控制作用减小得太过分,因此导致系统的振荡,使系统的稳定性降低。另外,控制通道纯滞后的存在,会使系统控制不及时,使动态偏差增大,因此会严重降低控制质量。

3. 操纵变量的选择

综上所述,操纵变量的选择依据如下:

(1)所选操纵变量必须是工艺上允许调节的变量;

(2)所选操纵变量应是具有较大的控制通道放大倍数,最好大于扰动通道的放大倍数;

(3)所选操纵变量应使扰动通道时间常数越大越好,而控制通道时间常数应适当小,但不要太小;

(4)所选操纵变量其通道滞后时间越小越好;

(5)所选操纵变量应尽量使干扰点远离被控变量而靠近调节阀;

(6)所选操纵变量的工艺合理性与动态响应快速性应有机结合;

(7)所选操纵变量不宜为生产负荷,以避免产量波动。

4.2.3　调节阀的选择

调节阀是控制系统的执行机构,它接收控制器的命令执行任务。调节阀选择得合适与否,将直接关系到系统能否很好地起到控制作用。调节阀选择的内容包括开闭形式的选择、口径大小的选择、流量特性的选择等。

1. 调节阀开、关形式的选择

调节阀接收的是气压信号,当膜头输入压力增大,调节阀的开度也增大时,称为气开阀;反之,当膜头输入压力增大,调节阀的开度减小,称为气关阀。

对于一个具体的控制系统,究竟是选气开阀还是气关阀,即在阀的气源信号发生故障或控制系统某环节失灵时,阀是全开的位置安全,还是处于全关的位置安全,要由具体的生产工艺决定,一般来说要根据以下几条原则进行选择:

(1)首先要从生产安全出发。即当气源供气中断,或控制器出故障而无输出,或调节阀膜片破裂而漏气等使调节阀无法正常工作,以致阀芯恢复到无能源的初始状态(气开阀恢复到全关,气关阀恢复到全开),应能确保工艺生产设备的安全,不致发生事故。如锅炉供水调节阀,为了保证发生上述情况时不致把锅炉烧坏,调节阀应选气关式。

（2）从保证产品质量出发。当调节阀处于无能源状态而恢复到初始位置时，不应降低产品的质量。例如，精馏塔回流调节阀常采用气关式，一旦发生事故，调节阀全开，使生产处于全回流状态，这就防止了不合格产品的蒸出，从而保证了塔顶产品的质量。

（3）从降低原料、成品、动力损耗来考虑。如控制精馏塔进料的调节阀就常采用气开式，一旦调节阀失去能源，调节阀即处于关闭状态，不再给塔进料，以免造成浪费。

（4）从介质的特点考虑。精馏塔釜加热蒸汽调节阀一般都选气开式，以保证在调节阀失去能源时能处于全关状态，避免蒸汽的浪费。但是如果釜液是易凝、易结晶、易聚合的物料，则调节阀应选气关式，以防调节阀失去能源时阀门关闭，停止蒸汽进入而导致釜内液体的结晶核凝聚。

有两种情况在调节阀开关形式的选择上需要加以注意：

第一种情况是由于工艺要求不一，对于同一个调节阀可以有两种不同的选择结果。图 4-5 所示为锅炉的供水调节阀，如果从防止蒸汽带液会损坏后续设备蒸汽透平（蒸汽带液会导致透平叶片损坏）的角度出发，调节阀应选择气开式；然而如果从保护锅炉出发，以防断水而导致锅炉烧爆，调节阀则应选气关式。这就出现了矛盾的情况。在这种情况下就要分清主要矛盾和次要矛盾，权衡利弊，按主要矛盾进行选择。如果前者是主要矛盾则应选气开式，如果后者是主要矛盾则应选气关式。

第二种情况是某些生产工艺对调节阀的开关形式的选择没有严格的要求。在这种情况下，调节阀的开关形式可以任选。图 4-6 所示为离心泵出口流量调节系统，因为调节阀在无能源状态下，无论全开或全闭都不会对离心泵造成伤害，对离心泵的安全运行也没有影响，因此，调节阀的开闭形式可以任选。

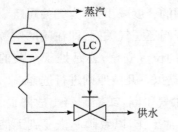
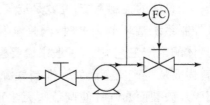

图 4-5　锅炉供水调节阀选择　　　图 4-6　离心泵出口流量调节阀选择

2. 调节阀口径大小的选择

调节阀口径大小直接决定着控制介质流过它的能力。从控制角度讲,调节阀口径选择得过大,超过正常控制所需的介质流量,调节阀将处于小开度下工作,阀的特性将会发生畸变,性能较差。反过来,如果调节阀口径选得太小,在正常情况下都在大开度下工作,阀的特性也不是很好。此外,调节阀选得过小也不适应生产发展的需要,一旦需要设备增加负荷时,调节阀原来的口径就不够用了。因此,调节阀口径的选择应留有一定的余量,以适应增加生产的需要。

调节阀口径的大小通过计算调节阀流通能力来决定。调节阀的流通能力必须满足生产控制的要求并留有一定余地。一般流通能力要根据调节阀所在管线的最大流量以及调节阀两端的压降进行计算,并且为了保证调节阀具有一定的可控范围,必须使调节阀两端的压降在整个管线的压降中占有很大的比例。所占的比例越大,调节阀的可控范围越宽。如果调节阀两端的压降在整个管线压降中所占比例小,可控范围变窄,将会导致调节阀特性的畸变,使控制效果变差。

3. 调节阀流量特性的选择

调节阀的流量特性指的是流过阀门的流量与阀杆行程之间的关系,通常用相对值来表示,即

$$q = \frac{Q}{Q_{\max}} = f(l) = f\left(\frac{L}{L_{\max}}\right) \tag{4-19}$$

式中,$Q_{\max}$ 和 $L_{\max}$ 分别是阀全开时的最大流量和阀杆的最大行程。

根据调节阀两端的压降,调节阀流量特性分为理想流量特性和工作流量特性。理想流量特性是调节阀两端压降恒定时的流量特性,亦称为固有流量特性。工作流量特性是在工作状况下(压降变化)调节阀的流量特性。调节阀出厂的流量特性指理想流量特性。

理想流量特性可分为线性、等百分比(对数)、抛物线、双曲线、快开、平方根等多种类型。国内常用的理想流量特性有线性、对数、快开等几种。

1)线性流量特性

线性流量特性是指调节阀的流量与阀杆的行程呈线性关系,即单位行程变化引起的流量变化是常数。线性流量特性调节阀的流量与行程的函数关系用下式描述:

$$dq = K_v dl \tag{4-20}$$

式中,当 $L = 0$ 时,$Q = Q_{\min}$;当 $L = L_{\max}$ 时,$Q = Q_{\max}$。

定义调节阀的可调比:

$$R = \frac{Q_{max}}{Q_{min}} \tag{4-21}$$

调节阀的可调比(也称可调范围)是反映调节阀特性的一个重要参数,是调节阀选择是否合适的指标之一。式(4-21)中,Q_{min}是调节阀可控流量的下限值,通常为最大流量的10%左右,最低为2%～4%。注意,Q_{min}不是阀全关时的流量。当调节阀两端压差不变时,阀的可调比称为理想可调比。但在实际使用中,调节阀前后的压降会随管道阻力的变化而变化,此时,调节阀实际控制的最大和最小流量之比称为实际可调比。

线性流量特性可表示为可调比的函数:

$$q = \frac{Q}{Q_{max}} = \frac{1}{R}\left[1 + \frac{(R-l)L}{L_{max}}\right] = \frac{R-1}{R}l + \frac{1}{R} \tag{4-22}$$

其增益为

$$K_v = 1 - \frac{1}{R} \tag{4-23}$$

式中,K_v是常数,线性流量特性调节阀的增益K_v与可调比有关,与最大流量Q_{max}和流过调节阀的流量Q无关。

2)对数流量特性

对数流量特性是指单位行程变化引起的流量变化与此点的流量成正比关系,即调节阀的放大系数是变化的,随流量的增加而增大。对数流量特性调节阀的流量与行程的函数关系用下式描述:

$$dq = K_v q\, dl \tag{4-24}$$

把式(4-24)的边界条件代入,求解对数流量特性关系为

$$q = \frac{Q}{Q_{max}} = R^{\frac{L}{L_{max}}-1} = R^{l-1} \tag{4-25}$$

对数流量特性调节阀的增益:

$$K_v = \frac{Q}{L_{max}\ln R} \tag{4-26}$$

因此对数流量特性的增益K_v与流量Q成正比,由式(4-26)可知,$\ln q \propto 1$,即流量的对数与行程成正比,因此,这种特性称为对数流量特性。又因$\frac{\Delta Q}{Q} = R^{\Delta l} - 1$,当行程增加相同间隔时,流量增加相同的百分比,因此又称为等百分比流量特性。

3) 快开流量特性

快开流量特性是指单位行程变化引起的流量变化与此点的流量成反比关系，快开流量特性调节阀的流量与行程的函数关系用下式描述：

$$dq = K_v q^{-1} dl \tag{4-27}$$

代入边界条件，求解得快开流量特性的函数关系为

$$q = \frac{Q}{Q_{max}} = \frac{1}{R} \sqrt{1 + \frac{(R^2-1)L}{L_{max}}} = \frac{1}{R} \sqrt{1 + (R^2-1)l} \tag{4-28}$$

快开流量特性调节阀的增益为

$$K_v = \frac{Q_{max}^2 - Q_{min}^2}{2L_{max}} \frac{1}{Q} \tag{4-29}$$

快开流量特性的增益与流量的倒数成正比，或者说，随着流量的增大，增益反而减小。

具有这种快开流量特性的调节阀，在阀门开度较小时就有较大的流量，随着阀门开度的增加，流量很快接近最大值；此后再增加阀门开度，流量的变化甚小，故称为快开型。

图 4-7 是以上三种流量特性的曲线。

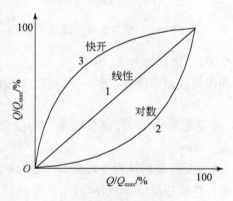

图 4-7　阀的流量特性

调节阀的理想流量特性是在阀两端压降恒定的条件下的流量特性，实际应用时，调节阀两端的压降下降，因此，调节阀理想流量特性发生畸变。图 4-8 是线性、对数、快开理想流量特性发生畸变的曲线，其中 S 称为压降比。压降比 S 定义为调节阀全开时，阀两端压降占系统总压降的比值。

阀与管路串联如图 4-9 所示。图中，P_v 是调节阀两端的压降，P_p 是系统中其他管路的阻力，包括静压头、管路阻力等，系统的总压降为 P_t，则有

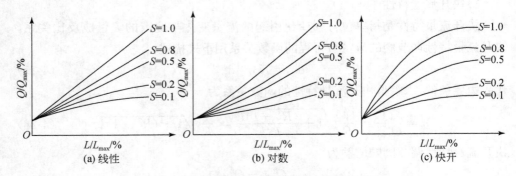

图 4-8 实际应用时调节阀理想流量特性的畸变

$$S = \frac{P_{v\min}}{P_t} = \frac{P_{v\min}}{P_{v\min} + P_p} \tag{4-30}$$

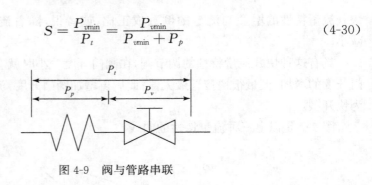

图 4-9 阀与管路串联

可见,一般运行情况下,压降比 $S \leqslant 1$。并有:

(1)当系统压降全部损失在调节阀时,$S = 1$,这时工作流量特性与理想流量特性相同;

(2)随着 S 的减小,管道总阻力增大,调节阀全开时的最大流量相应减小,因此,实际可调比随 S 的减小而减小;

(3)随着 S 的减小,调节阀流量特性发生畸变,特性曲线上凸,线性理想流量特性畸变为快开,对数理想特性曲线趋向于线性特性。

为了减小调节阀流量特性的畸变,应增大压降比 S。当希望通过降低调节阀压降来节能而效果不明显时,可提高压降比来减小特性曲线畸变,改善控制系统性能。

控制阀流量特性的选用要根据具体对象的特性来考虑。

生产负荷往往是会发生变化的,而负荷的变化又往往会导致对象特性发生变化。对于一个热交换器,当被加热的液体流量(即生产负荷)增大时,其通过热交换器的时间将会缩短,因此纯滞后时间会减小。同时,由于流速增大,传热效果变好,容量滞后也会减小,这样对象特性就发生了变化。又如气相化学反应器,当负荷变化时,反应气体在化学反应器中停留的时间就不同,主要反应层以及温度灵敏点也会上下移动,以至于原先温度变化很灵敏的点变得不再灵敏了。这就是说,对象的特性发生了变化。

对于一个确定的具体对象,会有一组控制器参数(δ、T_i 及 T_d)与其相适应,对象特性改变了,原先的控制器参数就不再能适应,如果这时不去修改控制器参数,控制质量就会降低。然而负荷的变化往往具有随机性,不可预知,这样就不可能在负荷变化时,适时地对控制器参数进行修改。一种解决办法就是选择自整定控制器,它能根据负荷的变化及时修改控制器的参数,以适应变化了的新情况。然而,这种控制器结构比较复杂,实现起来比较困难,现场应用不多。另一种解决办法就是根据负荷变化对对象特性的影响情况,选择相应特性的控制阀来进行补偿,使得广义对象(包括控制阀、对象及测变环节)的特性在负荷变化时保持不变。这样,就不必考虑在负荷变化时修改控制器参数的问题。

4. 阀门定位器的选用

阀门定位器是一种调节阀的辅加装置,与调节阀配套使用,有电气阀门定位器和气动阀门定位器之分。它接收控制器发送来的信号作为输入信号,并以输出信号去控制调节阀,同时将主调节阀的阀杆位移信号反馈到阀门定位器的输入端而构成一个闭环随动系统。阀门定位器的主要作用如下:

(1)消除调节阀膜头和弹簧的不稳定以及各运动部件的干摩擦,从而提高调节阀的精度和可靠性,实现准确定位;

(2)增大执行机构的输出功率,减小系统的传递滞后,加快阀杆移动速度;

(3)改变调节阀的流量特性;

(4)利用阀门定位器可将控制器输出信号分段,以实现分程控制。

4.2.4　控制器控制规律及控制器作用方向的选择

当构成一个控制系统的被控对象、测量变送环节和调节阀都确定之后,控制器参数是决定控制系统的控制质量的唯一因素。控制系统的控制质量包括系统的稳定性、静态控制误差和动态误差三个方面。第 3 章已经详细介绍了 PID 控制规律对于系统控制质量的影响,在此不再赘述。下面主要就控制器控制规律和控制器作用方向的选择进行阐述。

1. 控制规律的选择

控制器规律主要根据过程特性和要求来选择:

(1)位式控制。常见的位式控制有双位和三位两种，一般适用于滞后减小、负荷变化不大也不剧烈、控制品质要求不高、允许被控变量在一定范围内波动的场合，如恒温箱、电阻炉等温度控制系统。

(2)比例控制。比例控制是最基本的控制规律。当负荷变化时，比例控制克服扰动能力强，控制作用及时，过渡过程短，但过程终了时存在余差，且负荷变化越大余差也越大。比例控制适用于控制通道滞后较小、时间常数不太大、扰动幅度较小、负荷变化不大、控制品质要求不高、含有余差的场合。如储液罐、塔釜液位的控制和不太重要的蒸汽压力的控制等。

(3)比例积分控制。引入积分作用能消除余差，故比例积分控制是使用最多、应用最广的控制规律，但是加入积分作用后要保持系统原有的稳定性，必须加大比例度(削弱比例作用)。这样控制品质就有所下降，如最大偏差和振荡周期相应增大、过渡时间加长等。适用于过程控制通道滞后小、负荷变化不会太大、工艺不允许有余差的场合，如流量或压力的控制，采用比例积分控制规律可以获得良好的控制品质。

(4)比例微分控制。引入了微分，会有超前控制作用，能使系统稳定性增加，最大偏差和余差减小，加快了控制进程，改善了控制品质，故比例微分控制适用于过程控制容量滞后较大的场合。对于滞后很小和扰动作用频繁的系统，应尽量避免使用微分作用。

(5)比例积分微分控制。微分作用对于克服容量滞后有显著效果，对克服纯滞后是无能为力的。在比例作用的基础上加上微分作用能提高系统的稳定性，加上积分作用能消除余差，又有 δ、T_i、T_d 等可以调整的参数，因而可以使系统获得较高的控制品质。它适用于容量滞后大、负荷变化大、控制品质要求较高的场合，如反应器、聚合釜的温度控制。

2. 控制器作用方向的选择

一个简单控制系统由控制器、调节阀、被控对象和测量变送装置四个基本环节组成。控制系统各个环节的增益有正、负之别。从控制原理知道，对于一个反馈控制系统，只有在负反馈的情况下，系统才是稳定的，当系统受到干扰时，其过渡过程将会是衰减的；反之，如果系统是正反馈，那么系统将是不稳定的，一旦遇到干扰作用，过渡过程将会发散。要想让整个控制系统成为一个负反馈控制系统，回路中各个环节增益的乘积必须为正。一个控制系统设计好之后，对象、调节阀、测量变送装置的增益也就确定了，然后通过选择控制作用来保证系统是一负反馈控制系统。

各个环节增益的正或负可根据在稳态条件下该环节输出增量与输入增量之比确定。该环节的输入增加时,其输出增加,则该环节的增益为正,反之,如果输出减小则增益为负。对象的增益可以是正,也可以是负。例如,在液位控制系统中,调节阀装在入口处,对象的增益是正的;如果装在出口处,则对象的增益是负的。

气开式调节阀的增益是正的,气关式调节阀的增益是负的。检测元件和变送器的增益一般是正的。控制器有正、反作用之分,正作用控制器的增益是负的;反作用控制器的增益是正的。这是因为在控制系统中偏差是设定值减测量值 $R - Y$,而控制器中偏差是测量值减设定值 $Y - R$。

在图 4-10 所示的液位控制系统中,如果操纵变量是进料量并选择气开阀,试确定控制器的正反作用。分析如下:当进料阀开度增加,液位升高,因此对象增益 K_p 为正;液位升高,检测变送环节的输出增加,检测变送环节增益为正;而气开阀的增益也为正;为保证负反馈,应选择控制器增益为正,即反作用控制器,如图 4-10(a)所示。

如果操纵变量是出料量,同样选择气开式阀门,此时出料阀门开度增加,液位降低,因此对象增益为负;检测变送环节和气开式阀门的增益均为正;为保证负反馈,应选择控制器增益为负,即正作用控制器,如图 4-10(b)所示。

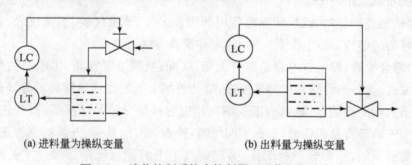

(a) 进料量为操纵变量　　　　　　　　(b) 出料量为操纵变量

图 4-10　液位控制系统中控制器正反作用的确定

控制器正反作用的选择也可以根据对控制作用的要求确定。以图 4-10(b)水槽液位控制系统为例,当液位突然上升超过给定值时,控制器将感受到正偏差。从控制的要求出发,要把已经上升的液位调整回来,必须开大调节阀门。由于调节阀是气开式的,因此必须增大调节阀膜头的压力,即增大控制器的输出信号。很显然,要满足这一要求,控制器必须选择为正作用,因为只有当控制器是正作用时,才能在正偏差的输入信号下增大输出信号,这与上述分析结果是一致的。

4.3 简单控制系统的投运

一旦控制系统按要求设计连好,线路经检查正确无误,所有仪表经过检查符合精度要求并已经正常运行,即可着手进行控制系统的投运。

在系统投运前,必须检查控制器正、反作用开关是否放置正确。

当控制器正、反作用选好,并将其相应的开关位置设定好之后,就可以进行系统投运和控制器参数设定了。

4.3.1 投运前的准备工作

综上所述投运前的准备工作如下:

(1)熟悉工艺生产过程,即了解主要的工艺流程、设备的功能、各工艺参数之间的关系、控制要求、工艺介质的性质等。

(2)熟悉控制系统的控制方案,即掌握设计意图,明确控制目标,了解整个控制系统的布局和具体内容,熟悉测量元件、变送器、执行器的规格及安装位置,熟悉有关管线的布局及走向等。

(3)熟悉各种控制装置,即熟悉所用的测量元件、测量仪表、控制仪表、显示仪表及执行器的结构、原理,以及安装、使用和校验方法。

(4)综合检查,即检查电源电路有无短路、断路、漏电等现象,供电及供气是否安全可靠;检查各种管路和线路的连接,如孔板的上下游接压导管和压差变送器的正负压输入端的连接、热电偶的正负端与相应的补偿导线的连接等,是否正确;检查引压和气动导管是否畅通,有无中间堵塞;检查调节阀气开、气关阀是否正确,阀杆运动是否灵活、能否全行程工作,旁路阀及上下游截止阀是否按要求关闭或打开;检查控制器的正反作用、内外设定开关是否设置在正确的位置上。

(5)现场校验,即现场校验测量元件、测量仪表、显示仪表和控制仪表的精度、灵敏度及量程,以保证各种仪表能正确工作。

4.3.2 系统投运的过程

所谓系统的投运就是将系统由手动状态切换到自动状态。这一过程是通过控制器上的手动-自动切换开关从手动位置切换到自动位置来完成的,但是这种切换必须保证无扰动干预。也就是说,从手动切换到自动的过程,不应造成系统的扰动,不应该破坏系统原有的平衡状态,就是不能改变原先调节阀的开度。如果控制器在切换之前,自动输出与手动输出信号不相等,那么在切换过程中必然会给系统引入扰动,这将破坏系统原先的平衡,这是不允许的。

对于设计比较先进的电动Ⅲ型、Ⅰ系列、EK 系列等控制器,由于它们有比较完善的自动跟踪和保持电路,能够做到在手动时自动输出跟踪手动输出,在自动时手动输出跟踪自动输出,这样,就可以保证无论偏差存在与否,随时可以进行手动与自动切换而不会引起扰动。此一功能称为双向无平衡无扰动切换。具有这样功能的控制器将会给手动-自动切换工作带来很大的方便。

一般电动Ⅱ型控制器没有这么方便,为了保证无扰动切换,必须在切换之前做好平衡工作,即必须在偏差等于零时才能进行切换。这是因为当偏差等于零时,仪表内部的跟踪线路能自动地使控制器的自动输出跟踪等于手动输出,这样,从手动到自动的切换就可以保证无扰动。

系统的投运次序如下:

(1)根据经验或估算,设置 σ、T_i、T_d,或者先将控制器设置为纯比例作用,比例度处于较大的位置。

(2)确认调节阀的气开、气关作用后,确认控制器的正、反作用。

(3)现场的人工操作。观察测量仪表能否正常工作,等待工作状况稳定。

(4)手动遥控。用手操器调整作用于调节阀上的信号 p 至一个适当的数值,然后,过渡到遥控,等待工作状况稳定。

(5)投入自动。手动遥控使被控变量接近或等于设定值,观察仪表测量值,等待工作状况稳定,控制器切换到自动状态。至此,初步投运过程结束。但控制系统的过渡过程不一定满足要求,这时需要进一步调整 σ、T_i、T_d 这三个参数。

4.4　简单控制系统设计举例

在生产过程自动化中,单回路过程控制系统的应用十分广泛,其设计原则也适用于其他的过程控制系统的设计。下面介绍两个实例,说明如何将设计原则用于过程控制系统的设计。

4.4.1　喷雾式干燥设备控制系统设计

1)生产工艺概况

图 4-11 为乳化物干燥过程工艺流程图。浓缩乳液由高位槽流经过滤器 A、B 滤去凝块和杂质后经阀 1 由干燥器上部的喷嘴以雾状喷洒而出。空气由鼓风机送

至由蒸汽加热的换热器加热后与旁路阀 2 来的空气混合后送入干燥器,由上而下吹出将雾状乳液干燥成奶粉。生产工艺对干燥后的奶粉质量要求很高,奶粉的水分含量是主要质量指标,对干燥温度应严格控制在 $T\pm2℃$ 范围内,否则产品质量不合格。

2)控制方案的设计

(1)被控参数的选择,如上所述,产品中的水分含量直接影响产品的质量,是直接参数,但由于水分测量仪的精度不高,可选用间接参数作为被控参数。由于干燥温度与产品中水分含量具有单值函数关系,即温度越高,水分含量越低,因此可选择干燥温度作为被控参数。

(2)控制参数的选择由图 4-11 可见,影响干燥温度的因素主要有三个:一是乳液的流量 $f_1(t)$;二是旁路阀 2 的空气流量 $f_2(t)$;三是加热器的蒸汽流量 $f_3(t)$。选择任意变量作为控制参数均可构成简单回路温度控制系统,有三种设计方案。

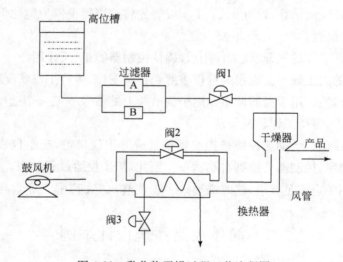

图 4-11 乳化物干燥过程工艺流程图

①方案一为测量干燥温度调节阀 1 的乳液流量构成温度控制系统。该方案时间常数小,纯时延最小,似乎为最佳控制方案。但是,由于乳液流量是生产负荷,若乳液流量太小,产量太低,工艺上是不允许的,不宜作为控制参数,因此该方案不成立。

②方案二为测量干燥温度,控制流过阀 3 的蒸汽流量,构成简单控制系统。但是,由于热交换器的时间常数很大,纯时延和容量时延较长,所以其控制灵敏度低,不宜作为控制参数。

③方案三为测量干燥温度,控制流过旁路阀 2 的空气流量构成单回路控制系统。旁路空气量与热风量混合后经风管进入干燥器。该方案控制通道时间常数和时延都较小,有利于控制质量的提高。

综合比较上述三种控制方案,以旁路空气量为控制参数的方案为最佳。该方案组成的控制系统见图 4-12(a),图 4-12(b)为其组成框图。

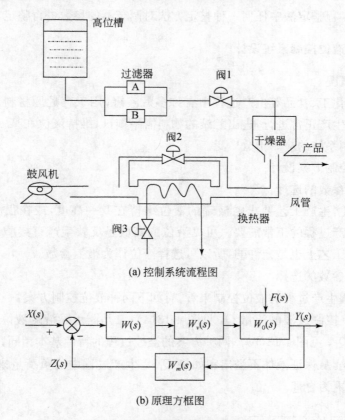

(a) 控制系统流程图

(b) 原理方框图

图 4-12　温度控制系统及其框图

(3)检测控制仪表的选择。

①检测变送器的选择。由于被控温度在600℃以下,故选择铂热电阻 Pt_{100} 作为检测元件,配 DDZ-Ⅲ型热电阻温度变送器,采用三线制接法。

②调节阀的选择。根据生产工艺安全原则和被控介质的特点选择调节阀为气关形式。根据过程的特性和控制要求选择理想流量特性为对数流量特性调节阀。调节阀的公称尺寸 D_g 和 d_g 应根据介质流量计算后确定。

③调节器的选择。由于被控过程具有一定的时间常数和工艺要求温度波动在

±2℃以内,应选择 PI 和 PID 控制规律的 DDZ-Ⅲ 型调节器。

根据构成负反馈原则 $K_m K_c K_v K_0 < 0$。

由于调节阀为气关形式,故 K_v 为负;当空气量增加时,干燥温度下降,故 K_0 为负,而变送器 K_m 为正;因此调节器 K_c 为负;选用反作用调节器。

3)调节器参数整定

可利用工程整定法中任何一种整定方法对调节器的参数进行整定。

4.4.2　贮槽液位控制系统设计

1)工艺概况

在石油、化工、食品等生产过程中有许多贮液罐,用于存贮原材料。作为缓冲器,为了保证生产正常进行,进出贮液的物料需平衡,以维持液位在某一高度,因此液位自动控制系统的应用十分广泛。

2)系统控制方案设计

(1)被控参数的选择。

如前所述,生产工艺要求贮液罐的液位维持在某一高度,或在很小范围内波动,以保证生产过程的正常需要。可见液位的高低是反映生产直接质量指标的直接参数,而且工艺上也是允许的,所以可选择液位作为被控参数。

(2)控制参数的选择。

从贮液罐生产过程的液位控制来看,有如下两种液位控制方案:一是测量贮液罐的液位 H,控制进液的流量 Q,见图 4-13(a);二是测量贮液罐液位 H,控制出液阀的流量 Q_1,见图 4-13(b)。两种方案的被控过程的特性基本相同,均为一阶惯性环节。但是,从保证液体不溢出和如果 Q_1 是生产过程中的负荷量来看,图 4-13(a)所示方案更为合理。

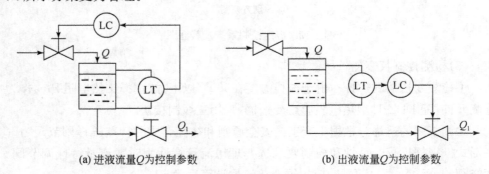

(a) 进液流量 Q 为控制参数　　　　(b) 出液流量 Q 为控制参数

图 4-13　液位控制系统

(3)过程控制仪表的选择。

①选择 DDZ-Ⅲ型差压变送器作为液位测量变送器。

②由于贮液罐为一阶环节,可选择对数流量特性调节阀。对于图 4-13(a)所示控制方案,为保证液体不溢出和根据生产工艺安全原则,应选择气开式调节阀。

③若工艺要求系统无余差或余差较小,可选用 PI 控制规律调节器;否则可选择 P 控制规律调节器。

由于变送器 K_m 为正,气开阀的 K_v 为正;当输入量增加时,为正作用,故 K_0 为正;为保证负反馈 $K_m K_c K_v K_0 < 0$,则 K_c 为负,即选择反作用方式调节器。

3)调节器参数整定

由于该对象为单容过程,液位变化迅速,不宜采用临界比例度法和衰减曲线法,故可采用动态特性参数法整定调节器参数。

思考题与习题

1. 简单控制系统由哪几个基本环节组成?画出简单控制系统的典型框图。

2. 何谓控制通道?何谓干扰通道?它们的特性对控制系统的质量有什么影响?

3. 在控制系统的设计中,被控变量和操纵变量的选择原则分别是什么?

4. 图 4-14 所示为一蒸汽加热设备,利用蒸汽将物料加热到所需温度后排出。请问:

(1)影响物料出口温度的主要因素有哪些?

(2)如果要设计一个物料出口温度控制系统,被控变量与操纵变量该如何选择?为什么?

(3)如果物料在温度过低时会凝结,应如何选择调节阀的开闭形式及控制器的正反作用?

5. 图 4-15 所示为精馏塔温度控制系统,它通过调节进入再沸器的蒸汽量实现被控变量的稳定。试画出该系统的框图,确定调节阀的气开气关和控制器的正、反作用,并简述由于外界干扰使精馏塔温度升高时该系统的控制过程(此外假定精馏塔的温度不能太高)。

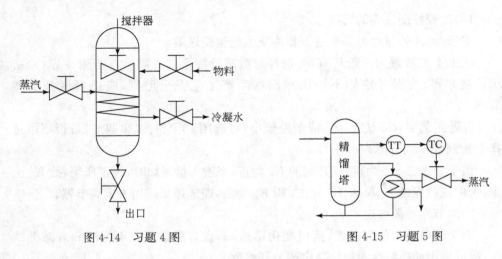

图 4-14　习题 4 图　　　　　　　　　　　图 4-15　习题 5 图

6. 图 4-16 所示为加热器，其正常操作温度为200℃，温度控制器的测量范围为150～250℃，当控制器输出变化 1％时，蒸汽量改变 3％。而蒸汽量增加 1％，槽内温度将上升0.2℃。又在正常操作情况下，如液体流量增加 1％，槽内温度将会下降1℃。假定所采用的比例控制器，其比例度为100％，试求当设定值由200℃提高到220℃时，待系统稳定后，槽内温度是多少度？

7. 某水槽液位控制系统如图 4-17 所示。已知，$F=1000\text{cm}^2$，$R=0.03\text{s/cm}^2$，调节阀为气关式，其静态增益 $|K_v|=28\text{cm}^3/(\text{s}\cdot\text{mA})$，液位变送器静态增益 $|K_m|=1\text{mA/cm}$。

(1)画出系统的传递方框图。

(2)调节器为比例调节器，其比例带 $\delta=40\%$，试分别求出扰动 $\Delta Q_d=56\text{cm}^3/\text{s}$ 以及定值扰动 $\Delta r=0.5\text{mA}$ 时，被调量 h 的残差。

(3)若 δ 改为120％，其他条件不变，h 的残差又是多少？比较(2)和(3)的计算结果，总结 δ 值对系统残差的影响。

(4)液位调节器改用 PI 调节器后，h 的残差又是多少？

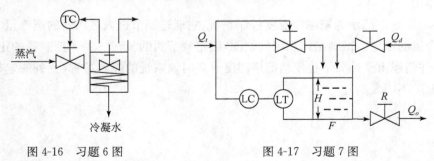

图 4-16　习题 6 图　　　　　　　　　　　图 4-17　习题 7 图

第 5 章　常用复杂控制系统

单回路控制系统在一般情况下都能满足正常生产的要求,但是当对象的容量滞后较大,负荷或干扰变化比较剧烈、频繁,或是工艺对产品质量提出的要求很高时,单回路控制就不再有效了,需要用到复杂控制的方法。本章介绍常用的一些复杂控制系统,包括串级控制系统、前馈控制系统、大滞后过程控制系统和解耦控制系统,其中解耦控制也常常被列为先进控制手段之一。

5.1　串级控制系统

5.1.1　串级控制系统基本概念

伴随着工业生产过程自动化的发展,工业控制系统越来越复杂,对产品的工艺要求不断提高。最简单、基本的单回路控制系统,已经不能满足系统要求。为了满足工业控制系统的需求,在单回路控制系统的基础上,提出了串级控制系统。串级控制系统是改善和提高控制品质的一种十分有效的控制策略,其结构特点在于"串级",它是将主控制器和副控制器串联起来进行工作的,其中把主控制器的输出值作为副控制器的设定值的控制系统。

下面以一个烧成带的温度控制系统为例说明串级控制系统的工作原理。隔焰式隧道窑是对陶瓷制品进行预热、烧成、冷却的装置。该系统如图 5-1 所示。

制品在窑道的烧成带内按工艺规定的温度进行烧结,烧结温度一般为1300℃,偏差不得超过 5℃,所以烧成带的烧结温度是影响产品质量的重要控制指标之一,因此将窑道烧成带的温度作为被控变量,将燃料的流量作为操纵变量。如果火焰直接在窑道烧成带燃烧,燃烧气体中的有害物质将会影响产品的光泽和颜色,所以就出现了隔焰式隧道窑。火焰在燃烧室中燃烧,热量经过隔焰板辐射加热烧成带。从燃料燃烧到原料出口,该系统温度有三个容量环节:燃烧室 T_2、隔焰板和烧成带 T_1。

系统的基本扰动来自两个方面:一是直接影响烧成带温度的干扰,如窑道中装载制品的窑车速度、制品的原料成分、窑车上装载制品的数量等,用 W_1 表示;二是

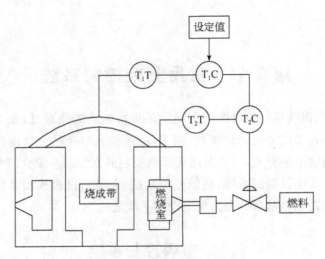

图 5-1　烧成带温度控制系统

燃料的压力波动,如燃料热值的变化、助燃风流量的改变和排烟机抽力的波动等,用 W_2 表示。

若采用以 T_1 为被控变量的单回路控制系统,从控制阀到窑道烧成带滞后时间较大,如果燃料压力发生波动,尽管控制阀门开度没变,但燃料流量将发生变化,必将引起燃烧室温度的波动,再经过隔焰板的传热、辐射,引起烧成带温度的变化。

因为只有在测量到烧成带温度出现偏差时,控制器才会根据偏差的性质立即改变控制阀的开度,进而改变燃料流量,对烧成带温度加以调节。可是这个调节作用同样要经历以上较长的滞后时间。当调节过程起作用时,烧成带的温度早已偏离设定值了。

由于响应慢,即使发现温度偏差,也不能及时调节,造成超调量增大、稳定性下降,远达不到工艺要求。为此人们想到,燃料压力波动,到燃烧室的通道较短,滞后时间小,可增设燃烧室温度 T_2 作为另一个被控参量,构成一个串级控制系统,系统的原理框图如图 5-2 所示。

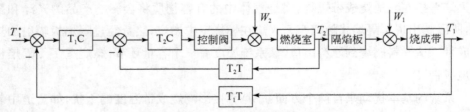

图 5-2　串级控制的烧成带温度控制系统原理框图

串级控制系统的控制过程如下：

为了分析方便，假定系统在干扰作用之前处于平衡状态，即有关物料量和能量达到平衡并维持不变。

当扰动 W_2 作用于系统时，首先使得燃烧室温度 T_2 发生变化，烧成带处温度 T_1 还没有变化，因此，主控制器 T_1C 输出值不变，而燃烧室温度测量值 T_2T 发生改变，按定值控制系统的调节过程，副控制器 T_2C 改变控制阀的开度，使得燃烧室温度 T_2 达到稳定。与此同时，燃烧室温度稳定的变化也会引起隔焰板温度的变化，进而影响烧成带的温度 T_1 的变化，使主控制器 T_1C 输出值改变。由于主控制器 T_1C 输出值作为副控制器 T_2C 的设定值，因此副控制器 T_2C 的设定值和测量值 T_2T 同时变化，进一步加速了控制系统克服扰动 W_2 的调节过程，使烧成带的温度 T_1 恢复到设定值。由于内回路的滞后小，所以控制作用很快，甚至于 T_2 的变化尚未导致烧成带温度 T_1 有明显改变前就已经被克服。

当扰动 W_2 作用于系统时，主控制器 T_1C 通过外回路及时调节副控制器的设定值，使燃烧室温度 T_2 改变，而副控制器 T_2C 一方面受控于主控制器的输出值，又同时根据燃烧室温度的测量值的变化进行调节，使燃烧室温度 T_2 跟踪设定值变化，并且能使其根据烧成带温度及时调整，最终使烧成带温度 T_1 迅速调回到设定值。由于内回路的存在可以显著减小其相位滞后，外回路的动态品质可以得到适当的提高，因此对 W_1 侧扰动的抑制能力也有所提高。

因此所谓串级控制系统就是具有两个及以上的控制器和一个控制阀（执行机构），这些控制器串联起来工作，前一个控制器的输出值作为后一个控制器的设定值，由最后一个控制器去操纵控制阀，从而对主被控变量具有更好的控制效果。这样的控制系统就被称为串级控制系统。

5.1.2 串级控制系统组成

由以上分析，可以画出常见串级控制系统的原理方框图如图 5-3 所示。

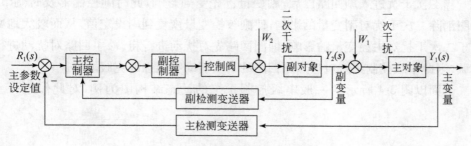

图 5-3 串级控制系统的原理框图

串级控制系统的相关术语简述如下:

(1)主回路:即"主环"或"外环",由主检测、主控制器、副回路等效环节、主对象组成的闭环回路,起到细调作用。

(2)副回路:即"副环"或"内环",由副控制器、控制阀、副对象、副检测组成的闭环回路,起到粗调作用。

(3)主控制(调节)器:在主回路中,对主被控变量与主参数设定值的差值进行控制运算,其输出作为副控制器的设定值的控制器,简称"主控"。

(4)副控制(调节)器:在副回路中,对副被控变量检测值与主控输出插值进行控制运算,其输出直接作用于控制阀的控制器,简称"副控"。

(5)主对象:系统中所要控制的对象,即主回路中的被控对象,也称为惰性区。

(6)副对象:副回路中的被控对象,也称为导前区。

(7)主变量:主回路中的被控变量,即工艺控制指标。

(8)副变量:副回路中,为进一步控制主变量而引入的辅助变量。

(9)主检测变送器:主回路中检测和变送主变量。

(10)副检测变送器:副回路中检测和变送副变量。

(11)一次干扰:进入主回路的干扰。

(12)二次干扰:进入副回路的干扰。

5.1.3　串级控制系统特点

通过与单回路控制系统比较,从整体上看串级控制系统依旧是一个定值控制系统,主变量在干扰作用下的过渡过程和单回路控制系统的过渡过程具有相同的品质指标。但是串级控制增加了副控制回路,在很大程度上改善了系统的控制性能。串级控制系统一般具有以下四个方面的特点。

1. 对进入副回路的干扰具有较强的克服能力

当二次干扰进入副回路以后,副变量首先受到影响,此时副控制器及时调节,力图消除二次干扰对副变量的影响,使副被控变量恢复到副设定值,从而较大地减弱了二次干扰对主控变量的影响,即副回路先对扰动进行粗调,主回路对扰动进行细调,因此串级控制系统对进入副回路的二次扰动有很强的克服能力。

下面以图 5-4 所示的一般串级控制系统的动态结构图为例,对此作进一步分析。

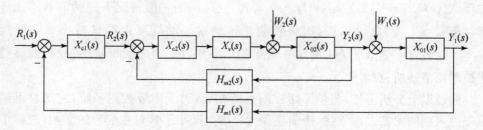

图 5-4　串级控制系统的动态结构图

假定:主控制器、副控制器都为比例控制, $X_{c1}(s) = K_{p1}$, $X_{c2}(s) = K_{p2}$, $X_v(s) = K_v$, $X_{01}(s) = \dfrac{K_{01}}{T_{01}s+1}$, $X_{02}(s) = \dfrac{K_{02}}{T_{02}s+1}$, $H_{m1}(s) = K_{m1}$, $H_{m2}(s) = K_{m2}$。

先考虑二次扰动,由图 5-4 的串级控制系统,根据梅森增益公式可以写出干扰 $W_2(s)$ 到主变量 $Y_1(s)$ 的传递函数为

$$\frac{Y_1(s)}{W_2(s)} = \frac{X_{02}(s)X_{01}(s)}{1 + X_{c2}(s)X_v(s)X_{02}(s)H_{m2}(s) + X_{c1}(s)X_{c2}(s)X_v(s)X_{02}(s)X_{01}(s)H_{m1}(s)}$$

$$(5\text{-}1)$$

为了与单回路控制系统进行比较分析,在图 5-5 中画出单回路控制系统的动态结构图。

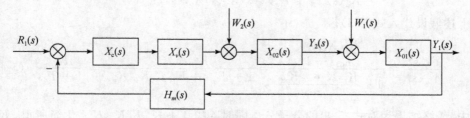

图 5-5　单回路控制系统的动态结构图

由图 5-5 得出二次扰动的传递函数为

$$\frac{Y_1(s)}{W_2(s)} = \frac{X_{02}(s)X_{01}(s)}{1 + X_c(s)X_v(s)X_{02}(s)X_{01}(s)H_m(s)} \tag{5-2}$$

先假定 $X_c(s) = X_{c1}(s)$, 单回路中 $H_m(s)$ 就是串级系统中的 $H_{m1}(s)$, 即 $H_m(s) = H_{m1}(s)$。从上面 $\dfrac{Y_1(s)}{W_2(s)}$ 的两个分式分母中发现,串级控制系统的扰动传递函数的分母中多了一项,即 $X_{c2}(s)X_v(s)X_{02}(s)H_{m2}(s)$, 在外环工作频率下,此项乘积的数值在一般情况下是比较大的,并且随着副调节器比例增益的增大而变大。另外串级控制中分母第三项 $X_{c1}(s)X_{c2}(s)X_v(s)X_{02}(s)X_{01}(s)X_{m1}(s)$ 要比单回路中第

二项 $X_c(s)X_v(s)X_{02}(s)X_{01}(s)H_m(s)$ 要大,这是因为一般情况下副调节器的比例增益 $K_{p2} > 1$。因此可以说,串级控制系统的这一结构可以明显减小二次干扰 $W_2(s)$ 对包含主变量 $Y_1(s)$ 的这一通道的动态增益。当二次干扰出现时,能够很快被副调节器所克服。

通过以上分析可知,与单回路控制系统相比,对于串级控制系统,它能够迅速克服进入副回路的二次干扰,进而在很大程度上减小了其对主变量的影响,改善了控制效果。也在一定程度上提到了对一次干扰的抗干扰能力,这是因为由于副回路的存在,大大减小了副回路的时间常数,对于主回路,其控制通道缩短了,因而克服一次干扰的能力仍高于同等条件下的单回路控制系统。

2. 由于副回路的存在,减小了对象的时间常数,提高系统响应速度

串级控制系统中,由于副回路的存在,显著减小了副对象的时间常数,因此提高了整个系统的动态性能。

由图 5-5 所示的单回路控制系统,设副对象的传递函数为 $X_{02}(s) = \dfrac{K_{02}(s)}{T_{02}s+1}$,则副回路的闭环传递函数等效为

$$\frac{Y_2(s)}{R_2(s)} = \frac{X_{c2}(s)X_v(s)X_{02}(s)}{1 + X_{c2}(s)X_v(s)X_{02}(s)H_{m2}(s)} \tag{5-3}$$

将上述假设代入式(5-3)得

$$\frac{Y_2(s)}{W_2(s)} = \frac{\dfrac{K_{p2}K_vK_{02}}{T_{02}s+1}}{1 + \dfrac{K_{p2}K_vK_{02}K_{m2}}{T_{02}s+1}} = \frac{K_{p2}K_vK_{02}}{1 + T_{02}s + K_{p2}K_vK_{02}K_{m2}} = \frac{K_2}{1 + T_2 s} \tag{5-4}$$

其中,最终结果为对式(5-4)的分子分母同时除以 $1 + K_{p2}K_vK_{02}K_{m2}$ 化简所得。K_2 和 T_2 分别为等效对象的增益和时间常数:

$$K_2 = \frac{K_{p2}K_vK_{02}}{1 + K_{p2}K_vK_{02}K_{m2}}, \quad T_2 = \frac{T_{02}}{1 + K_{p2}K_vK_{02}K_{m2}} \tag{5-5}$$

通过比较 T_2 与 T_{02} 发现,由于在任何情况下 $1 + K_{p2}K_vK_{02}K_{m2} > 1$ 都是成立的,因此有 $T_2 < T_{02}$。这就表明由于闭环控制系统的影响,等效对象的时间常数缩小了 $1 + K_{p2}K_vK_{02}K_{m2}$ 倍,并且副调节器的比例增益越大,等效对象的时间常数越小。这样,副调节器的比例增益 K_{p2} 可以取得很大,等效时间常数减小得更加明显。这意味着在一定程度上缩短了控制通道,使得响应速度更快,从而改善了控制系统的控制质量。

3. 系统工作频率提高,改善了系统的控制质量

串级控制系统的工作频率可以通过系统的闭环特征方程式求出,根据图 5-4 的串级控制系统的动态结构图,写出相应的特征方程式为

$$1 + X_{c2}(s)X_v(s)X_{02}(s)H_{m2}(s) + X_{c1}(s)X_{c2}(s)X_v(s)X_{02}(s)X_{01}(s)H_{m1}(s) = 0$$
(5-6)

将第 1 节假设的传递函数全部代入式(5-6),经过整理得出

$$s^2 + \frac{T_{01} + T_{02} + K_{p2}K_vK_{02}H_{m2}T_{01}}{T_{01}T_{02}}s + \frac{1 + K_{p2}K_vK_{02}H_{m2} + K_{p1}K_{p2}H_{m1}K_{01}K_{02}K_v}{T_{01}T_{02}} = 0$$
(5-7)

现在将特征方程式改写为二阶系统的标准形式,即

$$s^2 + 2\xi W_0 s + W_0^2 = 0$$
(5-8)

式中,ξ 为串级控制系统的阻尼系数;W_0^2 为系统的自然振荡频率。

对式(5-8)进行求解可得特征方程的根为

$$s_{1,2} = \frac{-2\xi W_0 s \pm \sqrt{4\xi^2 W_n^2 - 4W_n^2}}{2}$$
(5-9)

若系统处于衰减振荡,则 $0 < \xi < 1$,因此

$$s_{1,2} = -\xi W_0 \pm jW_0\sqrt{1-\xi^2} = -\xi W_0 \pm jW_{串}$$
(5-10)

式中,$W_{串}$ 为系统的工作频率,则

$$W_{串} = W_0\sqrt{1-\xi^2} = \frac{T_{01} + T_{02} + K_{p2}K_vK_{02}H_{m2}T_{01}}{T_{01}T_{02}}\frac{\sqrt{1-\xi^2}}{2\xi}$$
(5-11)

为了更清晰地与单回路控制系统进行比较,在相同的条件下按照上述方法求取图 5-5 所示单回路控制系统的工作频率。

假设控制器的传递函数 $X_c(s) = K_{p1}^1 X_c(s)$,其他部分的传递函数则与串级控制系统完全相同,则系统的特征方程为

$$1 + X_c(s)X_v(s)X_{02}(s)X_{01}(s)H_{m1}(s) = 0$$
(5-12)

现将上述假设各环节代入式(5-12)并整理得出

$$s^2 + \frac{T_{01} + T_{02}}{T_{01}T_{02}}s + \frac{1 + K_{p1}^1 K_vK_{02}K_{01}H_{m1}}{T_{01}T_{02}} = 0$$
(5-13)

利用式(5-13)可以求出单回路控制系统的工作频率 $W_{单}$ 为

$$W_{单} = \frac{T_{01} + T_{02}}{T_{01}T_{02}}\frac{\sqrt{1-\xi_1^2}}{2\xi_1}$$
(5-14)

假设可以通过参数整定,使得串级控制系统的衰减系数与单回路控制系统的衰减

系数完全相同,即 $\xi = \xi_1$,通过下述比较可以得出

$$\frac{W_{串}}{W_{单}} = \frac{T_{01} + T_{02} + K_{p2}K_vK_{02}H_{m2}T_{01}}{T_{01}T_{02}} = \frac{1 + (1 + K_{p2}K_vK_{02}H_{m2})\dfrac{T_{01}}{T_{02}}}{1 + \dfrac{T_{01}}{T_{02}}}$$

(5-15)

通过式(5-15)可以看出,由于 $1 + K_{p2}K_vK_{02}H_{m2} > 1$,因此 $W_{串} > W_{单}$。

由此可知,串级控制系统与单回路控制系统相比,在二者具有相同的衰减系数下,很显然串级控制系统的工作频率要大于单回路的工作频率,即串级控制系统中副回路的存在减小了对象的时间常数,从而提高了系统的工作频率。另外当主对象、副对象的特性相同时,副控制器的放大系数越大,串级控制系统的快速性提高得越明显。

4. 对负荷变化具有一定的自适应能力

一般情况下,在生产过程中,很多被控对象都存在着不同程度的非线性。由于负载的变化,被控对象的静态增益也会随之发生改变。在一定的负载条件下,对于简单的控制系统,其控制参数是根据一定的控制质量指标进行整定的。但是,整定好的控制参数只能在工作点附近的一个小范围进行工作,如果负载变化太大超出了这个范围,工作点将会发生偏移,进而导致被控对象的增益也发生改变。最终导致根据原来工作点或一定负载条件下整定的控制器的参数此时将不再适用了,则系统的控制质量将随之下降。

然而,对于串级控制系统,虽然主回路是一个定值控制系统,但副回路是一个随动系统,其设定值是随着主调节器的输出而改变的。这样主调节器就可以根据负载的变化情况,及时地调整副调节器的设定值,副调节器能快速追踪且准确地控制副参数,从而使控制系统能够保持原有的控制质量,即串级控制系统对负载变化具有较强的适应能力。

5.1.4 串级控制系统设计

串级控制系统的设计包括主副回路两部分,主回路属于定值控制,可以遵循单回路控制系统的设计原则;而副回路属于随动控制,其输出随主控制器输出的变化而变化。一般而言,只有设计合理的串级控制系统,才能充分发挥它的优越性,因此,串级控制系统的设计是十分重要的,如果设计不合理,系统的优点不但不能够充分体现,甚至还会导致系统不能正常工作。

1. 主回路的设计

主回路的设计本质是确定主变量。主变量的选择,与单回路控制系统设计选择原则是一致的。

在条件许可的情况下,尽量选择直接反映控制目的的参数为主变量;不行时可选择与控制目的有某种单值对应关系的间接参数作为主变量;所选的主变量必须有足够的变化灵敏度;还应考虑工艺上的合理性和实现的可能性。

2. 副回路的设计

副回路的设计本质就是确定副变量。串级控制系统之所以具有各种优点,主要的原因在于它的副回路的影响,因此,副回路设计的优劣是整个控制系统设计成败的关键。一般副变量的选择应遵循以下几个原则:

1)主副变量有因果关系

选定的主变量与副变量之间应具有一定的因果关系,即通过调整副变量的参数要能够有效地影响主变量。

2)副回路应包含被控对象所受到的主要干扰

通过前面的分析可知,由于串级控制系统的副回路具有反应速度快、抗扰动能力强的特点,因此,在设计串级控制系统的过程中,应当把被控对象所受到的主要干扰包含在副回路中,尤其是那些变化剧烈、幅值较大、以较高频率出现的主要干扰要纳入到副回路中。只要主要干扰一出现,副回路就能够快速反应先把它们克服到最低程度,尽可能地减小对主变量的影响,从而在一定程度上提高了系统的控制质量。因此,在设计串级控制系统之前,对生产过程中各种干扰的来源及其影响程度的研究就显得十分重要了。

例如,对于之前讲述的烧成带温度控制系统,当燃料油压力波动引起的燃料油流量波动是生产过程中的主要干扰时,采用烧成带温度与燃料油流量串级的方案是正确的。但是,假如燃料油压力和流量都比较稳定,而生产过程中负载经常变动时,上述方案显然没有把主要干扰包含在副回路中,因而是不可取的串级控制方案。若采用烧成带温度与燃烧室温度的串级方案,则显得更为合理。之前已有详细叙述,这里不再重复。

但是这里必须说明:应当把更多的干扰包含在副回路之中,但并非越多越好,因为包含得越多,必然会使副变量的位置越靠近主变量,反而会使副回路客克服干扰的灵敏度有所下降。一种极限情况时,如果把所有的干扰全部纳入到副回路中,那么串级控制系统与单回路控制系统就完全一样了。

3）主回路、副回路的工作频率应适当匹配

由 $\dfrac{W_串}{W_单}$ 的公式可知，频率的提高与主副被控对象时间常数的比值 $\dfrac{T_{01}}{T_{02}}$ 是有一定关系的。根据此关系作出 $\dfrac{W_串}{W_单}$ 与 $\dfrac{T_{01}}{T_{02}}$ 的关系曲线图，如图 5-6 所示。

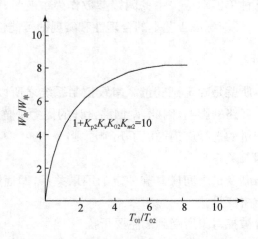

图 5-6　$W_串/W_单$ 与 T_{01}/T_{02} 关系曲线

从图 5-6 中的关系曲线可以看出，串级控制系统的频率在 T_{01}/T_{02} 比较小的时候增速较快，但是，随着比值逐渐变大，频率增长的速度明显有所减缓。在控制过程中，既希望 T_{02} 小一点，提高副回路的灵敏度，控制作用快一些；但是与此同时，T_{02} 太小，必然会使 T_{01}/T_{02} 变大，这就会对系统工作频率的提高产生不好的影响。同时，T_{02} 如果取得过小，还会导致副回路过于灵敏而使系统不稳定。因此，在选择副回路时，主被控对象、副被控对象的工作频率应选取适当。在进行副回路设计时，为确保串级控制系统不受共振现象的影响，保障系统的正常运行，一般为 $T_{01}=(3\sim10)T_{02}$。其中，T_{01} 为主回路的振荡周期，T_{02} 为副回路的振荡周期。

在实际应用中，T_{01}/T_{02} 取多少应根据被控对象的具体情况和控制系统的要求来进行最终确定。如果控制系统的目的是想利用副回路的快速性和抗干扰能力去克服被控对象的主要干扰，那么副回路的时间常数应取得小一点比较好，只要能把主要干扰纳入副回路中就可以了；如果控制系统的目的是为了克服被控对象的时间常数过大和滞后严重，希望通过副回路改善对象的特性，那么副回路的时间常数应取得大一些；如果想利用系统克服被控对象的非线性，那么主被控对象、副被控对象的时间常数取值应取得相差大一些。

　3. 主调节器、副调节器的选择

在串级控制系统中，主环是定值控制系统，一般要求是无静差的；而副环是随动控制系统，系统允许其有静差和波动，但对副环的灵敏度和作用快速性有一定要求。副调节器的作用是对系统进行"粗调"，主调节器是对系统进行"细调"，从而进一步改善系统的控制质量。由于对主回路、副回路的控制要求不同，主调节器、副调节器的控制规律也有所不同。

对于主调节器，由于主回路的任务主要是满足主变量的定值控制要求，主调节器应加入较强的积分作用，一般情况下，选用 PI 控制器；如果控制对象惰性区的容积数目较多，同时有主要扰动落在副回路以外，也可考虑采用 PID 调节器。

对于副调节器，由于副环是随动系统，它的设定值频率变化较快，对控制的快速性要求比较高，一般来说，不适宜加 D 控制，这是由于 D 的作用会使调节阀的作用过大，对系统的控制产生不利的影响。另外，副环的主要目的是克服纳入副回路中的各种干扰，为了提高副环的调节能力，理论上也不应加入 I 控制，因为它会使得副对象的响应速度变慢，使控制过程时间变长。只有当副对象容量滞后较大时，才可适当加一点微分作用，因此，副调节器可采用 P 控制器或者 PI 控制器。

　4. 主调节器、副调节器正、反作用方式的选择

针对串级控制系统，确定主调节器、副调节器作用方式的基本原则是确保主环、副环均为负反馈。选择方法为：首先应根据生产工艺的要求，选定控制阀的气开、气关形式；接着，根据先副调节器、后主调节器的原则，由工艺条件和控制阀的类型选择副调节器的正、反作用方式；最后根据主副变量的对应关系，选定主控制器的正、反作用方式。

将串级控制系统中的副回路按照独立回路来考虑，即单回路控制系统，则副调节器正反作用方式的选择可用"乘积为负"判别式来进行确定。主调节器的正、反作用实际上只取决于主对象的放大倍数符号。当主对象放大倍数符号为"正"极性时，主调节器应选"负"作用；反之，当主对象放大倍数符号为"负"时，主调节器应选正作用。

5.1.5　串级控制系统参数整定

串级控制系统中，主调节器、副调节器是彼此互相影响的，其中主调节器的输

出本身就是副调节器的设定值,任一个调节器的参数值发生改变,都会对整个控制系统产生影响。因此,串级控制系统的参数整定难度要大于单回路控制系统。

串级控制系统的参数整定原则是:先副回路,后主回路。一般而言,对副回路的控制要求是能精确、及时地随着主控制输出的改变而改变。对于主回路,其控制性能指标和单回路定值控制系统是一样的。由于两个控制回路的控制任务各有不同,因此,实际应用中,必须根据各自完成的任务和工艺控制要求,最终确定主调节器、副调节器的参数。

串级控制系统参数整定的方法有逐次逼近法、两步法和一步法。

1)逐次逼近法

逐次逼近法是一种主副回路反复整定逐步接近最优的方法,其具体步骤如下:

(1)外环断开,按照副回路单独工作时的单回路系统,对副调节器($X_{c2}(s)$)进行第一次整定,记作 $X_{c2}^1(s)$。

(2)外环闭合,在已经按 $X_{c2}^1(s)$ 整定的副调节器下,按单回路系统整定方法求出主控制器的参数,记作 $X_{c1}^1(s)$。

(3)在主环闭合的条件下,根据步骤(2)中得到的 $X_{c1}^1(s)$,重新根据单回路系统的整定方法求出副控制器的参数,记为 $X_{c1}^2(s)$。

(4)如果 $X_{c2}^2(s)$ 的参数值与步骤(1)得到的 $X_{c2}^1(s)$ 的参数值大致相同,则整定就基本完成,如果对整定结果不满意,应按照上述步骤重复进行,直至满意为止。但这种方法耗时费力,在实际过程中很少使用。

2)两步整定法

两步法的原理在于,主副回路的工作频率相差很大,当串级控制系统中副回路的控制过程比主回路快得多时,可先按单回路控制系统整定副调节器的参数,然后把已经整定好的副回路视为串级控制系统的一个环节,再按照单回路对主调节器进行一次参数整定。具体步骤如下:

(1)将主回路、副回路均处于闭合状态,把主调节器的比例度 δ_1 设定为 100%,置积分时间为最大值,微分时间为最小值。采用 $4:1$ 衰减曲线的方法,求出副调节器的比例度 δ_2 和振荡周期 T_2。

(2)根据(1)中副调节器的比例度为 δ_2,将积分时间置为最大值、微分时间置为最小值,仍按照 $4:1$ 衰减曲线法整定外回路,求出主调节器的比例度 δ_{1s} 和振荡周期 T_{1s}。

(3)根据求得的主回路、副回路的比例度和振荡周期 δ_{1s}、δ_2、T_{1s}、T_2,再结合主调节器、副调节器的选型,根据 $4:1$ 衰减振荡曲线法的经验公式,求出主调节器、副调节器的最优比例度、积分时间和微分时间。

（4）将主回路、副回路均处于闭合状态，按照"先副回路后主回路"、"先 P 再 I 最后 D"的顺序，将整定的参数值设置在控制器上对系统进行运行调试，观察过渡过程曲线，再作适当的参数调整，直到满足控制系统的性能要求。

3）一步法

两步法虽然比逐次逼近法简化了调试过程，但还是需要做两次 4∶1 衰减曲线法的实测，因此仍然比较麻烦。所谓一步法，就是根据工程实践经验，一次整定好副调节器的比例带，然后按单回路系统的整定方法直接整定主调节器的参数。

其主要依据是，在串级控制系统中，副调节器承担的是"粗调"的任务，选择副变量的主要目的是为了改善主变量的控制品质，主变量才是工艺控制过程中的主要性能指标，与产品质量直接相关。因此，对主调节器的控制精度要求较高，而允许副调节器在一定范围内波动，将副回路等效为一个完成"粗调"任务的调节器，则可将整个控制系统看做两个调节器串联的单回路控制系统。

一步法的具体步骤如下：

（1）根据副对象的特征和工程整定经验从表 5-1 中选一个合适的放大倍数 K_{p2}，使得副回路按照比例控制运行，常见的参数匹配范围如表 5-1 所示。

（2）将系统置入串级控制状态运行，根据单回路控制系统参数整定的方法去整定主调节器的参数，通过观察控制过程，适当地调整 K 的取值，使主变量的控制品质达到满意为止。

表 5-1　参数匹配范围

副变量	放大倍数	比例系数 δ_2 /%
温度	1.7～5	20～60
压力	1.4～3	30～70
流量	1.25～2.5	40～80
液位	1.25～5	20～80

5.1.6　串级控制系统仿真实例

利用 MATLAB 工具中的 Simulink，对系统进行建模、仿真和分析是十分方便的。通过仿真实验可以加深对串级控制系统的特点、参数整定的认识，对于实际问题，如果被控对象特征已知，搭建模型、采用 Simulink 进行仿真分析，可以很方便地检验参数是否满足要求，为实际投产运行做好准备，提高实际工作效率。

以 5.1.1 节中的烧成带温度控制系统为例进行说明。由于对象内部燃料要经历传输、火焰在燃烧室中燃烧、热量经过隔焰板辐射加热烧成带等一系列环节，因此系统的容量滞后性较大,控制通道时间常数大,如果采用单回路控制往往会出现较大的动态偏差,很难达到工艺上的要求。为了克服系统对负荷变化较大的或者其他比较剧烈的扰动对系统的影响,进一步改善控制品质,在实际中常将串级控制方法应用到系统控制中。

在烧成带温度控制系统中,从燃料燃烧到原料出口该系统温度有三个容量环节:燃烧室、隔焰板和烧成带。系统的基本扰动来自两个方面:一是直接影响烧成带温度的干扰,如窑道中装载制品的窑车速度、制品的原料成分、窑车上装载制品的数量等;二是燃料的压力波动,如燃料热值的变化、助燃风流量的改变和排烟机抽力的波动等。

由于该控制系统容量滞后较大,如果采用以烧成带温度为被控量的单回路控制系统,当燃料侧产生扰动时,控制器不能及时动作,直到经过较大的容量滞后反映到烧成带温度改变时,系统的控制作用才开始反应,但此时烧成带的温度早已偏离设定值了。对于负荷侧的扰动,虽然反应较早,但是控制器的动作也必须经过较大时间常数以后,才能开始对温度的改变进行调整。这种控制效果,由于响应慢,即使发现温度偏差,也不能及时调节,造成超调量增大、稳定性下降,远达不到工艺要求。因此,提出了以燃烧室温度作为副变量、烧成带温度为主变量的串级控制系统,图 5-7 所示的是温度-温度串级控制系统动态结构图。

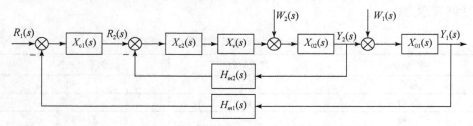

图 5-7　温度-温度串级控制系统的动态结构图

下面假设主对象、副对象的传递函数 $X_{01}(s)$ 和 $X_{02}(s)$ 分别为

$$X_{01}(s) = \frac{1}{(30s+1)(3s+1)}, \qquad X_{02}(s) = \frac{1}{(10s+1)(s+1)^2}$$

主调节器、副调节器的传递函数 $X_{c1}(s)$ 和 $X_{c2}(s)$ 分别为

$$X_{c1} = K_{p1}\left(1 + \frac{1}{T_1}s\right) \tag{5-16}$$

$$X_{c2} = K_{p2} \tag{5-17}$$

串级控制系统的设计是一个反复调试检测的过程,使用 Simulink 仿真工具可以大大简化这一过程,根据系统动态结构图,首先建立图 5-8 所示的 Simulink 模型。

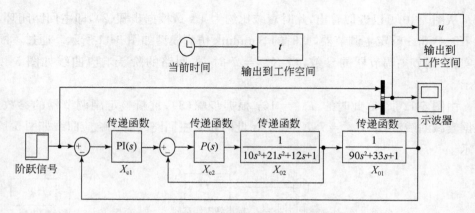

图 5-8　串级控制系统的 Simulink 仿真模型

下面按照 5.1.5 节中逐次逼近法整定主调节器、副调节器的参数，步骤如下。

按照步骤（1）先主回路开环，按照单回路方法整定副调节器，建立的 Simulink 仿真模型如图 5-9 所示。通过不断地实验，当 $K_{p2} = 8.5$ 时，副回路的阶跃响应曲线如图 5-10 所示。

图 5-9　步骤（1）的模型

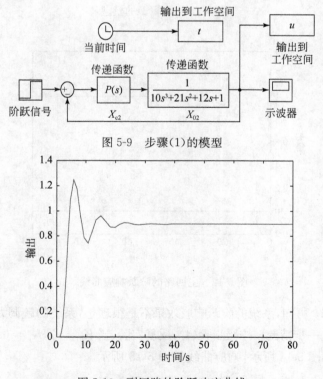

图 5-10　副回路的阶跃响应曲线

从图 5-10 可以近似看出,此时衰减比约为 4∶1,根据步骤(2),即主回路闭环,取 $K_{p2} = 8.5$ 整定主调节器,此时的 Simulink 仿真模型如图 5-11 所示。通过不断地实验,调节主调节器的参数,当 $K_{p1} = 7$ 时,主回路的阶跃响应曲线如图 5-12 所示。

由图 5-12 所知,此时的 $T_{s1} = 16$,根据步骤(3),重新整定副调节器的参数。根据衰减曲线法,取 $K_{p1} = 7, K_i = 0.6$,此时系统主回路的阶跃响应曲线如图 5-13 所示。

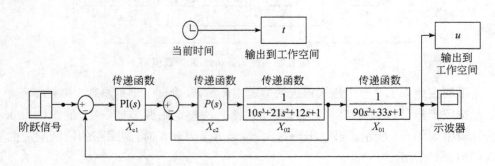

图 5-11　步骤(2)的模型

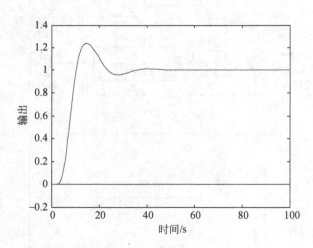

图 5-12　主回路的阶跃响应曲线

根据图 5-13 可知,系统的阶跃响应效果不是很理想,系统的超调太大,调节时间比较长,需要进一步精调。按照步骤(4),反复实验,当 $K_{p1} = 7, K_i = 0.15, K_{p2} = 1.5$ 时,仿真模型如图 5-14 所示,响应曲线如图 5-15 所示。

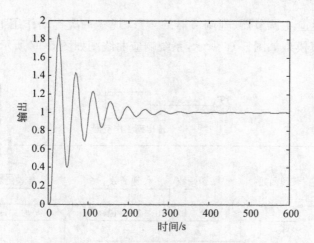

图 5-13　步骤(3)主回路的阶跃响应曲线

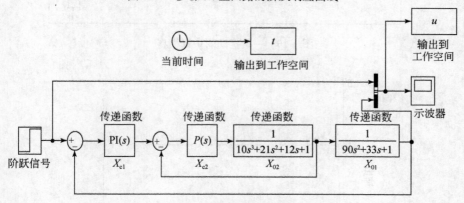

图 5-14　串级控制系统模型

图 5-15　系统响应曲线图

下面利用这套主调节器、副调节器的参数,观察一次扰动作用下,系统的输出响应曲线。仿真模型如图 5-16 所示,系统响应曲线图如图 5-17 所示。

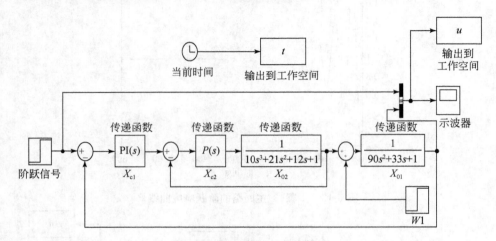

图 5-16　一次扰动的仿真模型

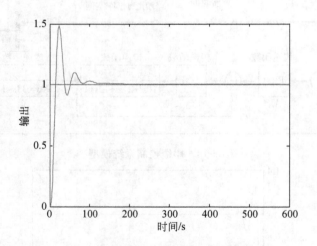

图 5-17　一次扰动的系统响应曲线

再利用上述主副调节器参数,观察二次扰动作用时,系统的响应曲线。仿真模型如图 5-18 所示,系统响应曲线如图 5-19 所示。

通过上述实验可以发现,串级控制系统可以很好地克服一次和二次扰动对系统产生的影响,使系统尽快恢复稳定。当然上述参数还可以进一步调整,直到得到更加满意的输出响应曲线为止。这是一个反复调试的过程,利用 Simulink 这一方便的仿真工具,可以更加深入理解串级控制系统的特点。

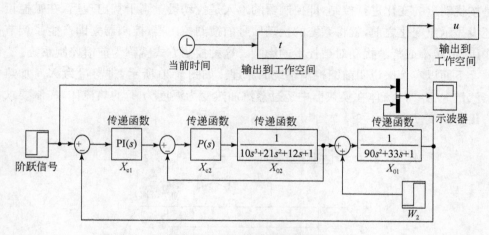

图 5-18 二次扰动的仿真模型

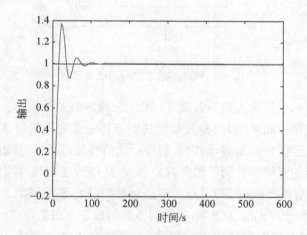

图 5-19 二次扰动时系统的响应曲线图

5.2 前馈控制系统

5.2.1 前馈控制系统基本概念

前面讨论的反馈控制系统是按被控量的偏差进行控制的,即控制器的输入是被控量的偏差。所以,反馈控制作用期间系统是偏离设定值的,即被控量是受扰动影响的,从而在一定程度上限制了这种控制系统品质的进一步提高。而前馈控制是按扰动量的变化进行控制,即控制器的输入是扰动量。当干扰出现后,在被控量还没显示出变化之前,就将系统的扰动信号前馈到控制器,控制器立即产生了调节作用,以减小或抵消扰动对被控量的影响。这种控制方式就称为前馈控制系统。

下面以实例来说明前馈控制系统的原理。如图 5-20 所示,进料量为 X_a,加热蒸汽量为 X_b,冷流体在换热器中经过蒸汽加热变为温度为 T 的热流体,控制要求为出口温度 T 保持不变。

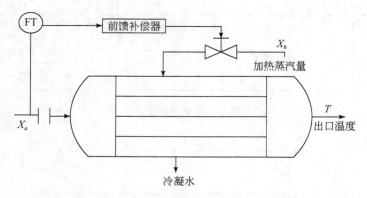

图 5-20　换热器前馈控制系统原理图

假定换热器的被控量为出口温度 T,而变化频繁的进料量 X_a 为主要干扰量。当采用上述的前馈控制系统时,即流量变送器 FT 先检测进料量 X_a,然后把变送器的输出信号送至前馈控制器,前馈控制器对此信号经过运算处理以后,输出的控制信号按照一定的规律调节阀门的蒸汽控制阀,从而改变加热蒸汽量 X_b。这样,系统就通过前馈调节器提前调节以补偿进料量对被控温度 T 的影响。例如,当进料量 X_a 增大时,会致使出口温度 T 下降,前馈调节器的校正作用是:在检测到进料量 X_a 增大时,就会根据前馈控制器输出的信号,调节阀门开度,增大加热蒸汽流量 X_b,这样,就可以明显地减小由进料量的扰动而引起的出口温度 T 的波动。

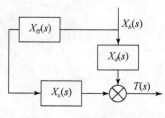

图 5-21　换热器前馈控制系统方框图

由图 5-20 可得换热器前馈控制系统的方框图如图 5-21 所示。

图 5-21 中,$X_{ff}(s)$ 为前馈控制器的传递函数,$X_c(s)$ 为控制通道的传递函数,$X_d(s)$ 为过程扰动通道的传递函数,$X_b(s)$ 为扰动量的拉氏变换,$T(s)$ 为被控量的拉氏变换。

由图 5-21 可知，在干扰量 $X_b(s)$ 作用下，系统的输出为

$$T(s) = X_b(s)X_d(s) + X_bX_{ff}(s)X_c(s) \qquad (5\text{-}18)$$

式中，$X_b(s)X_d(s)$ 表示干扰量对被控量的影响；$X_bX_{ff}(s)X_c(s)$ 表示对干扰量影响的补偿。要实现系统对干扰量的完全补偿，等价于无论扰动为何值时，输出值恒为 0。

对于此系统，要实现对干扰量 X_b 的完全补偿，满足条件是 $X_b(s) \neq 0$，而 $T(s) \equiv 0$。即

$$X_b(s)X_d(s) + X_bX_{ff}(s)X_c(s) = 0 \qquad (5\text{-}19)$$

于是，要实现系统对扰动 $X_b(s)$ 完全补偿，根据式(5-19)可得前馈控制器的传递函数为

$$X_{ff}(s) = -\,X_b(s)/X_c(s) \qquad (5\text{-}20)$$

通过式(5-20)可以看出，要实现对干扰量的完全补偿，是很难做到的，因为必须要准确掌握 $X_b(s)$、$X_c(s)$ 和 $X_{ff}(s)$ 等环节的传递函数，有时即使 $X_{ff}(s)$ 能精确求出，工程上也难以实现。所以，在实际工程中一般不单独采用前馈控制方案。

5.2.2　前馈控制系统基本结构

1. 静态前馈控制系统

在干扰通道 $X_d(s)$ 和过程控制通道 $X_c(s)$ 的动态特性相同的情况下，会有下式成立：

$$X_{ff}(s) = -\,X_d(s)/X_c(s) = -\,K_f \qquad (5\text{-}21)$$

式(5-21)是一个比例环节，表明前馈控制器的输出仅仅是输入信号的函数，而与时间因子无关，这就是静态前馈控制。式(5-21)中，K_f 称为静态前馈系数，一般可以用实验方法测得。如果可以建立相关参数的静态方程，则可以通过计算得到 K_f 的值。

例如，图 5-20 所示的换热器温度控制系统，当换热器的进料量 X_b 为主要干扰时，要实现系统的静态前馈补偿控制，由热量平衡关系可写出静态前馈控制方程。在不考虑热损失的前提下，其热量平衡方程为

$$X_bH_b = X_aC_p(T - T_0) \qquad (5\text{-}22)$$

式中，X_b 和 H_b 分别为加热蒸汽量和蒸汽汽化潜热；X_a 和 C_p 分别为被加热物料量和比定压热容；T 和 T_0 分别为被加热物料出口温度和入口温度。

根据式(5-22)可得静态前馈控制方程为

$$T = T_0 + X_bH_b/X_aC_p \qquad (5\text{-}23)$$

则扰动通道的放大系数为

$$K_d = dT/dX_a = -(T - T_0)/X_a \qquad (5\text{-}24)$$

过程控制通道的放大系数为

$$K_p = dT/dX_b = H_b/X_a C_p \qquad (5\text{-}25)$$

则当 T_0 不变时,静态前馈控制器的放大系数为

$$-K_f = -K_d/K_p = -C_p(T - T_0)/H_b \qquad (5\text{-}26)$$

通过以上分析发现,由于静态前馈控制器与时间因子无关,是最简单的前馈控制模型,一般不需要专门的控制装置,单元组合仪表就可满足实际要求。实践证明,特别是在 $X_d(s)$ 和 $X_c(s)$ 滞后相位差不大时,应用静态前馈控制策略,仍然可以获得较高的控制精度。

2. 动态前馈控制系统

在实际过程控制系统中,干扰通道和过程控制通道的动态特性在不相同的情况下,如果仍采用静态前馈控制策略,系统就不能很好地对动态误差进行补偿。因此,在工艺上对控制精度要求极高时,且主要干扰是一个"可测不可控"的量时,应考虑采用动态前馈控制方式。

动态前馈控制的原理是,选择恰当的前馈控制器,使扰动信号经过前馈控制器至被控量通道的动态特性完全复制对象干扰通道的动态特性,且让它们符号相反,从而实现了系统对扰动信号进行完全补偿的作用。这种控制策略不仅确保了系统的静态偏差等于或接近于零,而且也确保了系统的动态偏差等于或接近于零。其中"可测"即通过测量变送器,可以在线实时地将扰动量转化为前馈控制器所能接收的信号,"不可控"即为这些扰动量通过控制回路是不可控的。

为了摆脱对干扰通道和控制通道数学模型的过分依赖性,且方便前馈模型的工程整定,由于被控过程具有过阻尼、非周期等特性,动态前馈控制系统设计常采用如下典型的控制策略:

$$X_{ff}(s) = -K_f(T_p s + 1)/(T_d s + 1) \qquad (5\text{-}27)$$

式中,K_f 为静态前馈系数;T_p 为控制通道时间常数;T_d 为扰动通道时间常数。如果 $T_p = T_d$ 时,则会有下式成立:

$$X_{ff}(s) = -K_f \qquad (5\text{-}28)$$

通过上述分析发现,当干扰通道和过程控制通道的动态特性在相同的情况下,动态前馈补偿器作用相当于一个比例环节。由此可知,静态前馈控制实际只是动态前馈控制的一种特殊情况。

3. 前馈-反馈控制系统

单纯的前馈控制系统,实际上是一种开环控制。而且,在实际的工业过程控制中,系统的干扰因素较多,如果对所有的扰动采取前馈控制,则每个扰动都需要一套测量变送器和一个前馈控制器,这必然会使系统变得更加复杂。此外,有些干扰量本身就无法在线测量,更不可能采用前馈控制。

在实际控制中,为了解决上述问题,通常将前馈控制和反馈控制结合起来。前馈控制作用可及时克服主要扰动对被控量的影响,同时,反馈控制能克服多个扰动对系统的影响,也使得在工程上更易于实现。相应的系统框图如图 5-22 所示。

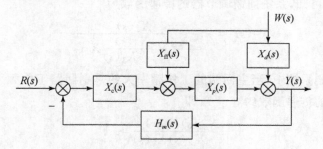

图 5-22　前馈-反馈控制系统结构图

由图 5-22 可得,扰动 $W(s)$ 对被控量 $Y(s)$ 的闭环传递函数为

$$\frac{Y(s)}{W(s)} = \frac{X_d(s) + X_{ff}(s)X_p(s)}{1 + H_m(s)X_{ff}(s)X_p(s)} \tag{5-29}$$

在扰动 $W(s)$ 作用下,要想实现对被控量的完全补偿,则必须满足 $W(s) \neq 0, Y(s) = 0$。即

$$X_{ff}(s) = -X_d(s)/X_p(s) \tag{5-30}$$

通过分析发现,无论系统采用前馈控制策略,还是采用前馈-反馈控制策略,其前馈控制器的特性不会因为加入了反馈回路、形成闭环而有所改变。这种前馈-反馈复合系统已经在实际过程控制系统得到了广泛应用。

4. 前馈-串级控制系统

在实际过程控制系统中,为了达到更为"精细"的控制要求,而被控对象的主要干扰频繁而又剧烈。此时,常用前馈控制来克服系统的主要干扰,用副环反馈控制中间变量,主环反馈控制系统的被控变量。这种控制系统即为前馈-串级复合控制系统,其系统结构图如图 5-23 所示。

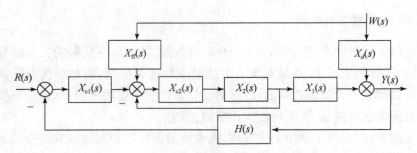

图 5-23 前馈-串级控制系统结构图

由图 5-23 可知,系统前馈调节器的传递函数为

$$X_{ff}(s) = - \cfrac{X_d(s)}{\cfrac{X_{c2}(s)X_2(s)}{1 + X_{c2}(s)X_2(s)}X_1(s)} \qquad (5\text{-}31)$$

一般在串级控制系统中,当主回路的工作频率大约是副回路工作频率的 1/10 时,可认为副回路的传递函数约等于 1,即

$$\frac{X_{c2}(s)X_2(s)}{1 + X_{c2}(s)X_2(s)} \approx 1 \qquad (5\text{-}32)$$

要实现系统对扰动的完全补偿,需满足条件是 $W(s) \neq 0, Y(s) = 0$。因此,前馈调节器的传递函数为

$$X_{ff}(s) = - X_d(s)/X_1(s) \qquad (5\text{-}33)$$

通过对前馈控制系统的学习可知,前馈控制的依据是扰动量,而系统的干扰通道和控制通道的特性又决定了前馈控制的传递函数。因此,在系统中采用前馈控制应满足以下前提条件:

(1)系统中的扰动量是可测不可控的。系统中,干扰量是可测的,才有实现前馈的可能性。如果前馈控制需要的干扰量是不可测的,则前馈控制也就无法实现。如果干扰是可控制的,则可以通过设置独立的控制系统予以克服,就无须设置复杂的前馈控制系统进行控制了。

(2)系统中扰动的变化幅值大、频率高。系统扰动量的幅值变化越大,对被控量产生的影响也就越大,造成的系统偏差也越大。此时,根据扰动变化设计的前馈控制显然比反馈控制更加有利。高频扰动对被控对象的影响十分明显,特别是对滞后较小的流量控制对象,易使系统产生持续振荡现象。采用前馈控制,可对扰动进行同步的前馈补偿控制,从而使系统获得更好的控制品质。

(3)控制通道的滞后时间较大或干扰通道的时间常数较小。

5.3　大滞后过程控制系统

在实际工业生产过程中,被控对象不仅具有容积延迟,而且广泛存在着不同程度的纯滞后。由于纯延迟的存在,导致被控量在滞后时间范围内,没有任何响应,致使系统不能及时根据被控量的变化进行调整以克服系统所受的干扰。从而导致系统的超调量变大,调节时间变长,进而使得系统的稳定性降低。

例如,在热交换过程中,通常将被加热物料的出口温度作为被控变量,而操作变量则为载热介质的流量。当载热介质流量改变后,经过输送环节的传送时间后,才表现为出口温度的变化。这个传送过程的时间就是一个纯滞后时间。一般认为,若纯滞后时间与过程的时间常数之比大于 0.3,则称该过程是具有大纯滞后的过程。当二者比值变大时,导致过程的相位滞后增大,致使系统超调量增大。有时甚至会严重超调引发聚爆、结焦等危险事故。

因此,大滞后过程一直是备受关注的问题,人们也对此提出了许多克服纯滞后的方案,但是目前为止,仍没有令人十分满意的控制方案。现在讨论较多的控制方案有三类:常规控制方案、Smith 预估补偿控制方案和采样控制方案。本节针对这三类控制方案进行简单介绍。

5.3.1　常规控制方案

在 PID 控制规律中,微分作用具有超前调节的特点。微分先行控制能够提高控制速度,减小超调量,在较大程度上提高时延过程控制品质。因此,此方案是一种简单、实际过程控制中易于实现、又能够使系统达到满意控制要求的方案,特别对克服超调现象具有显著作用。

典型的 PI+D 控制系统如图 5-24 所示。

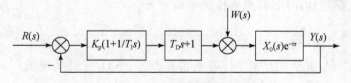

图 5-24　典型 PI+D 控制系统结构图

微分控制的作用是根据被控量变化的快慢,来校正系统被控量的偏差。但是对于上述典型的 PI+D 控制系统,从图 5-24 可以看出,无论从设定值或者负荷扰动来分析,微分环节的输入值都是偏差信号经过比例积分作用以后的输出值,即系统被控量的偏差信号没有直接输入微分环节。因此,针对实际过程控制,微分作用并没有起到对偏差变化速度进行校正的目的,致使系统对动态超调量的调节作用是有限的。

要充分实现微分环节克服动态超调量的作用,可以对微分环节进行改进。如图 5-25 所示,这样微分环节对系统超调量的调节能力就会明显改善。这种结构控制策略,就被称为微分先行控制方案。

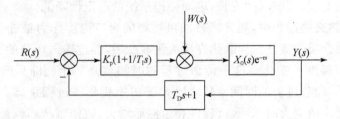

图 5-25　微分先行控制系统结构图

在上述的微分先行控制方案中,系统被控量的偏差信号直接作为微分环节的输入值,微分环节的输出值既包括了被控量又包括了其变化速度值。此信号作为测量信号输入到比例积分控制器环节,因此,可以使得系统调节超调量的能力得到明显增强。设被控对象的传递函数 $X_0(s)$ 为

$$X_0(s) = \frac{K_0}{(T_1 s + 1)(T_2 s + 1)} \tag{5-34}$$

根据图 5-25 所示的结构图,可以得出微分先行控制系统的闭环传递函数如下:

(1)当设定扰动作用时,系统传递函数如下:

$$\frac{Y(s)}{R(s)} = \frac{K_p(T_I s + 1)e^{-\tau s}}{T_I s X_0^{-1}(s) + K_p(T_I s + 1)(T_D s + 1)e^{-\tau s}} \tag{5-35}$$

(2)当负荷扰动作用时,系统传递函数如下:

$$\frac{Y(s)}{W(s)} = \frac{T_I s e^{-\tau s}}{T_I s X_0^{-1}(s) + K_p(T_I s + 1)(T_D s + 1)e^{-\tau s}} \tag{5-36}$$

根据图 5-24 所示的结构图,可求得典型 PI+D 控制系统的闭环传递函数如下:

(3)当设定扰动作用时,系统传递函数如下:

$$\frac{Y(s)}{R(s)} = \frac{K_p(T_I s + 1)(T_D s + 1)e^{-\tau s}}{T_I s X_0^{-1}(s) + K_p(T_I s + 1)(T_D s + 1)e^{-\tau s}} \tag{5-37}$$

(4)当负荷扰动作用时,系统传递函数如下:

$$\frac{Y(s)}{W(s)} = \frac{T_{\mathrm{I}}s\mathrm{e}^{-\tau s}}{T_{\mathrm{I}}sX_0^{-1}(s) + K_{\mathrm{p}}(T_{\mathrm{I}}s+1)(T_{\mathrm{D}}s+1)\mathrm{e}^{-\tau s}} \tag{5-38}$$

通过比较上述四个传递函数发现,这两种控制方案的闭环系统的特征方程式是完全一样的,说明系统在这两种控制方案下,具有相同的闭环极点。但是,在设定值扰动作用时,可以发现,微分先行控制方案比典型控制方案少了一个零点,即 $Z = -\dfrac{1}{T_{\mathrm{D}}}$,闭环零点会减小系统阻尼,使系统超调量增大。因此,微分先行控制方案能有效地调节系统的超调量,进一步改善系统的控制品质,满足控制工艺的要求。

5.3.2　Smith 预估补偿控制方案

该方案是在 1957 年 Smith 率先提出的,是一种以被控过程动态模型为基础的预估器补偿控制方案,其目的是改善大纯滞后系统的控制品质。其基本原理是:预先估计出被控过程在扰动作用下的动态模型,然后由预估器对被控过程中的纯滞后特性进行补偿,试图将被滞后了 τ 的被控量提前输入控制器,致使控制器提前动作,从而显著减小了超调量并且加快了调节过程。

Smith 预估补偿器控制原理方框图如图 5-26 所示。图中 $X_0(s)$ 为不包括纯滞后时间 τ 的被控对象模型, $X_1(s)$ 为预估补偿器。

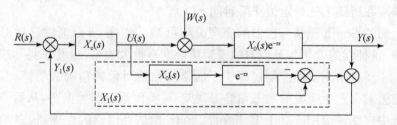

图 5-26　Smith 预估器控制原理方框图

假如没有补偿器,则控制器输出 $U(s)$ 到系统输出 $Y(s)$ 之间的传递函数为

$$\frac{Y(s)}{U(s)} = X_0(s)\mathrm{e}^{-\tau s} \tag{5-39}$$

显然,由于含有纯滞后环节 $\mathrm{e}^{-\tau s}$,控制器的输出需要经过时间 τ 才会起作用,且随着 τ 的增大,相位滞后也随之增加,致使系统的稳定性降低。

因此,Smith 提出了预估补偿的控制方案,在实际控制过程中,Smith 预估补偿器是反向并联在控制器上的。假如采用 Smith 预估补偿器,根据图 5-26 写出反馈信号 $Y_1(s)$ 与控制器输出 $U(s)$ 之间的传递函数为

$$\frac{Y_1(s)}{U(s)} = X_0(s)e^{-\tau s} + X_1(s) \tag{5-40}$$

若要消除控制器的输出信号与反馈信号之间的延迟时间,则必须满足如下条件:

$$\frac{Y_1(s)}{U(s)} = X_0(s)e^{-\tau s} + X_1(s) = X_0(s) \tag{5-41}$$

根据式(5-41),可求得 Smith 预估补偿器的控制函数为

$$X_1(s) = X_0(s)(1-e^{-\tau s}) \tag{5-42}$$

根据图 5-26 求出控制系统在设定扰动情况下的闭环传递函数为

$$\frac{Y(s)}{R(s)} = \frac{X_c(s)X_0(s)e^{-\tau s}}{1+X_c(s)X_0(s)e^{-\tau s}+X_c(s)X_0(s)(1-e^{-\tau s})} = \frac{X_c(s)X_0(s)e^{-\tau s}}{1+X_c(s)X_0(s)} \tag{5-43}$$

系统在负荷扰动作用下的闭环传递函数为

$$\frac{Y(s)}{W(s)} = \frac{X_0(s)e^{-\tau s}[1+X_c(s)X_0(s)(1-e^{-\tau s})]}{1+X_c(s)X_0(s)e^{-\tau s}+X_c(s)X_0(s)(1-e^{-\tau s})}$$

$$= \frac{X_0(s)[1+X_c(s)X_0(s)(1-e^{-\tau s})]e^{-\tau s}}{1+X_c(s)X_0(s)} \tag{5-44}$$

显然,比较式(5-43)和式(5-44)可以发现,两式的分母相同,即系统的闭环特征方程式中,已不再含有纯滞后环节 $e^{-\tau s}$。因此,采用 Smith 预估补偿器控制方法,可以消除纯滞后环节对系统品质的影响。而闭环传递函数分子中的 $e^{-\tau s}$ 仅表明被控量的响应在时间上比设定值滞后时间 τ。

从上面的 Smith 预估补偿器的原理分析可知,该方法可以消除滞后对系统产生的影响,且补偿的效果与补偿器的模型精确度有很大关系,因此在实际应用中比较困难。主要是由于实际控制过程中不能掌握被控对象的精确数学模型,并且模型稍有偏差就会产生明显的动态和静态误差,甚至使系统产生振荡,从而不能够在工业生产中广泛地应用。对于怎样改善 Smith 预估补偿器的性能,很多学者提出了改进型的预估方案,如增益自适应补偿方案、动态参数自适应补偿方案等,但是这些改进方案依旧没有从本质上降低对被控模型精确度的依赖程度,因此预估补偿控制方案在实际工业应用中具有很大的局限性。

5.3.3 采样控制方案

简单而言,采样控制方案就是当被控量在被控过程中受到干扰偏离预定值时,采样一次偏差信号,然后经过调节器,输出一个控制信号,保持此信号的值不变,保持的时间应当比纯延迟的时间稍长一些。经过延迟时间 τ,控制作用的效果必然导致被控变量有所变化。再根据新偏差的大小、方向决定控制器的下一步操作。其核

心思想是保持系统的稳定性,减少控制器进行误操作的次数,称这种按偏差进行周期性断续控制的方式为采样控制。一个典型的采样控制系统方框图如图 5-27 所示。

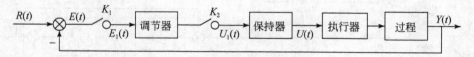

图 5-27　采样控制系统结构图

图 5-27 中调节器为每隔 τ 时刻动作一次的采样控制器,K_1、K_2 分别为采样器,它们进行周期性的同时接通或同时断开。工作原理如下:当 K_1、K_2 同时接通时,数字调节器开始工作,此时偏差信号 $E(t)$ 被采样。信号经采样器 K_1 送入数字调节器,经过信号处理与转换后,再经由采样器 K_2 输出控制信号 $U_1(t)$ 去控制被控过程。当 K_1、K_2 同时断开时,此时数字调节器不再工作,同时 $U_1(t)$ 值为零。但是,由于保持器的作用,$U_1(t)$ 先经过保持器再输出 $U(t)$ 信号送至执行器,因此确保在两次采样间隔时间内,执行器的位置是保持不变的,有效地避免了控制器进行不必要的误操作。

5.4　解耦控制系统

随着现代工业的发展,生产规模越来越复杂。在一个生产过程中,被控量和调节量往往不止一对,只有设置若干个控制回路,才能对生产过程中的多个被控量进行准确、稳定的调节。在这种情况下,多个控制回路之间就有可能产生某种程度的相互关联、相互耦合和相互影响,而且这些控制回路之间的相互耦合还将直接妨碍各被控量和调节量之间的相互独立控制作用,有时甚至会破坏各系统的正常工作。一个控制量的变化同时引起几个被控制量变化的现象,称为耦合。耦合结构的复杂程度主要取决于实际的控制对象以及对控制系统的品质要求。解耦就是消除系统之间的相互耦合,使各系统成为独立的互不相关的控制回路。

图 5-28 所示为化工生产中的精馏塔温度控制方案。图中,被控量分别为塔顶温度 y_1 和塔底温度 y_2,调节量分别为 u_1 和 u_2,参考输入量分别为 r_1 和 r_2。GC_1 为塔顶温控器,它的输出 u_1 用来控制阀门1,调节塔顶回流量 Q_r,以便控制塔顶温度 y_1。GC_2 为塔釜温控器,它的输出 u_2 用来控制阀门2,调节加热蒸汽量 Q_s,以便控制塔底温度 y_2。u_1 的改变不仅影响 y_1,同时会影响 y_2;同样,u_2 的改变不仅影响 y_2,同时会影响 y_1。这两个控制回路之间存在着相互关联、相互耦合,这种关联与耦合关系如图 5-29 所示。

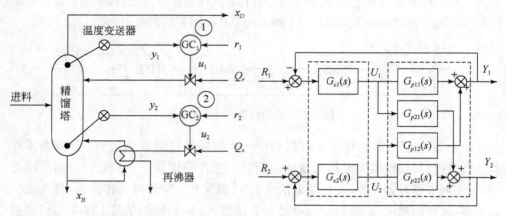

图 5-28　精馏塔温度控制方案图　　　　图 5-29　精馏塔温度控制系统方框图

5.4.1　系统的关联分析

　　确定各变量之间的耦合程度是多变量耦合控制系统设计的关键问题。常用的耦合程度分析方法有直接法和相对增益法。直接法是借助耦合系统的方框图,直接解析地导出各变量之间的函数关系,从而确定过程中每个被控量相对每个调节量的关联程度。相对增益分析法是一种通用的耦合特性分析工具,它通过计算相对增益矩阵,不仅可以确定被控量与调节量的响应特性,并以此为依据去设计控制系统,而且可以指出过程关联的程度和类型,以及对回路控制性能的影响。

　　例 5-1　试用直接法分析下图双变量耦合系统的耦合程度。

　　解　用直接法分析耦合程度时,一般采用静态耦合结构。所谓静态耦合,是指系统处于稳态时的一种耦合结构。与图 5-30 所示的动态耦合系统对应的静态耦合系统结构如图 5-31 所示。

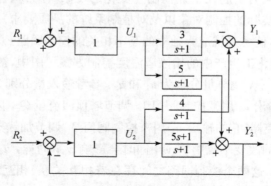

图 5-30　双变量耦合系统

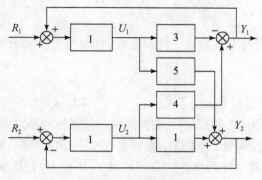

图 5-31 静态耦合系统

由图 5-30,可得

$$U_1 = R_1 + Y_1, \quad U_2 = R_2 - Y_2$$
$$Y_1 = -3U_1 + 4U_2, \quad Y_2 = 5U_1 + U_2 \tag{5-45}$$

化简得

$$Y_1 = -\frac{13}{14}R_1 + \frac{1}{7}R_2 \approx 0.9286R_1 + 0.1429R_2$$
$$Y_2 = \frac{5}{28}R_1 + \frac{6}{7}R_2 \approx 0.1786R_1 + 0.8571R_2 \tag{5-46}$$

由上述两式可知,Y_1 主要受 R_1 影响,也受 R_2 影响;Y_2 主要受 R_2 影响,也受 R_1 影响。系数越大,则耦合程度越强;反之,系数越小,耦合程度越弱。

5.4.2 相对增益矩阵

相对增益矩阵作为衡量多变量系统耦合程度的方法,通常称为 Bristol-Shinskey 方法。相对增益可以评价一个预先选定的调节量 U_j 对一个特定的被控量 Y_i 的影响程度,而且这种程度是 U_j 相对于过程中其他调节量对该被控量 Y_i 而言的。

第一放大系数 p_{ij}：耦合系统中,除 U_j 到 Y_i 通道外,其他通道全部断开时所得到的 U_j 到 Y_i 通道的静态增益,即调节量 U_j 改变了 ΔU_j 所得到的 Y_i 的变化量 ΔY_i 与 ΔU_j 之比,其他调节量 $U_k(k \neq j)$ 均不变。可表示为

$$p_{ij} = \left. \frac{\partial Y_i}{\partial U_j} \right|_{U_k = \mathrm{const}} \tag{5-47}$$

第二放大系数 q_{ij}：在所有其他回路均闭合,即保持其他被控制量都不变的情况下,找出各通道的开环增益,记为矩阵 Q。它的元素 q_{ij} 的静态值称为 U_j 到 Y_i 通道的第二放大系数。

$$q_{ij} = \frac{\partial Y_i}{\partial U_j}\bigg|_{Y_k = \text{const}} \tag{5-48}$$

相对增益 λ_{ij}：相对增益为第一放大系数 p_{ij} 与第二放大系数 q_{ij} 的比值。可以表示为

$$\lambda_{ij} = \frac{p_{ij}}{q_{ij}} = \frac{\partial Y_i}{\partial U_j}\bigg|_{U_k = \text{const}} \bigg/ \frac{\partial Y_i}{\partial U_j}\bigg|_{Y_k = \text{const}} \tag{5-49}$$

其中，若 $\lambda_{ij} = 1$，表明由 Y_i 和 U_j 组成的控制回路与其他回路之间没有关联；若 $\lambda_{ij} = 0$，即 $p_{ij} = 0$，表明控制量 U_j 不影响被控量 Y_i，则不能用 U_j 来控制 Y_i；若 $\lambda_{ij} \to \infty$，即 $q_{ij} = 0$，表明其他闭合回路的存在使得 Y_i 不受 U_j 的影响。

按定义对过程的参数表达式进行微分，分别计算出第一和第二放大系数，然后由相对增益 λ_{ij} 元素构成矩阵 Λ，即

$$\Lambda = \begin{bmatrix} \lambda_{11} & \lambda_{12} & \cdots & \lambda_{1n} \\ \lambda_{21} & \lambda_{22} & \cdots & \lambda_{2n} \\ \vdots & \vdots & & \vdots \\ \lambda_{n1} & \lambda_{n2} & \cdots & \lambda_{nm} \end{bmatrix} \tag{5-50}$$

根据相对增益的定义，确定相对增益，关键是计算第一放大系数和第二放大系数。最基本的方法有两种。一种方法是偏微分法：通过计算过程的微分分别计算出第一放大系数和第二放大系数，从而得到相对增益矩阵。另一种方法是增益矩阵计算法：先计算第一放大系数，再由第一放大系数直接计算第二放大系数，从而得到相对增益矩阵。

1. 偏微分法

两输入/两输出耦合过程如图 5-32 所示。由图 5-32 可得

$$\begin{cases} y_1 = K_{11}u_1 + K_{12}u_2 \\ y_2 = K_{21}u_1 + K_{22}u_2 \end{cases} \tag{5-51}$$

于是，根据定义可知

$$K_{ij} = \frac{\partial y_i}{\partial u_j}\bigg|_u \tag{5-52}$$

$$\lambda_{11} = \frac{K_{11}}{K_{11}'} = \frac{K_{11}K_{22}}{K_{11}K_{22} - K_{12}K_{21}} \tag{5-53}$$

同理可得

$$\lambda_{12} = \frac{-K_{12}K_{21}}{K_{11}K_{22} - K_{12}K_{21}}$$

$$\lambda_{21} = \frac{-K_{12}K_{21}}{K_{11}K_{22} - K_{12}K_{21}} \tag{5-54}$$

$$\lambda_{22} = \frac{K_{11}K_{22}}{K_{11}K_{22} - K_{12}K_{21}}$$

2. 增益矩阵计算法

第一放大系数 p_{ij} 的计算：第一放大系数 p_{ij} 是在其余通道开路情况下，该通道的静态增益。如图 5-33 所示，以双变量静态耦合系统为例说明 p_{ij} 的计算。

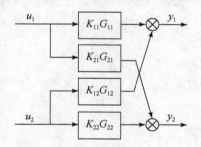

图 5-32　双变量耦合系统

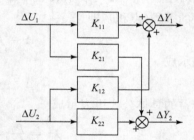

图 5-33　双变量静态耦合系统

由图 5-33 可得

$$\begin{cases} \Delta Y_1 = K_{11}\Delta U_1 + K_{12}\Delta U_2 \\ \Delta Y_2 = K_{21}\Delta U_1 + K_{22}\Delta U_2 \end{cases} \tag{5-55}$$

引入 K 矩阵，式(5-55)写成矩阵形式，即

$$\begin{bmatrix} \Delta Y_1 \\ \Delta Y_2 \end{bmatrix} = \begin{bmatrix} K_{11} & K_{12} \\ K_{21} & K_{22} \end{bmatrix} \begin{bmatrix} \Delta U_1 \\ \Delta U_2 \end{bmatrix} \tag{5-56}$$

由式(5-56)可得

$$\begin{cases} \Delta U_1 = \dfrac{K_{22}}{K_{11}K_{22} - K_{12}K_{21}}\Delta Y_1 - \dfrac{K_{12}}{K_{11}K_{22} - K_{12}K_{21}}\Delta Y_2 \\ \Delta U_2 = \dfrac{-K_{21}}{K_{11}K_{22} - K_{12}K_{21}}\Delta Y_1 + \dfrac{K_{11}}{K_{11}K_{22} - K_{12}K_{21}}\Delta Y_2 \end{cases} \tag{5-57}$$

引入 H 矩阵，则式(5-57)可写成矩阵形式，即

$$\begin{bmatrix} \Delta U_1(s) \\ \Delta U_1(s) \end{bmatrix} = \begin{bmatrix} h_{11} & h_{12} \\ h_{21} & h_{22} \end{bmatrix} \begin{bmatrix} \Delta Y_1(s) \\ \Delta Y_2(s) \end{bmatrix} \tag{5-58}$$

式中

$$h_{11} = \frac{K_{22}}{K_{11}K_{22} - K_{12}K_{21}}, \quad h_{12} = -\frac{K_{12}}{K_{11}K_{22} - K_{12}K_{21}}$$

$$h_{21} = -\frac{K_{21}}{K_{11}K_{22} - K_{12}K_{21}}, \quad h_{22} = \frac{K_{11}}{K_{11}K_{22} - K_{12}K_{21}} \tag{5-59}$$

则根据第二放大系数的定义,得出

$$q_{ij} = \frac{1}{h_{ji}} \tag{5-60}$$

由式(5-59)和式(5-60)可知

$$\lambda_{ij} = \frac{p_{ij}}{q_{ji}} = p_{ij}h_{ji} \tag{5-61}$$

相对增益矩阵 Λ 可表示成矩阵 K 中每个元素与逆矩阵 K^{-1} 的转置矩阵中相应元素的乘积(点积),即

$$\Lambda = K (K^{-1})^{\mathrm{T}} \tag{5-62}$$

或者表示成

$$\Lambda = H^{-1}H^{\mathrm{T}} \tag{5-63}$$

相对增益的具体公式可表示成

$$\lambda_{ij} = \frac{p_{ij}}{q_{ji}} = p_{ij}p_{ji}/\det K \tag{5-64}$$

3. 相对增益矩阵的特性

可以证明,矩阵 Λ 第 i 行 λ_{ij} 元素之和为

$$\sum_{j=1}^{n} \lambda_{ij} = \frac{1}{\det K} \sum_{j=1}^{n} p_{ij}K_{ij} = \frac{\det K}{\det K} = 1 \tag{5-65}$$

类似地,矩阵 Λ 第 j 行 λ_{ij} 元素之和为

$$\sum_{i=1}^{n} \lambda_{ij} = \frac{1}{\det K} \sum_{i=1}^{n} p_{ij}K_{ij} = \frac{\det K}{\det K} = 1 \tag{5-66}$$

由式(5-65)和式(5-66)可知,相对增益矩阵中每行元素之和为1,每列元素之和也为1。此结论也同样适用于多变量耦合系统,而且此结论可用作验算所求得的相对增益矩阵是否正确。

4. 相对增益反映的系统耦合特性

(1) $0.8 < \lambda_{ij} < 1.2$,表明其他通道对该通道的耦合弱,不需解耦;

(2) $\lambda_{ij} \approx 0$,表明本通道调节作用弱,不适宜作为调节通道;

(3) $0.3 < \lambda_{ij} < 0.7$ 或 $\lambda_{ij} > 1.5$,表明其他通道对该通道的耦合强,需解耦。

例 5-2　两种料液 u_1 和 u_2 经均匀混合后送出,要求对混合液的成分 y_1 和流量 y_2 进行控制,如图 5-34 所示。设混合液体的成分 y_1 控制在液体 y_2 的质量百分数为 0.3,试求被控量与调节量之间的正确配对关系。

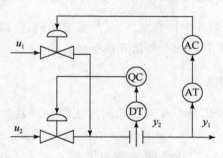

图 5-34　液体混合系统

解　由前面的分析可知,要得到正确的变量配对关系,必须首先计算相对增益矩阵。由于此系统的函数未知,不能直接用静态增益求取相对增益。但是,此系统的静态关系非常明确,因此可以利用相对增益的定义直接计算。

依题意知,静态关系式为

$$y_1 = \frac{u_1}{u_1 + u_2}, \quad y_2 = u_1 + u_2 \tag{5-67}$$

根据定义,先计算 u_1 到 y_1 通道间的第一和第二放大系数,得

$$p_{11} = \left.\frac{\partial y_1}{\partial u_1}\right|_{u_2} = \frac{1 - y_1}{y_2}, \quad q_{11} = \left.\frac{\partial y_1}{\partial u_1}\right|_{y_2} = \frac{1}{y_2} \tag{5-68}$$

因此,可求得相对增益系数为

$$\lambda_{11} = \frac{p_{11}}{q_{11}} = 1 - y_1 \tag{5-69}$$

由相对增益矩阵的特性,可得相对增益矩阵为

$$\Lambda = \begin{bmatrix} \lambda_{11} & \lambda_{12} \\ \lambda_{21} & \lambda_{22} \end{bmatrix} = \begin{matrix} y_1 \\ y_2 \end{matrix} \overset{\displaystyle u_1 \qquad\quad u_2}{\begin{bmatrix} 1 - y_1 & y_1 \\ y_1 & 1 - y_1 \end{bmatrix}} \tag{5-70}$$

当 $y_1 = 0.3$ 时,相对增益矩阵为

$$\Lambda = \begin{bmatrix} \lambda_{11} & \lambda_{12} \\ \lambda_{21} & \lambda_{22} \end{bmatrix} = \begin{matrix} y_1 \\ y_2 \end{matrix} \overset{\displaystyle u_1 \quad\ u_2}{\begin{bmatrix} 0.7 & 0.3 \\ 0.3 & 0.7 \end{bmatrix}} \tag{5-71}$$

所以,当 $y_1 = 0.3$ 时,合理的配对是:用调节量 u_1 控制混合液成分 y_1,用调节量 u_2 控制混合液总流量 y_1。

5.4.3　减少与解除耦合的方法

解耦的本质在于设置一个计算网络,减少或解除耦合,以保证各个单回路控制系统能独立地工作,以下介绍减少与消除耦合的方法。

1. 提高调节器的增益

实验证明,减少系统耦合程度最有效的办法之一就是加大调节器的增益。下面仍以例 5-1 说明这一点。

假设将下列耦合系统的两个调节器的增益分别从 1 提高到 5,即 $K_{c1} = 5$, $K_{c2} = 5$:

$$U_1 = 5R_1 + 5Y_1, \quad U_2 = 5R_2 - 5Y_2$$
$$Y_1 = -3U_1 + 4U_2, \quad Y_2 = 5U_1 + U_2 \tag{5-72}$$

则调节器增益增大后($K_{c1} = 5, K_{c2} = 5$):

$$Y_1 = -\frac{295}{298}R_1 + \frac{5}{149}R_2 \approx -0.9899R_1 + 0.03356R_2$$
$$Y_2 = \frac{75}{1788}R_1 + \frac{870}{894}R_2 \approx 0.04195R_1 + 0.9973R_2 \tag{5-73}$$

而调节器增益增大前($K_{c1} = 1, K_{c2} = 1$):

$$Y_1 = -\frac{295}{298}R_1 + \frac{5}{149}R_2 \approx -0.9899R_1 + 0.03356R_2$$
$$Y_2 = \frac{75}{1788}R_1 + \frac{870}{894}R_2 \approx 0.04195R_1 + 0.9973R_2 \tag{5-74}$$

2. 选用最佳的变量配对

选用适当的变量配对关系,也可以减少系统的耦合程度。下面仍以例 5-1 说明这一点。假设 U_1 控制 Y_2,U_2 控制 Y_1,得到图 5-35 所示的变量重新配对之后的静态耦合结构。

由图 5-35 可知

$$Y_1 = 4U_2 - 3U_1, \quad Y_2 = 5U_1 + U_2 \tag{5-75}$$

化简后得,变换配对前($R_1 \sim Y_1, R_2 \sim Y_2$):

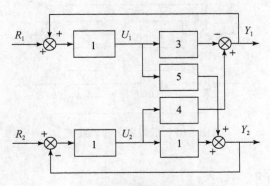

图 5-35　静态耦合结构

$$Y_1 = -\frac{13}{14}R_1 + \frac{1}{7}R_2 \approx 0.9286R_1 + 0.1429R_2$$

$$Y_2 = \frac{5}{28}R_1 + \frac{6}{7}R_2 \approx 0.1786R_1 + 0.8571R_2$$

(5-76)

变换配对后($R_1 \sim Y_2, R_2 \sim Y_1$)：

$$Y_1 = \frac{9}{11}R_2 - \frac{1}{11}R_1 \approx 0.8182R_2 - 0.09091R_1$$

$$Y_2 = \frac{56}{66}R_1 + \frac{1}{33}R_2 \approx 0.8485R_1 + 0.0303R_2$$

(5-77)

由此可见,在稳态条件下,Y_1 基本上取决于 R_2,R_1 对 Y_1 的影响可以忽略不计;而 Y_2 基本取决于 R_1,R_2 对于 Y_2 的影响可以忽略不计。于是图 5-36 所示的系统可以近似看成两个独立控制的回路。近似完全解耦系统如图 5-37 所示。

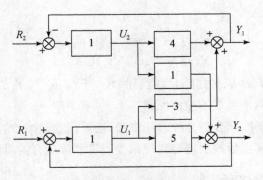

图 5-36　变量重新配对后的静态耦合结构

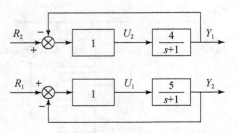

图 5-37　近似完全解耦系统

3. 采用解耦设计

在耦合非常严重的情况下,最有效的方法是采用多变量系统的解耦设计。根据图 5-38 设计一个二输入二输出解耦系统,其中调节器与被控对象之间,串接一个解耦器 $N(s)$。

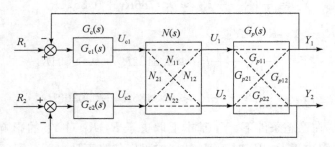

图 5-38　二输入二输出解耦系统

由图 5-38 可知

$$Y(s) = G_p(s)U(s)$$
$$U(s) = N(s)U_c(s)$$
$$Y(s) = G_p(s)N(s)U_c(s)$$

(5-78)

只要使矩阵 $G_p(s)N(s)$ 成对角阵,就能解除 R_1 与 Y_2、R_2 与 Y_1 之间的耦合关系,从而使耦合系统形成两个独立的控制回路。

以上是减少与解除耦合的几种常用方法,还可以通过减少控制回路、采用模式控制系统以及采用多变量控制器等实现减少或者消除耦合的目的。

5.4.4　解耦控制系统设计

解耦控制设计的主要任务是解除控制回路或系统变量之间的耦合。解耦设计可分为完全解耦和部分解耦。完全解耦的要求是，在实现解耦之后，不仅调节量与被控量之间一一对应，而且干扰与被控量之间同样一一对应。下面主要介绍三种常用的方法。

1. 前馈补偿解耦法

前馈补偿解耦法是多变量解耦控制中最早使用的一种解耦方法。该方法结构简单，易于实现，效果显著，因此得到了广泛应用。图 5-39 所示为一个带前馈补偿的双变量全解耦系统。

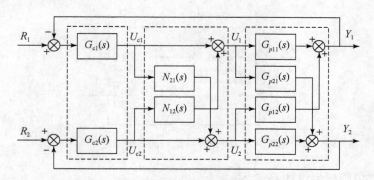

图 5-39　带前馈补偿的双变量全解耦系统

要实现对 U_{c1} 与 Y_2 间的解耦，有

$$U_{c1}G_{p21}(s) + U_{c1}N_{21}(s)G_{p22}(s) = 0 \tag{5-79}$$

如果要实现对 U_{c1} 与 Y_2、U_{c2} 与 Y_1 之间的解耦，根据前馈补偿原理可得

$$U_{c1}G_{p21}(s) + U_{c1}N_{21}(s)G_{p22}(s) = 0$$
$$U_{c2}G_{p12}(s) + U_{c2}N_{12}(s)G_{p11}(s) = 0 \tag{5-80}$$

因此，前馈补偿解耦器的传递函数为

$$N_{21}(s) = - G_{p21}(s)/G_{p22}(s)$$
$$N_{12}(s) = - G_{p12}(s)/G_{p11}(s) \tag{5-81}$$

这种方法与前馈控制设计所论述的方法一样，补偿器对过程特性的依赖性较大。此外，当输入-输出变量较多时，不宜采用此方法。

2. 对角阵解耦法

对角阵解耦设计是一种常见的解耦方法，它要求被控对象特性矩阵与解耦环节矩阵的乘积等于对角阵。图 5-40 为双变量解耦系统方框图，图 5-41 为对角阵解耦后的等效系统。

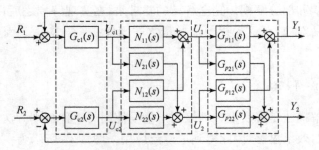

图 5-40 双变量解耦系统方框图

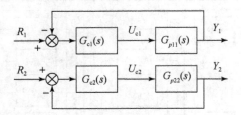

图 5-41 对角阵解耦后的等效系统

根据对角阵解耦设计要求，即

$$\begin{bmatrix} G_{p11}(s) & G_{p12}(s) \\ G_{p21}(s) & G_{p22}(s) \end{bmatrix}\begin{bmatrix} N_{11}(s) & N_{12}(s) \\ N_{21}(s) & N_{22}(s) \end{bmatrix} = \begin{bmatrix} G_{p11}(s) & 0 \\ 0 & G_{p22}(s) \end{bmatrix} \tag{5-82}$$

因此，被控对象的输出与输入变量之间应满足式（5-83）所示矩阵方程：

$$\begin{bmatrix} Y_1(s) \\ Y_2(s) \end{bmatrix} = \begin{bmatrix} G_{p11}(s) & 0 \\ 0 & G_{p22}(s) \end{bmatrix}\begin{bmatrix} U_{c1}(s) \\ U_{c2}(s) \end{bmatrix} \tag{5-83}$$

假设对象传递矩阵 $G_p(s)$ 为非奇异阵，即

$$\begin{vmatrix} G_{p11}(s) & G_{p12}(s) \\ G_{p21}(s) & G_{p22}(s) \end{vmatrix} \neq 0 \tag{5-84}$$

于是得到解耦器数学模型为

$$\begin{aligned}
\begin{bmatrix} N_{11}(s) & N_{12}(s) \\ N_{21}(s) & N_{22}(s) \end{bmatrix} &= \begin{bmatrix} G_{p11}(s) & G_{p12}(s) \\ G_{p21}(s) & G_{p22}(s) \end{bmatrix}^{-1}\begin{bmatrix} G_{p11}(s) & 0 \\ 0 & G_{p22}(s) \end{bmatrix} \\
&= \frac{1}{G_{p11}(s)G_{p22}(s) - G_{p12}(s)G_{p21}(s)}\begin{bmatrix} G_{p22}(s) & -G_{p12}(s) \\ -G_{p21}(s) & G_{p11}(s) \end{bmatrix}\begin{bmatrix} G_{p11}(s) & 0 \\ 0 & G_{p22}(s) \end{bmatrix} \\
&= \begin{bmatrix} \dfrac{G_{p11}(s)G_{p22}(s)}{G_{p11}(s)G_{p22}(s) - G_{p12}(s)G_{p21}(s)} & \dfrac{-G_{p22}(s)G_{p12}(s)}{G_{p11}(s)G_{p22}(s) - G_{p12}(s)G_{p21}(s)} \\ \dfrac{-G_{p11}(s)G_{p21}(s)}{G_{p11}(s)G_{p22}(s) - G_{p12}(s)G_{p21}(s)} & \dfrac{G_{p11}(s)G_{p22}(s)}{G_{p11}(s)G_{p22}(s) - G_{p12}(s)G_{p21}(s)} \end{bmatrix}
\end{aligned} \tag{5-85}$$

3. 单位矩阵解耦法

单位阵解耦设计是对角阵解耦设计的一种特殊情况,它要求被控对象特性矩阵与解耦环节矩阵的乘积等于单位阵,即

$$\begin{bmatrix} G_{p11}(s) & G_{p12}(s) \\ G_{p21}(s) & G_{p22}(s) \end{bmatrix} \begin{bmatrix} N_{11}(s) & N_{12}(s) \\ N_{21}(s) & N_{22}(s) \end{bmatrix} = \begin{bmatrix} 1 & 0 \\ 0 & 1 \end{bmatrix} \tag{5-86}$$

因此,系统输入输出方程满足如下关系:

$$\begin{bmatrix} Y_1(s) \\ Y_2(s) \end{bmatrix} = \begin{bmatrix} 1 & 0 \\ 0 & 1 \end{bmatrix} \begin{bmatrix} U_{c1}(s) \\ U_{c2}(s) \end{bmatrix} \tag{5-87}$$

于是得解耦器的数学模型为

$$\begin{bmatrix} N_{11}(s) & N_{12}(s) \\ N_{21}(s) & N_{22}(s) \end{bmatrix} = \begin{bmatrix} G_{p11}(s) & G_{p12}(s) \\ G_{p21}(s) & G_{p22}(s) \end{bmatrix}^{-1}$$

$$= \frac{1}{G_{p11}(s)G_{p22}(s) - G_{p12}(s)G_{p21}(s)} \begin{bmatrix} G_{p22}(s) & -G_{p12}(s) \\ -G_{p21}(s) & G_{p11}(s) \end{bmatrix}$$

$$= \begin{bmatrix} \dfrac{G_{p22}(s)}{G_{p11}(s)G_{p22}(s) - G_{p12}(s)G_{p21}(s)} & \dfrac{-G_{p12}(s)}{G_{p11}(s)G_{p22}(s) - G_{p12}(s)G_{p21}(s)} \\ \dfrac{-G_{p21}(s)}{G_{p11}(s)G_{p22}(s) - G_{p12}(s)G_{p21}(s)} & \dfrac{G_{p11}(s)}{G_{p11}(s)G_{p22}(s) - G_{p12}(s)G_{p21}(s)} \end{bmatrix} \tag{5-88}$$

单位阵解耦后的等效系统如图 5-42 所示。

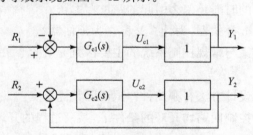

图 5-42　单位阵解耦后的等效系统

综上所述,采用不同的解耦方法都能达到解耦的目的,采用单位阵解耦法的优点更突出。对角阵解耦法和前馈补偿解耦法得到的解耦效果和系统的控制质量是相同的,这两种方法都是设法解除交叉通道,并使其等效成两个独立的单回路系统。而单位阵解耦法,除了能获得优良的解耦效果之外,还能提高控制质量,减少动态偏差,加快响应速度,缩短调节时间。

多变量解耦有动态解耦和静态解耦之分。动态解耦的补偿是时间补偿,而静态解耦的补偿是幅值补偿。由于动态解耦要比静态解耦复杂得多,一般只在要求比较高、解耦器又能实现的条件下使用。当被控对象各通道的时间常数非常接近

时,采用静态解耦一般都能满足要求。由于静态解耦结构简单、易于实现、解耦效果较佳,静态解耦在很多场合得到了广泛的应用。

在多变量系统的解耦设计过程中,还要考虑解耦系统的实现问题。事实上,求出了解耦器的数学模型并不等于实现了解耦。解耦系统的实现问题主要包括解耦系统的稳定性、部分解耦以及解耦器的简化等。在本书中,就不对此问题展开论述了。

思考题与习题

1. 什么叫串级控制系统? 串级控制系统通常可用在哪些场合?

2. 与单回路系统相比,串级控制系统有哪些主要特点?

3. 设计串级控制系统时,应解决好哪些问题?

4. 怎样确定主调节器、副调节器的正反作用方式? 试举例说明之。

5. 前馈控制和反馈控制各有什么特点?

6. 前馈控制有哪几种主要形式?

7. 是否可用普通的 PID 调节器作为前馈控制器? 为什么?

8. 为什么一般不单独使用前馈控制方案?

9. 试简述前馈控制系统的整定方法。

10. 生产过程中的时滞是怎么引起的?

11. 什么是 Smith 补偿器,为什么又称它为预估器?

12. 采样控制方案与常规控制系统的主要区别是什么? 在大时滞控制过程中采样周期如何选择?

13. 常用的解耦设计方法有哪几种? 试说明其优缺点。

14. 已知在所有控制回路均开环的条件下,某一过程的开环增益矩阵为

$$K = \begin{bmatrix} 0.58 & -0.36 & -0.36 \\ 0.73 & -0.61 & 0 \\ 1 & 1 & 1 \end{bmatrix}$$

试求出相对增益矩阵,并选出最佳的控制回路。分析此过程是否需要解耦。

15. 已知一 2×2 耦合过程的传递函数矩阵为

$$\begin{bmatrix} G_{11} & G_{12} \\ G_{21} & G_{22} \end{bmatrix} = \begin{bmatrix} 0.5 & -0.3 \\ 0.4 & 0.6 \end{bmatrix}$$

试计算该过程的相对增益矩阵,说明其变量配对的合理性,然后按照前馈补偿解耦方式进行解耦,求取前馈补偿解耦装置的数学模型,画出前馈解耦系统框图。

第6章 实现特殊工艺要求的复杂控制系统

现代工业生产中,某些生产过程比较复杂、控制任务特殊,需要开发和应用实现特殊工艺要求的过程控制系统,如比值控制、均匀控制、分程控制、选择性控制和阀位控制等。本章将详细介绍这些控制系统的基本原理、设计及其应用。

6.1 比值控制系统

6.1.1 基本概念

在化工、炼油等许多工业生产过程中,工艺上常需要两种及两种以上的物料保持一定的比例,比例一旦失调,将影响产品的质量以及生产的正常进行,甚至会造成生产事故。例如,在造纸生产过程中,使浓纸浆和水以一定的比例混合,才能造出一定浓度的纸浆,显然这个流量比和产品质量有密切关系。在重油气化的造气生产过程中,进入气化炉的氧气和重油流量应保持一定的比例,若氧油比过高,会因炉温过高而使喷嘴和耐火砖烧坏,严重时甚至会引起炉子爆炸;如果氧量过低,则因生成的炭黑增多,会发生堵塞现象。

实现两个或两个以上参数维持一定的比例关系的控制系统,称为比值控制系统。由于过程工业中大部分物料都以气态、液态或混合的流体状态在密闭管道、容器中进行能量传递与物质交换,所以保持两种或几种物料的比例实际上是保持两种或几种物料的流量比例关系,因此比值控制系统一般是指流量比值控制系统。

在需要保持比值关系的两种物料中,有一种物料处于主导地位,这种物料称为主物料,表征这种物料的参数称为主动量,也常称为主流量,用 Q_1 表示;而另一种物料按主物料进行配比,在控制过程中随主物料而变化,称为从物料,表征其特性的参数称为从动量或副流量,用 Q_2 表示。比值控制系统就是要实现副流量 Q_2 与主流量 Q_1 呈一定比值关系,满足如下关系式:

$$K = \frac{Q_2}{Q_1} \tag{6-1}$$

一般情况下总是把生产中的主要物料定为主物料。在有些场合,以不可控物料定为主物料,用改变可控物料即从物料来实现它们之间的比值关系。在实际生产过程控制中,比值控制系统除了实现一定的物料比值关系外,还能起到在扰动量影响到被控过程质量指标之前及时控制的作用,所以具有前馈控制的实质。

6.1.2 比值控制方案及其分析

根据实际生产过程的不同要求,常用的比值控制系统主要有以下几种类型。

1)开环比值控制系统

开环比值控制系统是最简单的比值控制方案,其工艺流程图和原理方框图如图 6-1 所示。图中,Q_1 为主物料流量,Q_2 为副物料流量,FT 为流量控制器,FC 为比值控制器。

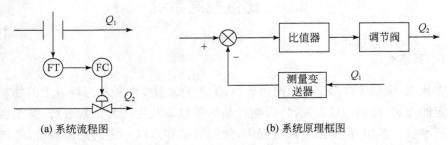

(a) 系统流程图   (b) 系统原理框图

图 6-1 开环比值控制系统

系统在稳态的时候,两物料的流量满足 $Q_2 = KQ_1$ 的关系,Q_2 以一定的比例随 Q_1 的变化而变化。但由于是开环控制系统,若副流量 Q_2 因管线压力波动等原因而发生变化时,Q_1 与 Q_2 的比值关系将遭到破坏,而系统不起控制作用,因此在实际生产中很少应用。

2)单闭环比值控制系统

为了克服开环比值控制系统的不足,在该系统的基础上,增加了一个副流量的闭环控制回路,从而组成了单闭环比值控制系统。其工艺流程图和原理方框图如图 6-2 所示。其中,FT_1 和 FT_2 是主流量和副流量变送器,FC_1 和 FC_2 是主流量和副流量控制器。

由图 6-2 可见,在稳定状态下两种物料能满足工艺要求的比值,即 $K = \dfrac{Q_2}{Q_1}$(K 为常数)。当主流量 Q_1 不变,而副流量 Q_2 受到干扰时,可通过副流量的闭合回路进行定值控制,此时主流量控制器 $G_{T1}(s)$ 的输出作为副流量闭环控制系统的输入,即给定值。当主流量 Q_1 受到扰动时,主控制器 $G_{T1}(s)$ 则按预先设定好的比值使其输出呈比例变化,即改变 Q_2 的给定值,副控制器 $G_{T2}(s)$ 根据给定值的变化,发

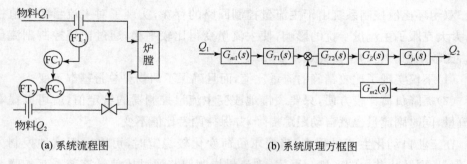

(a) 系统流程图　　　　　　　　　　(b) 系统原理方框图

图 6-2　单闭环比值控制系统

出控制命令以改变控制阀的开度,使副流量 Q_2 跟随主流量 Q_1 而变化,从而保证原设定的比值不变。当主流量、副流量同时受到干扰时,副控制器 $G_{T2}(s)$ 在克服副流量扰动的同时,又根据新的给定值改变控制阀的开度,使主流量、副流量在新的流量数值基础上保持其原设定值的比值关系。可见,该系统能确保主流量、副流量的比值不变。同时,系统的结构又较简单,因而在工业自动化生产过程中应用较广。

当然,单闭环比值控制系统仍然存在一些缺点。例如,主流量是可变的,因此使得总的物料量不固定,这在某些生产过程中是不允许的;还有,当主流量受到干扰出现大幅波动时,副流量难以跟踪,控制过程中主流量、副流量的比值会较大地偏离工艺要求的流量比。因此,单闭环比值控制系统适用于负荷变化不大、主流量不可控、两种物料间的比值要求较精确的生产过程。

3) 双闭环比值控制系统

双闭环比值控制系统是为了克服单闭环比值控制系统的主流量不受控、生产负荷在较大的范围内波动而设计的。它是在单闭环比值控制的基础上,增设了主流量控制回路而构成的,如图 6-3 所示。

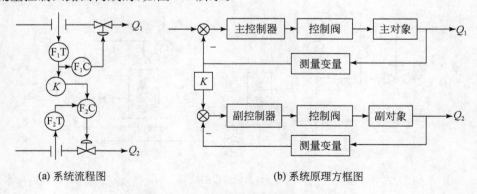

(a) 系统流程图　　　　　　　　　　(b) 系统原理方框图

图 6-3　双闭环比值控制系统

双闭环比值控制系统由于主流量控制回路的存在,实现了对主流量的定值控制,大大克服了主流量干扰的影响,使主流量变得比较平稳,通过比值控制副流量也将比较平稳。它的主要优点主要表现在:

(1)不仅实现了比较精确的流量比值,而且确保了两物料总量基本不变;

(2)提降负荷比较方便,只要缓慢地改变主流量控制器的给定值,就可以提降主流量,同时副流量也就自动跟踪提降,并保持两者比值不变。

在工业自动化生产过程中,当要求负荷变化较稳定时,可以采用这种控制方案,但是,要防止共振的产生。因主、副流量控制回路通过比值计算装置互相联系着,当主流量进行定值调节后,它变化的幅值肯定大大减小,但变化的频率往往会加快,使副流量的给定值经常处于变化之中。当它的频率和副流量回路的工作频率接近时,有可能引起共振,使副回路失控以致系统无法投入运行。在这种情况下,对主流量控制器的参数整定应尽量保证其输出为非周期变化,以防止共振。

4)变比值控制系统

前面三种比值控制方案都是为了实现两种物料比值固定的定比值控制方案。但是,生产上维持流量比恒定往往不是控制的最终目的,仅仅是保证产品质量的一种手段。定比值控制方案只能克服流量干扰对比值的影响,当系统中存在着除流量干扰外的其他干扰,如温度、压力、成分以及反应器中触媒活性变化等干扰时,为了保证产品质量,必须适当修正两物料的比值,即重新设置比值系数。由于这些干扰往往是随机的,干扰幅值又各不相同,显然无法用人工方法经常去修正比值系数,定比值控制系统也就无能为力了,因此出现了按照一定工艺指标自动修正比值系数的变比值控制系统。图 6-4 为用除法器构成的变比值控制系统。

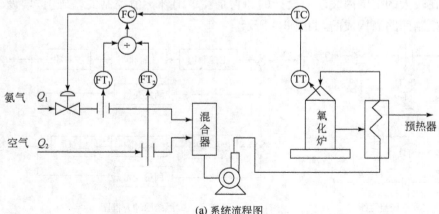

(a) 系统流程图

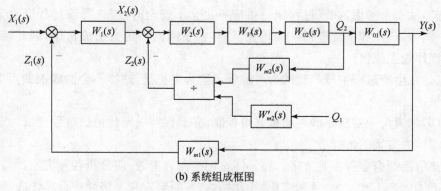

(b) 系统组成框图

图 6-4　变比值控制系统

该比值控制系统是一个以第三参数为主参数(质量指标)和以两个流量比为副参数所组成的串级控制系统。

系统在稳定时,主流量、副流量恒定,分别测量变送器后送至除法器,其输出即为比值,作为 $W_2(s)$ 的测量信号,此时主参数 $Y(s)$ 也恒定。$W_1(s)$ 输出信号 $X_2(s)$ 稳定,且 $X_2(s) = Z_2(s)$,$W_2(s)$ 输出稳定,调节阀开度一定,所以主参数 $Y(s)$ 符合工艺要求,产品质量合格。

当 Q_1、Q_2 出现扰动时,通过比值控制回路,保证比值一定,从而不影响(扰动幅值不大时)主参数,或大大减小扰动对主参数 $Y(s)$ 的影响。

对于某些物料流量(如气体等),当出现扰动如温度、压力、成分等变化时,虽然它们的流量比值不变,由于真实流量与原来流量不同,所以使 $Y(s)$ 偏离了设定值,通过 $W_1(s)$ 的反馈后,$W_1(s)$ 的输出 $X_2(s)$ 产生变化,从而修正了两流量的比值,使系统在新的比值上稳定。

应该注意,在变比值控制系统中,流量比值只是一种控制手段,不是最终目的,而第三参数 $Y(s)$ 往往是产品质量指标。

6.1.3　比值控制系统设计

在设计比值控制系统时,主要做以下工作。

1)主流量、副流量的确定

确定主流量、副流量的原则是:

(1)主流量通常选择可测量但不可控的过程变量;

(2)在工业生产过程中起主导作用的物料流量一般选为主流量,其他的物料流量选为副流量,其副流量跟随主流量变化;

(3)从安全考虑,如该过程变量供应不足会不安全时,应选择该过程变量为主流量,例如,蒸汽和甲烷进行甲烷转化反应,由于蒸汽不足会造成析碳,因此,应选择蒸汽作为主流量;

(4)在生产过程中较昂贵的物料流量可选为主流量,这样不会造成浪费可以提高产量;

(5)副流量通常应是既可测量又可控制,并要保持一定比值的过程变量。

2)控制方案的选择

比值控制有多种控制方案。在具体选用控制方案时,应分析各种方案的特点,根据不同生产工艺情况、负荷变化、扰动特性、控制要求和经济性进行具体选择。

如果工艺上仅要求两物料之比值一定、负荷变化不大、主流量不可控制,则可选单闭环比值控制方案。例如,在生产过程中,主、副流量扰动频繁,负荷变化较大,同时要保证主、副物料流量恒定则可选用双闭环比值控制方案。又如,当生产要求两种物料流量的比值能灵活地随第三个参数的需要进行调节时,可选用变比值控制方案。

3)调节器控制规律的确定

比值控制系统调节器的控制规律是由不同的控制方案和控制要求而定的:

(1)单闭环比值控制系统中,闭环回路外的控制器 $G_{T1}(s)$ 接收主流量的测量信号,仅起比值计算的作用,故可选 P 控制规律或采用一个比值器;从动回路控制器 $G_{T2}(s)$ 起比值控制和稳定副流量的作用,故选 PI 控制规律。

(2)双闭环比值控制系统,两流量不仅要保持恒定的比值,而且主流量要实现定值控制,其结果作为副流量的设定值也是恒定的,所以两个调节器应选 PI 控制规律。

(3)变比值(串级)控制系统,它具有串级控制系统的一些特点,可以根据串级控制系统控制器控制规律的选择原则确定,主控制器选 PI 或 PID 控制规律,副控制器选用 P 控制规律。

4)变送器及其量程的选择

流量测量是比值控制的基础,各种流量计都有一定的适用范围(一般正常流量选择在满量程的 70% 左右),必须正确地选择使用。变送器的零点及量程的调整都是十分重要的,具体选用时可参考有关设计资料手册。

6.1.4 比值控制系统的实施

1. 比值系数的折算

在工业生产中,比值控制是解决两种物料流量之间的比例关系问题。工艺物

料流量的比值 K，是指两流量的体积流量或质量流量之比。当控制方案确定后，必须把工艺上的比值 K 折算成仪表上的比值系数 K'，并正确设定在相应的控制仪表上。

过程控制系统由过程和检测变送、控制仪表等组成。目前通用的仪表使用统一的信号，DDZ-Ⅲ仪表的输出是 $4\sim20\text{mA}$ 直流电流或 $1\sim5\text{V}$ 直流电压，气动仪表是 $20\sim100\text{kPa}$ 气压等。比值系数计算就是将流量比值 K 折算成相应仪表的标准统一信号之间的比值。

1）流量与测量信号呈线性关系

当使用转子流量计、涡轮流量计、椭圆齿轮流量计或带开方的差压式流量计时，流量信号均与测量信号呈线性关系。如采用 DDZ-Ⅲ仪表，当流量由零变至最大值（Q_{max}）时，变送器对应输出信号为 $4\sim20\text{mA(DC)}$，变送器的转换关系及流量的任一中间值 Q 所对应的输出信号电流为

$$I = \frac{Q}{Q_{max}} \times 16 + 4 \tag{6-2}$$

比值系数 K' 为仪表信号之比，即

$$K' = \frac{I_2 - 4}{I_1 - 4} \tag{6-3}$$

式中，I_2 为副流量测量信号值；I_1 为主流量测量信号值。

在式（6-3）中，K' 应为仪表输出信号变化量之比，所以均需减去仪表信号的起始值。把式（6-2）代入式（6-3），可得

$$K' = \frac{\dfrac{Q_2}{Q_{2max}} \times 16 + 4 - 4}{\dfrac{Q_1}{Q_{1max}} \times 16 + 4 - 4} = \frac{Q_2}{Q_1} \times \frac{Q_{1max}}{Q_{2max}} = K\frac{Q_{1max}}{Q_{2max}} \tag{6-4}$$

式中，Q_{2max} 为副流量变送器量程上限；Q_{1max} 为主流量变送器量程上限。

如采用气动仪表，当流量由零变至最大值（Q_{max}）时，变送器对应输出信号为 $20\sim100\text{kPa}$，变送器的转换关系为

$$p = \frac{Q}{Q_{max}} \times 80 + 20 \tag{6-5}$$

比值系数 K' 为

$$K' = \frac{P_2 - 20}{P_1 - 20} \tag{6-6}$$

式中，P_2 为副流量测量信号值；P_1 为主流量测量信号值。把式（6-5）代入式（6-6）可得

$$K' = \frac{\dfrac{Q_2}{Q_{2max}} \times 80 + 20 - 20}{\dfrac{Q_1}{Q_{1max}} \times 80 + 20 - 20} = \frac{Q_2}{Q_1} \times \frac{Q_{1max}}{Q_{2max}} = K\frac{Q_{1max}}{Q_{2max}} \tag{6-7}$$

式中，Q_{2max} 为副流量变送器量程上限；Q_{1max} 为主流量变送器量程上限。可以看出，对于不同信号类型的仪表，比值系数的计算式是一致的。

2）流量与测量信号呈非线性关系

在使用节流装置测量流量而未经开方处理时，流量与差压的非线性关系为

$$Q = k\sqrt{\Delta p} \tag{6-8}$$

式中，k 为节流装置的比例系数。此时针对不同信号的仪表，测量信号与流量的转换关系为

DDZ-Ⅲ型仪表：

$$I = \frac{Q^2}{Q_{max}^2} \times 16 + 4 \tag{6-9}$$

此时的比值系数计算方法如下：

$$K' = \frac{I_2 - 4}{I_1 - 4} = \frac{\dfrac{Q_2^2}{Q_{2max}^2} \times 16 + 4 - 4}{\dfrac{Q_1^2}{Q_{1max}^2} \times 16 + 4 - 4} = \frac{Q_2^2}{Q_1^2} \times \frac{Q_{1max}^2}{Q_{2max}^2} = K^2 \left(\frac{Q_{1max}}{Q_{2max}}\right)^2 \tag{6-10}$$

同理，可对 $0 \sim 10\text{mA DC}$ 差压变送器进行推导，所得结论与式（6-10）完全一样。

通过计算推导，可以得出以下结论：

（1）流量比值 K 与比值系数 K' 是两个不同的概念，不能混淆；

（2）比值系数 K' 的大小与流量比 K 的值有关，也与变送器的量程有关，但与负荷的大小无关；

（3）流量与测量信号之间有无非线性关系对计算式有直接影响，线性关系时 $K'_{\text{线}} = K\dfrac{Q_{1max}}{Q_{2max}}$，非线性关系（平方根关系）时 $K'_{\text{非}} = K^2 \left(\dfrac{Q_{1max}}{Q_{2max}}\right)^2$，但仪表的信号类型和范围以及起始点是否为零，均对计算式无影响；

（4）线性测量（平方根关系）情况下 K' 间的关系为 $K'_{\text{非}} = (K'_{\text{线}})^2$。

例 6-1　丁烯洗涤塔的任务是用水除去丁烯馏分所夹带的微量乙腈。为保证洗涤质量，要求根据进料流量配以一定比例的洗涤水量。

已知丁烯流量变送器满度值为

$$Q_{1max} = 6.5\text{m}^3/\text{h}$$

洗涤水流量变送器的满度值为

$$Q_{2\max} = 10 m^3/h$$

生产工艺要求为

$$K = \frac{Q_2}{Q_1} = 3$$

试求采用比值器实现比值控制时仪表的比值系数 K'。

解　根据题意,采用差压式流量计测量流量时,实际流量与其测量信号呈非线性关系,故采用式(6-10)计算仪表的比值系数 K',即

$$K' = K^2 \left(\frac{Q_{1\max}}{Q_{2\max}}\right)^2 = 3^2 \times \left(\frac{6.5}{10}\right)^2 = 3.8$$

将求出的比值系数 K' 设置在比值器,比值控制系统就能按工艺要求正常运行。

2. 比值控制的实施方案

比值控制系统的实施方案有以下两种。

1)相乘方案

要实现两流量之间的比值关系,即 $F_2 = KF_1$,可以对 F_1 的测量值乘上某一系数,作为 F_2 流量控制器的给定值,成为相乘方案,如图 6-5 所示。图中"×"为乘法符号,表示比值运算装置。如果使用气动仪表实施,可采用比值器、配比器及乘法器等,电动仪表实施则有分流器及乘法器等。至于使用可编程调节器及其他计算机控制来实现,采用乘法运算即可。如果比值 K 为常数,上述仪表均可应用;若为变数(变比值控制),则必须采用乘法器,此时只需将比值设定信号换接成第三参数就行了。

2)相除方案

如果要实现两流量的比值为 $K = \frac{F_2}{F_1}$,也可将 F_2 与 F_1 的测量值相除,作为比值控制器的测量值,成为相除方案,如图 6-6 所示。

相除方案无论气动仪表或电动仪表,均采用除法器来实现。而对于使用可编程控制器或其他计算机控制来实现,只要对两个流量测量信号进行除法运算即可。由于除法器(或除法运算结果)输出直接代表了两流量信号的比值,所以可直接对它进行比值指示和报警。这种方案比值很直观,且比值可直接由控制器进行设定,操作方便,若将比值给定信号改做第三参数,便可实现变比值控制。

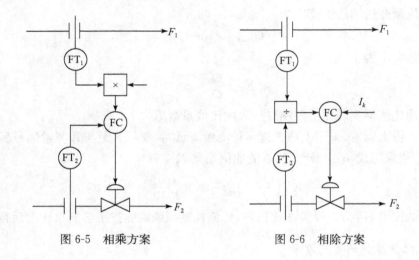

图 6-5 相乘方案　　　　图 6-6 相除方案

应注意下列问题：

（1）采用电动和气动仪表时，乘法器输入的比值电流或气压和相除方案中比值控制器设定电流或气压可按下列公式计算：

一般标准公式：输入信号 = 仪表量程范围 × K + 零点。

电动Ⅲ型组合仪表：$I_k = (16K + 4)$mA。

电动Ⅱ型组合仪表：$I_k = (10K)$mA。

气动组合仪表：$P_k = (0.08K + 0.02)$MPa。

（2）在采用相乘的方案中，采用分流器、乘法器等仪表可直接设置仪表比值系数 K。如果计算所得的仪表比值系数 K 大于1，比值函数部件可以改接在 F_2 一侧，即实现 $K'\dfrac{F_2}{F_{2max}} = \dfrac{F_1}{F_{1max}}$ 的控制，此时的 $K' = \dfrac{1}{K}$，可以使比值系数更为合适。

（3）在采用相除的方案中，如果计算所得的仪表比值系数 K 大于1，则除法器的输入信号更换，即主动量信号作为被除数信号，从动量信号作为除数信号。

6.1.5　比值控制系统的参数整定和投运

单闭环比值控制系统是随动控制系统，应按照随动控制系统的整定原则整定从动量的控制器的参数，即整定为非振荡或衰减比10∶1的过渡过程为宜。双闭环比值控制系统中主动量的控制系统是定值控制系统，以衰减比为4∶1整定主控制器参数，从动量控制系统是随动控制系统为主的控制系统，以非振荡或衰减比为10∶1整定从动量控制器参数。变比值控制系统中从动量控制系统是串级控制系统的副环,因此,按串级控制系统副环的整定方法整定参数,变比值控制器按串级控制系统的主对象整定控制器参数。

比值控制系统的投运可按单回路控制系统的投运方法分别投运主动量、从动量控制系统。变比值控制系统按照串级控制系统的投运方法进行投运。

6.1.6　注意的问题

1)流量测量中的温度、压力补偿

用压差式流量计测量可压缩流体的流量时,若流体实际工作压力 p 和绝对温度 T 与设计时的压力 p_0 和温度 T_0 不同,将会引起较大的误差,因此,必须进行压力、温度补偿,其补偿公式为

$$Q_0 = Q\sqrt{\frac{pT_0}{p_0 T}} \tag{6-11}$$

2)比值控制系统的非线性特性

比值控制系统的非线性特性是指系统的增益随负荷的变化而变化的特性。主要是由流量变送器的非线性引起的。若流量变送器的特性是线性的,当负荷变化时,仪表的比值系数 K 保持常数,否则 K 是负荷变化的函数。因此,若采用差压式流量变送器,由于 $Q = C\sqrt{\Delta p}$,而差压变送器的输出电流 I_0 正比于差压 Δp,为保证系统增益 K_p 为常数,必须利用开方器对差压变送器的输出进行开平方处理,这样系统增益与主流量的关系为

$$K_p = \frac{16}{Q_{1\max}} \tag{6-12}$$

6.1.7　比值控制系统的工业应用实例

1)转化炉原料量与加热燃料量比值控制系统

一段转化炉的主要功能是将原料转化为合成所需要的氨,该转化过程是在一定的温度条件下进行的,所以转化过程中原料量与加热燃料量有一定的比例关系,为此设计了双闭环比值控制系统。简化的控制系统方框图如图 6-7 所示。比值控制系统的主动量为原料量,从动量为燃料量,其目的是随着生产负荷的变化,相应实时地提高或减少加热燃料气量,以保证转化温度。同时,为了克服燃料气压力的扰动等影响,一段炉的温度还采用了串级控制系统。

2)管道调和比值控制系统

管道调和是石油炼油厂储运系统中的一个重要组成部分,如图 6-8 所示,油品调和直接决定着油品的质量,影响销售价格和工厂的经济效益。

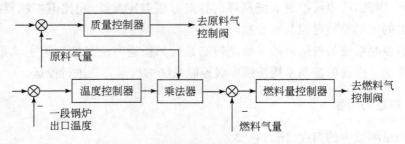

图 6-7　一段转化炉原料量与加热燃料量比值控制系统框图

3）自来水消毒控制

如图 6-9 所示，自来水厂将自来水供给用户之前，必须进行消毒处理，氯气是常用的消毒剂。为了使氯气注入自来水中的量合适，必须使氯气注入量与自来水量成一定的比值关系。

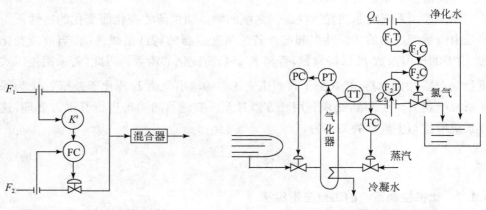

图 6-8　石油炼油厂储运系统　　　　　　图 6-9　自来水消毒控制系统

4）配料成分控制

如图 6-10 所示，在连续生产过程中，由于各种原料的成分可能有变化，配料比不能固定，而应按配成混合料的实际成分随时加以调整。

6.1.8　比值控制系统的 MATLAB/Simulink 仿真

下面对单闭环比值控制系统进行仿真。

例 6-2　假设系统从动量传递函数为 $G(s) = \dfrac{3}{15s+1}\mathrm{e}^{-5t}$，设计该从动对象的单闭环比值控制系统。

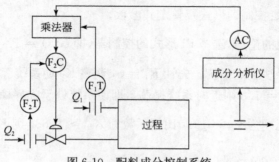

图 6-10　配料成分控制系统

解　本题的基本步骤如下。

(1)分析从动量无调节器的开环系统稳定性。

由控制理论可知,开环稳定性分析是系统校正的前提。系统稳定性的分析可利用 Bode 图进行,编制 MATLAB Bode 图绘制程序(M-file)如下:

```
clearall
closeall
T=15;K0=3;tao=5;
num=[K0];den=[T,1];
G=tf(num,den,'inputdelay',tao);
margin(G)
```

执行该程序得到系统的 Bode 图如图 6-11 所示,可见系统是稳定的。稳定裕量为 5.05dB,对应增益为 1.8。

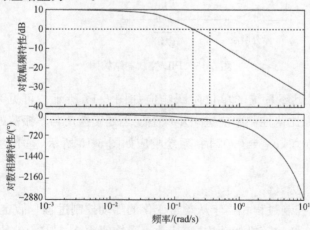

图 6-11　例 6-2 Bode 图

$G_m=5.05\text{dB}(0.352\text{rad/s}),P_m=55.5°(0.189\text{rad/s})$

（2）选择从动量控制器形式及整定其参数。

根据工程整定的论述，选择 PI 形式的控制器，即 $G(s) = K_P + \dfrac{K_I}{s}$。

采用稳定边界法整定系统。先让 $K_I = 0$，调整 K_P 使系统等幅振荡（由稳定性分析图可知在 $K_P = 1.8$ 附近时系统振荡），即使系统处于临界稳定状态。

此时的振荡周期为 $T_{cr} = 19s$，比例系数为 $K_{pcr} \approx 1.88$，则 $K_P = \dfrac{K_{pcr}}{2.2} \approx 0.82$，

$K_I = \dfrac{0.82}{0.88T_{cr}} = 0.05s$。

系统的 Simulink 框图如图 6-12 所示。

图 6-12　Simulink 框图

其中的 PID 控制器结构如图 6-13 所示。

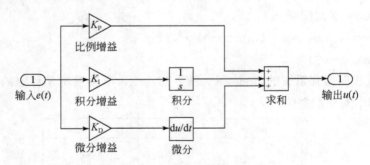

图 6-13　PID 控制器结构图

整定后从动闭环系统的单位阶跃响应如图 6-14 所示。可见系统有 25%～30%的超调量，在比值控制中应进一步调整使之处于振荡与不振荡的边界。

调节 $K_P = 0.3, K_I = 0.02$ 时，系统响应如图 6-15 所示，基本达到了临界振荡要求。

（3）系统过程仿真。

单闭环比值控制过程相当于从动量变化的随动控制过程。假定主动量由一常值 10 加幅度为 0.3 的随机扰动构成，从动量受均值为 0、方差为 1 的随机干扰。主动量和从动量的比值根据工艺要求及测量仪表假定为 3。系统的控制过程 Simulink 仿真框图如图 6-16 所示,其中控制常量及随机扰动采用封装形式。

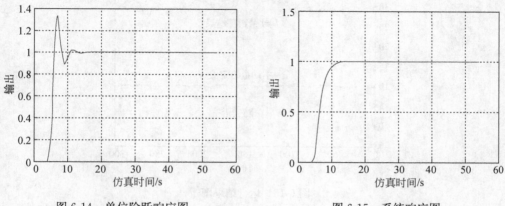

图 6-14　单位阶跃响应图　　　　　　　　图 6-15　系统响应图

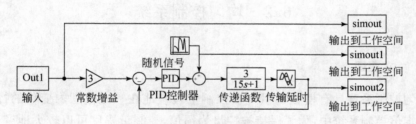

图 6-16　Simulink 仿真框图

　　主动控制量的封装结构如图 6-17 所示。运行结果如图 6-18 所示。可见除初始时间延时外,从动量较好地跟随主动量变化而变化,并且基本维持比值 3,有效地克服了主动量和从动量的扰动。

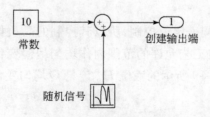

图 6-17　主动控制量的封装结构图

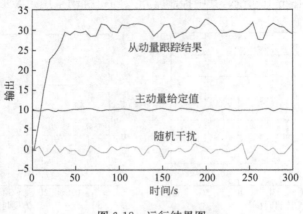

图 6-18　运行结果图

6.2　均匀控制系统

6.2.1　基本原理

均匀控制系统具有使控制量与被控制量缓慢地在一定范围内变化的特殊功能。在定值控制系统中,为了保持被控量为恒值,控制量幅度可以较大地变化,而在均匀控制系统中,控制量与被控量常常是同样重要的。控制的目的,是使两者在扰动作用下,都有一个缓慢而均匀的变化。

在工业生产过程中,生产的连续性是其特点之一,前一个装置或设备的出料量又输送给其他装置或设备。所以,各个装置或设备是相互联系而又互相影响的,为了保证生产的正常运行,要求生产的各个环节必须保持稳定。为此,必须采用均匀控制系统。

均匀控制的目的不同于定值控制,所以其控制的品质指标也不相同。在均匀控制中,只要两个参数在工艺允许的范围内作均匀缓慢变化,生产就能正常运行,控制质量就越高,如图 6-19 所示的液位 H、流量 Q 均匀变化曲线。

6.2.2　控制方案

均匀控制系统的特点是既允许表征前后供求矛盾的两个变量都有一定范围的变化,又要保证它们的变化不应过于剧烈。兼顾这样两个被控变量,均匀控制系统经常采用三种结构形式。

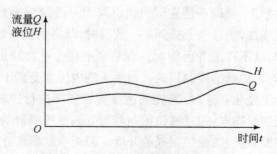

图 6-19　液位与流量均匀变化曲线

1. 简单均匀控制系统

简单均匀控制系统采用单回路控制系统的结构形式,如图 6-20 所示。从系统结构形式上看,它与单回路液位定值控制系统是一样的,但由于它们的控制目的不同,因此在控制器的参数整定上有所不同。通常,均匀控制系统整定在较大的比例度和积分时间上,比例度要大于 100%,比较弱的控制作用达到均匀控制的目的。

简单均匀控制系统的最大优点是结构简单、投运方便、成本低廉。但当前后设备的压力变化较大时,尽管控制阀的开度不变,输出流量也会变化,所以它适用于干扰不大、要求不高的场合。此外,在液

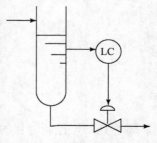

图 6-20　简单均匀控制方案

位对象的自衡力较强时,均匀控制的效果较差。需指出,在有些容器中,液位是通过进料阀来控制的,用液位控制器对进料量进行控制,同样可实现均匀控制的要求。

2. 串级均匀控制系统

图 6-21 是前后两个精馏塔液位与流量的串级均匀控制系统。由图可见,液位控制器的输出作为流量控制器的设定值,两者串联工作。因此,从结构上看就是典型的串级控制系统,但是,这里的控制目的却是使液位与流量均匀协调,流量副回路的引入主要是克服控制阀压力波动及自衡作用对流量的影响。假如干扰使前塔液位上升,正作用的液位控制器输出信号随之增大,由于液位控制器的输出是作为后塔流量控制器的给定值,则液位控制器输出信号的增大使得流量控制器的输入减小,而流量控制器是反作用,从而其输出信号增大,使得气开型控制阀缓慢地开

大。反映在工艺参数上,液位不是立即快速下降而是继续缓慢地上升,同时,后塔的进料量也在缓慢增加,当液位上升到某一数值时,前塔的出料量等于干扰造成进料量的增加量,液位就不再上升而暂时达到最高液位。这样液位和流量均处于缓慢变化中,达到了均匀协调的控制目的。如果后塔内压力受到干扰而发生变化时,后塔的进料量将发生变化。这时,首先通过流量控制器进行控制。当这一控制作用使前塔的液位受到影响时,通过液位控制器改变流量控制器的设定值,使流量控制器作进一步的控制,缓慢改变控制阀的开度。两个控制器相互配合,使液位和流量都在规定的范围内缓慢地均匀变化。

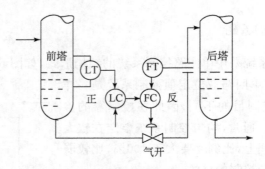

图 6-21 串级均匀控制系统

要达到均匀控制的目的,与简单均匀控制系统一样,主控制器、副控制器中都不应有微分作用。液位控制器应选择 PI 控制作用;流量控制器主要用来克服后塔压力波动对流量的影响,一般选择比例控制。但如果后塔的压力波动较大,或对流量的稳定要求也比较高时,流量控制器也可以采用 PI 控制作用。

串级均匀控制系统中,主控制器的参数整定与简单均匀控制系统相同。副控制器的参数整定范围一般为 $\delta = 100\% \sim 200\%$,积分时间为 $0.1 \sim 1\text{min}$。

串级均匀控制方案能克服较大的干扰,适用于系统前后压力波动较大的场合。但与简单均匀控制相比,使用仪表较多,投运较复杂,因此在方案选定时要根据系统的特点、干扰情况及控制要求来确定。

3. 双冲量均匀控制系统

双冲量均匀控制系统是串级均匀控制系统的变形,它用一个加法器来代替串级控制系统中的主调节器,把液位和流量的两个信号通过加法运算后作为调节器的测量值。

图 6-22 所示为双冲量均匀控制系统的一个实例。以塔釜液位与输出流量信

号之差为被控参数,通过均匀控制使二者能均匀缓慢地变化。若该系统采用 DDZ-Ⅲ仪表构成,则加法器的输出为

$$I_O = I_H - I_Q + C \qquad (6\text{-}13)$$

式中,I_O 为加法器的输出信号;I_H 为液位测量值;I_Q 为流量测量值;C 为加法器的输入偏置值。

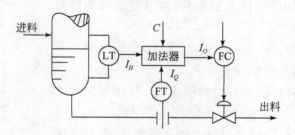

图 6-22　双冲量均匀控制系统

在正常情况下,调节加法器的零点迁移,使 I_O 为 12mA 左右,调节阀处于适当开度。当流量正常而液位受到扰动上升时,I_O 增大,使流量调节器的输出信号增加,从而开大阀门的开度,使流量增大,以使液位恢复正常。当液位正常,而流量受到扰动而增加时,I_O 减小,流量调节器控制系统的输出减小,因而使流量慢慢减小。

双冲量均匀控制系统具有串级控制系统的特点,但其参数整定应按简单均匀控制系统的整定方法处理。

6.2.3　系统整定

均匀控制系统的整定方法与定值控制系统基本相同,但由于均匀控制系统所要完成的控制功能与一般定值控制系统不同,因此,其调节器的参数整定值也有所不同,调节器比例度 δ 和积分时间 T_1 都比定值控制系统大得多。

串级均匀控制系统的整定方法有以下几种:

1)经验法

所谓经验法就是根据经验,按照"先副后主"的原则,把主调节器、副调节器的比例度 δ 调到某一适当值;然后由大到小进行调节,使系统的过渡过程呈缓慢的非周期衰减变化;最后,根据过程的具体情况,可给主调节器加上积分环节,调整积分时间到最大值。

2)停留时间法

停留时间 τ 是指介质在被控过程的被控参数允许变化范围内流过所需的时

间。过程时间常数 T_0 等于停留时间的两倍。对图 6-23 中的过程，根据物料平衡关系可得

$$\tau = \frac{V}{Q} = \frac{\pi D^2}{4Q}H \tag{6-14}$$

式中，V 为过程容积；Q 为正常生产时介质的流量。

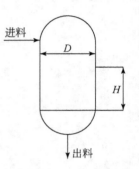

图 6-23　立式液位过程

根据停留时间整定调节器参数，调节器参数与停留时间的关系见表 6-1。

具体整定方法：

(1)副调节器按经验法整定；

(2)算出停留时间 τ，然后根据表 6-1 找出两组调节器参数。

若只考虑流量，则应采用较大的一组参数；若只考虑液位，则应采用较小的一组参数；若两者都要兼顾，为了满足生产要求，则需在这两级参数的范围内认真调整。

表 6-1　调节器参数与停留时间 τ 的关系

τ/min	<20	20~40		>40
$\delta/\%$	100	150	200	250
T_1/min	5	10		15

6.3　分程控制系统

6.3.1　基本原理

在反馈控制系统中，一台控制器的输出通常只控制一个控制阀。但在某些特殊场合，出于某种需要，一台控制器的输出可能同时去控制两个或两个以上的控制阀工作，这些控制阀在控制器的某个信号段内从全关到全开(或从全开到全关)，因此需要将控制器输出信号全程分割成若干信号段，每一个信号段控制一个控制阀，习惯上将这种控制系统称为分程控制系统。图 6-24 是分程控制系统的简图。

图 6-24 表示为一台调节器去操纵两只调节阀，实施动作是借助调节阀上的阀门定位器对信号的转换功能。例如，图中的 A、B 两阀，要求 A 阀在调节器输出信号压力为 0.02~0.06MPa 变化时，A 阀得做全行程动作，则要求附在 A 阀上的阀

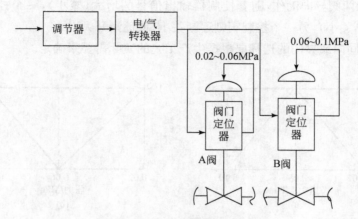

图 6-24　分程控制系统图

门定位器,对输入信号为 0.02～0.06MPa 时,相应输出为 0.02～0.1MPa;而 B 阀上的阀门定位器,应调整成在输入信号为 0.06～0.1MPa 时,相应输出为 0.02～0.1MPa。按照这些条件,当调节器(包括电/气转换器)输出信号小于 0.06MPa 时,A 阀动作,B 阀不动;当输出信号大于 0.06MPa 时,B 阀动作,A 阀已动至极限;由此实现分程控制过程。

6.3.2　控制方案

　　根据控制阀的气开和气关作用方式,以及两个控制阀是同向动作还是异向动作,在分程控制的应用中,可以形成四种不同的组合形式,如图 6-25 和图 6-26 所示。图 6-25 中表示两个阀同方向动作,随着控制器输出信号的增大(减小),两阀都同方向开大(关小)。这种情况多用于扩大控制阀的可调范围,改善系统品质。

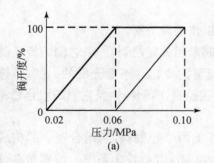
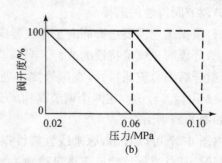

图 6-25　调节阀同向动作示意图

图 6-26 表示两阀异向动作,随着控制器输出信号的增大(减小),一个控制阀逐渐开大(或逐渐关小),另一个控制阀则逐渐关小(或逐渐开大)。

分程阀同向或异向的选择要根据生产工艺的实际需要来确定。

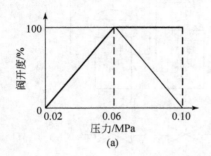 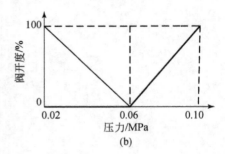

图 6-26　调节阀异向动作示意图

6.3.3　系统设计

分程控制系统本质上是属于单回路控制系统。因此,单回路控制系统的设计原则完全适用于分程控制系统的设计。但是,与单回路控制系统相比,分程控制系统的主要特点是分程调节阀多,所以,在系统设计方面亦有一些不同之处。

1)分程区间的确定

在分程控制中,调节器输出信号分段是由生产工艺要求决定的。分程控制系统设计主要是多个阀之间的分程区间问题,设计原则如下:

(1)确定阀的开关作用形式(以安全生产为主);

(2)再决定调节器的正反作用;

(3)最后决定各个阀的分程区间。

2)调节阀特性的选择

(1)根据工艺需要选择同向工作或异向工作的调节阀。

(2)分程阀总流量特性的改善。当调节阀采用分程控制,如果它们的流通能力不同,组合后的总流通特性,在信号交接处流量的变化并不是光滑的。例如,选用 $C_{max} = 4$ 和 $C_{max} = 100$ 这两个调节阀构成分程控制,两阀特性及它们的组合总流量特性如图 6-27 所示。

由图 6-27 可以看出,原来线性特性很好的两个控制阀,当组合在一起构成分程控制时,其总流量特性已不再呈线性关系,而变成非线性关系了。特别是在分程点 0.06 处出现了大的转折,呈严重的非线性,总流量特性出现了一个转折点。由于转折点的存在,导致了总流量特性的不平滑,这对系统的平稳运行是不利的。为了使总流量特性达到平滑过渡,可采用如下方法:①选用等百分比阀,此时可自然解决;②线性阀则可通过添加非线性补偿调节的方法,将等百分比特性校正为线性。

(3)调节阀的泄漏量。调节阀泄漏量大小是分程控制系统设计和应用中的一个十分重要的问题,必须保证在调节阀全关时,不泄漏或泄漏量极小。若大阀的泄漏量接近或大于小阀的正常调节量时,则小阀就不能发挥其应有的控制作用,甚至不能起控制作用。

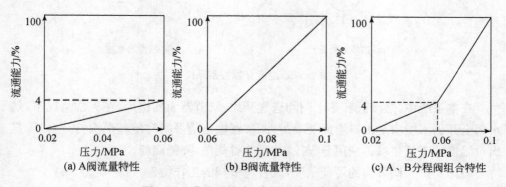

图 6-27 分程系统大、小阀连接组合特性图

3)调节器控制规律的选择与参数整定

由上所述,分程控制系统属单回路控制系统,有关调节器控制规律的选择及其参数整定,可以参照单回路控制系统的处理。但是分程控制中的两个控制通道特性不会完全相同。所以,在系统运行中只能采用互相兼顾的办法,选取一组较为合适的整定参数值。

6.3.4 分程控制系统的工业应用

设计分程控制系统的目的,归纳起来有两个方面:一是满足某些生产工艺的特殊要求;二是扩大调节阀的可调范围,提高系统品质。分程控制的工业应用很广,大致有以下几个方面。

1)用于节能控制

设计和应用过程控制系统,必须充分注意提高工业生产的经济技术指标。也就是说,通过自动控制手段来减少能量消耗,以提高经济效益。

在某生产过程中,冷物料通过热交换用热水(工业废水)和蒸汽对其进行加热,当用热水加热不能满足出口温度要求时,则再同时使用蒸汽加热,为此,设计图

6-28所示的温度分程控制系统。

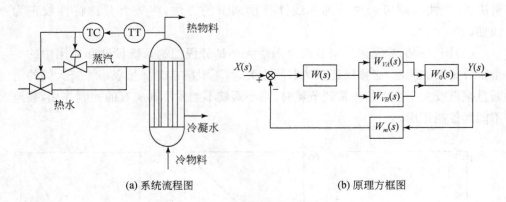

(a) 系统流程图   (b) 原理方框图

图 6-28   温度分程控制系统

在本系统中,蒸汽阀和热水阀均选气开式,调节器为反作用,在正常情况下,热水阀全开仍不能满足出口温度要求时,调节器输出信号同时使蒸汽阀打开,以满足出口温度的工艺要求。采用分程控制,可节省能源,降低能耗。

2)用于扩大调节阀的可调范围,改善调节阀的工作特性

调节阀有一个重要指标,即阀的可调范围 R。它是一项静态指标,表明调节阀执行规定特性(线性特性或等百分比特性)运行的有效范围。可调范围可用下式表示:

$$R = \frac{C_{\max}}{C_{\min}} \qquad (6-15)$$

式中,$C_{\max}$ 为阀的最大流通能力,流量单位;$C_{\min}$ 为阀的最小流通能力,流量单位。

国产柱塞型阀固有可调范围 $R = 30$,所以 $C_{\min} = \dfrac{C_{\max}}{30}$。需指出阀的最小流通能力不等于阀关闭时的泄漏量。一般柱塞型阀的泄漏量 C_s 仅为最大流通能力的 $0.01\% \sim 0.1\%$。对于过程控制的绝大部分场合,采用 $R = 30$ 的控制阀已足够满足生产要求了。但有极少数场合,可调范围要求特别大,如果不能提供足够的可调范围,其结果将是或在高负荷下供应不足,或在低负荷下低于可调范围时产生极限环。

例如,蒸汽压力调节系统,设锅炉产生的是压力为 10MPa 的高压蒸汽,而生产上需要的是 4MPa 平稳的中压蒸汽。为此,需要通过节流减压的方法将 10MPa 的高压蒸汽节流减压成 4MPa 的中压蒸汽。在选择调节阀口径时,如果选用一个调节阀,为了适应大负荷下蒸汽供应量的需要,调节阀的口径要选择得很大,而正常

情况下蒸汽量却不需要那么大,这就需要将阀关得小一些。也就是说,正常情况下调节阀只是在小开度工作,因为大阀在小开度下工作时,除了阀的特性会发生畸变外,还容易产生噪声和振荡,这样控制会使控制效果变差、控制质量降低。

为了解决这一矛盾,可选用两只同向动作的调节阀构成分程控制系统,图 6-29 所示的分程控制系统采用了 A、B 两个同向动作的调节阀(根据工艺要求均选为气开式),其中 A 阀在调节器输出信号 4~12mA(气压信号为 0.02~0.06MPa)时由全闭到全开,B 阀在调节器输出信号 12~20mA(气压信号为 0.06~0.1MPa)时由全闭到全开,这样,在正常情况下,即小负荷时,B 阀处于全关,只通过 A 阀开度的变化来进行控制;当大负荷时,A 阀已全开仍满足不了蒸汽量的需求,这时 B 阀也开始打开,以补足 A 阀全开时蒸汽供应量的不足。

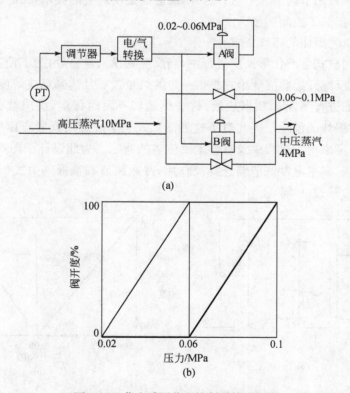

图 6-29 蒸汽减压分程控制系统原理图

假定系统中所采用的 A、B 两个调节阀的最大流通能力 C_{max} 均为 100,可调范围 $R = 30$。由于调节阀的可调范围为

$$R = \frac{C_{max}}{C_{min}}$$

据上式可求得

$$C_{min} = \frac{C_{max}}{30} = \frac{100}{30} = 3.33$$

当采用两个阀构成分程控制系统时,最小流通能力不变,而最大流通能力为两阀最大流通能力之和 $2C'_{max} = 200$,因此 A、B 两阀组合后的可调范围应是

$$R' = \frac{C'_{max}}{C_{min}} = \frac{200}{3.33} = 60$$

这就是说采用两个流通能力相同的调节阀构成分程控制系统后,其调节阀的可调范围比单只调节阀增大一倍。这样,既能满足生产上的要求,又能改善调节阀的工作特性,提高了控制质量。

3)满足工艺操作的特殊要求

在某些间歇式生产化学反应过程中,当反应物投入设备后,为了使其达到反应温度,往往在反应开始前需要给它提供一定的热量。一旦达到反应温度后,就会随着化学反应的进行不断释放出热量,这些热量如不及时移走,反应就会越来越激烈,以致会有爆炸的危险。因此对于这种间歇式化学反应器既要考虑反应前的预热问题,又要考虑反应过程中及时移走反应热的问题。为此设计了图 6-30 所示的分程控制系统,其中温度调节器选择反作用,冷水调节阀选择气关式(A 阀),热水调节阀选择气开式(B 阀)。

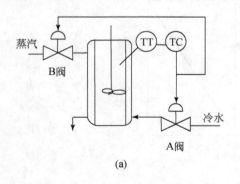

(a)

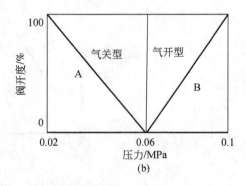

(b)

图 6-30 间歇式化学反应器分程控制系统图

图 6-30 所示的系统工作过程如下:在进行化学反应前的升温阶段,由于温度测量值小于给定值,因此调节器输出增大,B 阀开大,A 阀关闭,即蒸汽阀开、冷水阀关,以便使反应器温度升高。当温度达到反应温度时,化学反应发生,于是就有

热量放出,反应物的温度逐渐提高。当温升使测量值大于给定值时,调节器输出将减小,随着调节器的输出的减小,B 阀将逐渐关小乃至完全关闭,而 A 阀则逐渐打开。这时反应器夹套中流过的将不再是热水而是冷水。这样一来,反应所产生的热量就被冷水所带走,从而达到维持反应温度的目的。

4)用于多种调节手段,维持生产稳定

在生产过程中,为了维持某一参数稳定,通常需要用多种手段进行控制,为此,可采用分程控制。高炉热风压力分程控制系统是该类应用的典型实例。

6.4　选择性控制系统

6.4.1　基本概念

选择性控制又称为取代控制,也称为超驰控制。通常自动控制系统只在生产工艺处于正常情况下进行工作,一旦生产出现非正常或事故状态,控制器就要改为手动,待生产恢复正常或事故排除后,控制系统再重新投入工作。对于现代化大型生产过程来说,生产控制仅仅做到这一步远远不能满足生产要求。在大型生产工艺过程中,除了要求控制系统在生产处于正常运行情况下能够克服外界干扰,维持生产的平稳运行,当生产操作达到安全极限时,控制系统应有一种应变能力,能采取一些相应的保护措施,促使生产操作离开安全极限,返回到正常情况;或是使生产暂时停止下来,以防事故的发生或进一步扩大。像大型压缩机的防喘振措施、精馏塔的防液泛措施等都属于非正常生产过程的保护性措施。

生产保护性措施分两类:硬保护措施和软保护措施。硬保护措施是指当生产操作达到安全极限时,有声、光报警。此时,由操作人员将控制器切换到手动,进行手动操作处理,或是通过专门设置的联锁保护线路实现自动停车,达到保护生产的目的。但是,这种硬性保护方法动辄就使设备停车,必然会影响到生产,从而造成经济损失。因此,这种硬保护措施已逐渐不为人们所欢迎,相应地出现了软保护措施。软保护措施就是通过一个特定设计的选择性控制系统,在生产短期处于不正常情况时,既不使设备停车而又起到对生产进行自动保护的目的。在这种选择性控制系统中,考虑了生产工艺过程中限制条件的逻辑关系。当生产操作趋向极限条件时,用于控制不安全情况的控制方案将取代正常工作情况下的控制方案,直到生产操作回到安全范围,此时,正常情况下工作的控制方案又恢复对生产过程的正常控制。因此,这种选择性控制系统又称为自动保护系统。

要构成选择性控制系统,生产操作必须具有一定的选择性逻辑关系。而选择性控制的实现需要靠具有选择功能的自动选择器或有关的切换装置(切换器、带接点的控制器或测量装置)来完成。

6.4.2 控制方案

选择性控制系统的特点是采用了选择器。选择器可以接在两个或多个调节器的输出端,对控制信号进行选择;也可以接在几个变送器的输出端,对测量信号进行选择,以适应不同生产过程的需要。按照选择器在系统结构中的位置不同,选择性控制系统可分为如下两类。

1)选择器放在调节器之后,对调节器输出信号进行选择

图 6-31 为这种选择性控制系统框图。主要特点是:几个调节器共用一个调节阀,通常是两个调节器共用一个调节阀。其中正常调节器在生产正常情况下工作,取代调节器处于备用状态。在生产正常情况下,两个调节器的输出信号同时送至选择器,选出适应生产安全状况的控制信号送给调节阀,实现对生产过程的自动控制。当生产工艺情况不正常时,通过选择器(低值或高值)选出能适应生产安全状况的控制信号,由取代调节器取代正常调节器的工作,直到生产情况恢复正常,然后再通过选择器的自动切换,仍由原正常调节器来控制生产的正常进行。这种选择性控制系统,在现代工业生产过程中得到广泛应用。

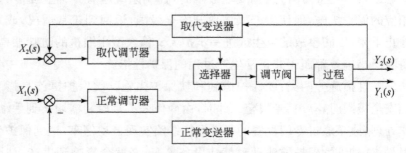

图 6-31　对调节器输出信号进行选择的选择性控制系统框图

2)选择器放在调节器之前,对测量信号进行选择

图 6-32 所示选择性控制系统的特点是:几个变送器合用一个调节器,通过选择器选择变送器输出信号。一般有两个目的。

(1)选出最高或最低值。图 6-32 为反应器最高温度选择性控制系统流程图。氢气和氮气在触媒的作用下合成为氨。合成塔内的反应温度是反应氨合成率的间接指标。热点温度过高会烧坏触媒,在触媒层的不同位置上插入热电偶,将其测量

温度所得的信号均送至高值选择器,通过选择器选取最高温度信号进行控制,以保证触媒不被烧坏。

(2)选出可靠的测量值。为防止仪器故障对装置可能造成的危害,对于关键性的检测点可同时安装三个变送器,通过选择器,选出可靠的测量信号进行自动控制,以提高系统运行的可靠程度。图 6-33 为反应器成分信号中值选择性控制系统流程图。在某些化学反应器中,如果变送器的可靠性不够,控制失败时将有爆炸的危险,为此配置三个变送器,选取它们输出中的中间值,若这三个变送器不同时失灵,通常中间值是最可靠的。采用高值选择器 HS 和低值选择器 LS,则可在 A、B、C 三者中任选 A、B 或 A、C 分别通过高值选择器,而后再把两个高值选择器的输出信号通过低值选择器,则低值选择器的输出即为中间值。

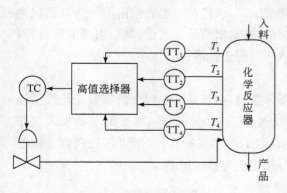

图 6-32　反应器最高温度
选择性控制系统

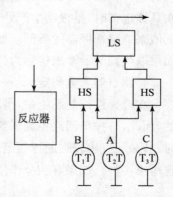

图 6-33　反应器成分信号中值
选择性控制系统流程

6.4.3　系统设计

选择性控制系统设计包括调节阀气开、气关形式的选择,调节器控制规律及其正、反作用方式的确定,选择器类型以及系统整定等内容。

1)调节阀气开、气关形式的选择

在设计选择性控制系统时,调节阀气开、气关形式的选择原则与单回路过程控制系统设计中调节阀的选择原则相同,即根据生产工艺安全原则来选择调节阀的气开、气关形式。

2)调节器控制规律的选取及其正、反作用方式的确定

在选择性控制系统中,有两个调节器即正常调节器和取代调节器。对于正常调节器,由于有较高的控制精度要求,同时要保证产品的质量,所以应选用 PI 控制

规律;如果过程的容量时延较大,可以选用 PID 控制规律。对于取代调节器,由于在正常生产中开环备用,仅要求其在生产将出问题时,能及时采取措施,以防事故发生,故一般选用 P 控制规律即可。对于上述两个调节器的正、反作用方式,可以按照单回路控制系统设计原则来确定。

3)选择器的选型

选择器是选择性控制系统中的一个重要组成环节。正常与取代调节器的输出信号同时在选择器中进行比较,其被选取的信号作用于调节阀,以实现对生产过程的自动控制。选择器有高值选择器和低值选择器两种。前者选出高值信号通过,后者选出低值信号通过。在选择器选型时,首先根据调节阀的选用原则,确定调节阀的气开、气关形式;然后确定调节器的正、反作用形式;最后确定选择器的类型。在具体选型时,是根据生产处于不正常情况下,取代调节器的输出信号为高值或为低值来确定选择器的类型。如果取代调节器输出信号为高值,则选用高值选择器;如果取代调节器输出信号为低值,则选用低值选择器。

4)调节器参数整定

在选择性控制系统中,整定调节器参数时,由于系统中两个调节器是轮换工作的,因此,可按单回路控制系统的整定方法进行整定。但是,取代调节器投入工作时,其必须发出较强的控制信号,产生及时的自动保护作用,所以其比例度 δ 应整定得小一些。如果有积分作用时,积分作用也应整定得弱一点。

6.4.4　选择性控制系统的工业应用实例

例 6-3　汽包燃气压力控制。

在锅炉的运行中,蒸汽负荷随用户需要而经常波动,在正常情况下,用控制燃料量的方法来维持蒸汽压力的稳定。当蒸汽用量增加,蒸汽总管压力降低,此时正常调节器输出信号去开大调节阀,以增加天然气量。同时,天然气压力也随燃料量的增加而加大。当天然气压力超过某一安全极限时会产生脱火现象,可能造成生产事故。为此设计图 6-34 所示的蒸汽压力与燃料气压力的选择性控制系统。

根据上述简单的工艺过程介绍,运用系统设计原则来设计压力选择性控制系统。

(1)选择调节阀类型。从生产安全考虑,当气源发生故障或调节器损坏时,调节阀应当切断天然气,故应选气开式调节阀。

(2)调节器正、反作用方式的确定。对于正常调节器来说,蒸汽压力升高,天然气流量应减小,调节阀应关小。由于调节阀为气开式,因此调节器输出信号应减

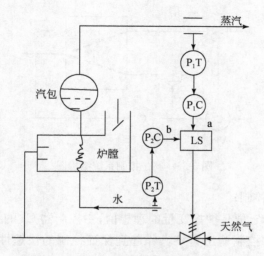

图 6-34　蒸汽压力与燃料压力选择性控制系统

小,故应选择反作用方式。对于取代调节器,当天然气压力升高到一定程度时,应使其输出压力减小,以便被选取其去关小调节阀,故应选为反作用方式。

(3)选择器选型。当生产处于不正常时,取代调节器的输出信号应减小,故选用低值选择器。

至此,选择性控制方案已完成设计任务,为使系统能运行在最佳状态,还必须按上述整定要求进行系统调节器参数整定。

6.5　阀位控制系统

6.5.1　基本原理

在设计控制系统时,所选的控制变量既要考虑它的经济性和合理性,又要考虑它的快速性和有效性。但在有些情况下,很难做到两者兼顾。阀位控制系统就是在综合考虑控制变量的快速性、有效性、合理性和经济性的基础上发展起来的一种控制系统。

阀位控制系统的原理结构如图 6-35 所示,在这个系统中有两个控制变量 A 和 B,两个控制器 C_1 和 C_2 分别为主控制器和阀位控制器。

系统构成的特点如下:

(1)选用两个操作变量 A 和 B 调节同一被控变量,两个操作变量 A 和 B 分别

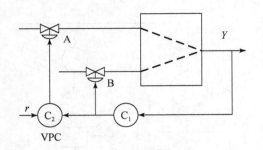

图 6-35　阀位控制系统结构图

由控制器 C_2 和 C_1 控制；

（2）主控制器给定值是被控变量的理想值，主控制器 C_1 的测量输入端接收被控变量的测量值，它控制输出直接操作起到保证控制的快速性、有效性的调解阀（阀门 B）；

（3）阀位控制器 C_2 的给定值是设定的阀 B 正常（最小）开度，阀位控制器测量输入端接收主控制器的输出信号，它控制输出操作起到保证操作合理性及经济性的调解阀（阀门 A）。

阀位控制系统的操作特点如下：

（1）稳态工作时，阀 B 保持在设定的最小开度；

（2）干扰出现时，主控制器输出控制阀门 B 迅速改变其开度，快速、有效地调节被控变量（担负主要调节任务）；

（3）阀位控制器输出控制阀 A 缓慢改变开度（担负辅助调节任务）；

（4）阀位控制器的控制结果，阀门 B 恢复到设定的正常开度，最终将主控制器担负的控制任务转移到阀位控制器。

在阀位控制系统中，控制变量 A 从经济性和工艺性的合理考虑比较合适，但对克服干扰的影响不够及时、有效。控制变量 B 和 A 的作用恰巧相反，其快速性和有效性很好，克服干扰的影响迅速及时，但经济性、合理性较差。这两个变量分别由两个控制器控制，其中主控制器 C_1 控制变量 B，阀位控制器 C_2 控制变量 A。主控制器的给定值为产品的质量指标，阀位控制器的给定值为控制变量管线上控制阀的阀位，阀位控制系统因此而得名。

6.5.2　系统设计

1）控制变量的选择

要从经济性、合理性和快速性、有效性两个不同的角度考虑选择 A、B 两个操纵变量。其中,操纵变量 A 着重考虑它的经济性和合理性,而操纵变量 B 则着重考虑它的快速性和有效性。

2)控制阀开闭形式的选择

与单回路控制系统介绍的选择方法相同。

3)调节规律的选择

主控制器是控制产品的质量指标的,因此一般情况下主控制器应选用 PI 控制器。但当对象时间常数较大时,则可选用 PID 控制器。阀位控制器的作用是使控制阀处于一个固定的小开度 r 上,因此控制阀应选 PI 作用。

4)调节器正、反作用方式的选择

调节器正反作用选择的原则:闭环回路各环节放大倍数的符号乘积必须为负。以管式炉原油出口温度阀位控制系统为例,如图 6-36 所示。

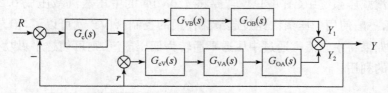

图 6-36　管式炉原油出口温度阀位控制系统方框图

图 6-36 中,$G_c(s)$ 和 $G_{cv}(s)$ 分别为主控制器和阀位控制器的传递函数,$G_{VA}(s)$ 和 $G_{VB}(s)$ 分别为控制阀 VA 和 VB 的传递函数。系统有两个回路:第一个是从主控制器出发经阀、对象 B 及反馈回路返回主控制器;第二个是从主控制器出发,经阀位控制器、阀 VA 和对象 A,再经过反馈回路返回主控制器。

从第一个回路可以确定主控制器的正反作用。根据工艺要求,阀 VB 应选气开式,放大倍数符号为正。当阀 VB 开大时,出口温度将下降,对象 B 的放大倍数符号为负,这样主控制器应选正作用。阀位控制器的正反作用只能从第二个回路的分析中确定。根据工艺要求,阀 VA 应选气开式,放大倍数符号为正。当阀 VA 开大时,燃料量增加,出口温度将会上升,温度对象 A 的放大倍数为正。而主控器的放大倍数符号已经确定为正作用。要构成负反馈,阀位控制器必须选反作用。

5)阀位控制系统的整定

把阀位控制系统看成两个彼此之间有联系的单回路系统整定,即:

(1)在阀位控制器处于手动情况下,按单回路系统整定方法整定主控制器的参数;

(2)将整定好的主控制器参数放好,使主控制器处于自动状态,然后按单回路系统整定方法整定阀位控制器的参数。

6.5.3　阀位控制系统的工业应用实例

1)管式加热炉原油出口温度控制

原油出口温度控制系统如图 6-37 所示,在管式加热炉原油出口温度控制系统中,选用燃料气(油)作为控制变量 A 是经济且合理的,然而它对克服外界干扰的影响却不及时。因为燃料量变化所改变的燃烧热要通过辐射、对流和传导等传热过程将热量传递给管道中的原有以后,原油出口温度才发生变化,这段时间较长,不能有效克服干扰的影响。控制变量 B 对原油的出口温度控制十分及时、有效,然而从工艺考虑是不经济的,因为其增加了能耗。所以控制变量 A 和 B 结合起来组成的原油出口温度阀位控制系统,能达到提高控制质量的效果,该系统如图 6-38 所示。

2)蒸汽减压系统压力控制

在蒸汽减压系统中(图 6-39),若要将 4.0MPa 的中压蒸汽减压成 0.3MPa 的低压蒸汽,一般使用中压蒸汽经过起节流作用的控制阀 VB 就可以了,但是这样做不经济。如果将中压蒸汽通过中压透平后转为低压蒸汽,则可使透平做功,使能量得到有效的利用。

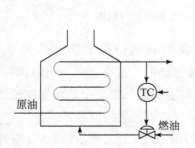

图 6-37　原油出口温度控制系统

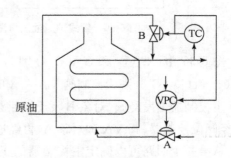

图 6-38　原油出口温度阀位控制系统

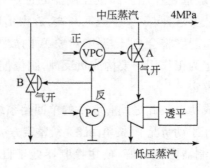

图 6-39　蒸汽减压阀位控制系统

此系统中,PC 为主控制器,它的输出同时作为阀 VB 的控制信号,又作为阀位控制器 VPC 的测量信号,控制阀 VA 由阀位控制器进行控制,而阀位控制器的给定值 r 则决定着阀 VB 的开度(通常设置 r 值都是一个较小的值)。

该系统的特点为:

(1)稳态时,直通节流阀门(B 阀)保持在设定的小开度;

(2)具有节能功能,满足经济合理的操作要求;

(3)控制上能满足低压蒸汽在一定范围内快速变化的要求。

思考题与习题

1. 比值控制系统有哪些类型? 各有什么特点?

2. 比值与比值系数的含义有什么不同? 它们之间有什么关系?

3. 在除法器构成的比值控制系统中,除法器的非线性对比值控制有什么影响?

4. 一个比值控制系统用 DDZ-Ⅲ乘法器来进行比值运算,乘法器输出 $I' = \dfrac{(I_1 - 4)(I_0 - 4)}{16} + 4$,其中 I_1 和 I_0 为乘法器的两个输入信号,流量用孔板配差压变送器测量,未加开方器,如图 6-40 所示。已知 $F_{1max} = 3600 \text{kg/h}$, $F_{2max} = 2000 \text{kg/h}$。试求:

(1)画出该控制系统的组成框图。

(2)若求 $F_1 : F_2 = 2 : 1$,应如何设置乘法器的设置值 I_0?

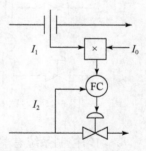

图 6-40　习题 4 图

5. 某化学反应过程要求参与反应的 A、B 两物料保持 $F_A : F_B = 4 : 4.2$ 的比例,两物料的最大流量 $F_{Amax} = 625 \text{m}^3/\text{h}$, $F_{Bmax} = 290 \text{m}^3/\text{h}$。通过观察发现 A、B 两物料流量因管线压力波动而经常变化。根据上述情况,要求:

(1)设计一个比较合适的比值控制系统。

(2)计算该比值系统的比值系数 K'。

(3)在该比值系统中,比值系数应设置于何处? 设置值应该是多少(假定采用 DDZ-Ⅲ型仪表)?

(4)选择该比值控制系统控制阀的气开、气关形式及控制器的正、反作用方式。

6. 如图 6-41 所示,要求设计双闭环比值控制系统,主动流量 F_2 为 120m³/h 时,从动流量 F_1 为 300m³/h,用孔板测量并配用差压变送器,没有配备开方器。F_2 选用差压变送器的量程为 $0 \sim 200\text{m}^3/\text{h}$，$F_1$ 选用差压变送器的量程为 $0 \sim 500\text{m}^3/\text{h}$（假设所有仪表输出信号范围均为 $4 \sim 20\text{mA}$）。

(1) 确定比值器的比值系数 k；

(2) 试绘出系统控制流程图和框图；

(3) 假如用乘法器构成比值环节，求偏置电流的电流值。

7. 某比值控制系统用 DDZ-Ⅲ 型乘法器进行比值运算（乘法器输出 $I_2 = \dfrac{(I_1 - 4\text{mA})(I_0 - 4\text{mA})}{16\text{mA}} + 4\text{mA}$，其中 I_1 与 I_0 分别为乘法器的两个输入信号），流量用孔板配差压变送器来测量，未加开方器，如图 6-42 所示。要求：

(1) 画出该比值控制系统框图；

(2) 如果 $q_1 : q_2 = 2 : 1$，应如何设置乘法器的设定值 I_0？

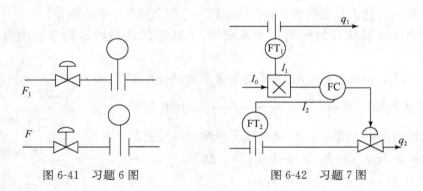

图 6-41　习题 6 图　　　　　图 6-42　习题 7 图

8. 均匀控制系统有些什么特点？均匀控制系统设置的目的是什么？

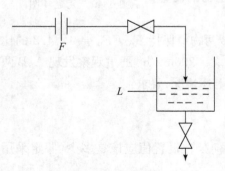

图 6-43　习题 9 图

9. 图 6-43 为一水槽，其液位为 L，进水量为 F，试设计一入口流量与液位双冲量均匀控制系统，画出该系统的结构图，确定该系统中控制阀的开闭形式、控制器的正反作用以及引入加法器的各信号所取的符号。

10. 图 6-44 为管式加热炉原油出口温度分程控制系统。两分程阀分别设置在天然气和燃料油管线上。工艺要求尽量采用天然气供热，只有当天然气量不足以提供所需热量时，才打开燃料油调节阀作为补充。

根据上述要求，试确定：

（1）A、B 两调节阀的气关、气开形式及每个阀的工作信号段（假定分程点在
0.06MPa 处）；

（2）确定调节器的正、反作用形式；

（3）画出该系统的框图，并简述其工作原理。

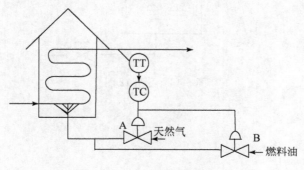

图 6-44　习题 10 图

11. 图 6-45 为一燃料气混合罐（FA-703）压力分程控制系统。正常时调节甲
烷流量调节阀 A，当罐内压力降低到阀 A 全关仍不能使压力回升时，则开大来自
燃料气发生罐（FA-704）的出口管线调节阀 B。试确定：

（1）该系统中各调节阀的气关、气开形式；

（2）每个阀的工作信号段（分程点在 0.06MPa 处）；

（3）调节器的正、反作用，并画出系统框图。

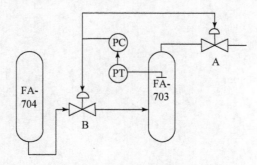

图 6-45　习题 11 图

12. 图 6-46 所示为高位槽向用户供水，为保证供水流量的平稳，要求对高位槽
出口流量进行控制。但为了防止高位槽水位过高而造成溢水事故，需对液位采取
保护性措施。根据上述情况，要求设计一连续型选择性控制系统。试画出该系统
的框图，确定调节阀的气开、气关形式和调节器的正、反作用形式以及选择器的类

型,并简述该系统的工作原理。

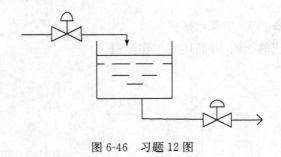

图 6-46 习题 12 图

第 7 章　先进控制技术

先进控制技术是随着复杂工业工程对控制系统不断提高的要求而迅速发展起来的控制技术，用于解决复杂工业过程中可能具有的非线性、大滞后、强干扰、参数时变、变量耦合及部分变量不可测等问题。本章重点介绍能有效解决上述问题的一些先进控制技术，主要包括自适应控制、预测控制、模糊控制和神经网络控制等，并辅以实例以供学习。

7.1　自适应控制

自适应控制系统是一个具有适应能力的系统，随着系统行为的变化，它可相应地改变控制器的参数，保证整个系统的性能指标达到令人满意的结果。自适应控制系统具有一个测量或估计环节，能对过程和环境进行监视，可对参数进行实时估计，并对测量数据进行分类以消除数据中的噪声。同时自适应控制系统可测量或计算性能指标，判断系统是否偏离最优状态，并具备自动调整控制规律或控制器参数的能力。

实质上，自适应控制是辨识与控制技术的结合，其结构可以非常简单，亦可以相当复杂，主要有增益可变自适应控制系统、模型参考自适应控制系统、自校正控制系统三种类型。

7.1.1　增益可变自适应控制系统

增益可变自适应控制系统的结构如图 7-1 所示，调节器按受控过程的参数变化规律进行设计。当参数因工作情况和环境等变化时，通过能测量到的系统变量，修改调节器的增益结构。当被控对象的输出 y 与实际有误差时，通过增益可变机构使调节器的某些参数发生变化，从而调节被控对象的输入，以此改变被控对象的输出，最终达到理想输出。

增益可变自适应控制系统是开环自适应系统，具有结构简单、响应速度快等优点。但是，它难以完全克服系统参数变化带来的影响。同时，如果调节器本身对系统参数变化不灵敏，这种自适应控制往往可以得到不错的效果。

变增益设计的实用性使其在控制界引起了越来越多的重视,丰富了线性控制理论,是连接非线性控制与线性控制的桥梁,其缺点是在理论上很难确定系统的全局稳定性与鲁棒性。

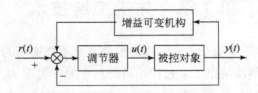

图 7-1   增益可变自适应控制系统结构

7.1.2   模型参考自适应控制系统

1. 模型参考自适应控制系统原理

模型参考自适应控制系统是由线性模型跟随系统演变而来,这类系统主要用于随动控制,目前在自动驾驶领域得到应用。线性模型跟随系统的结构如图 7-2 所示,它由参考模型、控制器、模型跟随调节器和被控对象等组成。模型跟随调节器的输入是参考模型的输出 $y_m(t)$ 与被控对象输出 $y_p(t)$ 的差值 e,其作用就是使被控对象的输出能够跟踪模型的输出,进而消除误差,使得被控对象具有与参考模型一样的性能。然而,设计模型跟随调节器进行调节时需要预先知道被控对象的数学模型及其相关参数。如果这些参数是未知的,或在系统运行过程中发生变化,则需对线性模型跟随控制系统加以改造,从而引出了模型参考自适应控制系统。

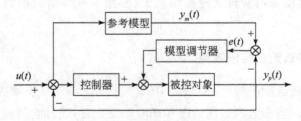

图 7-2   线性模型跟随系统的结构

模型参考自适应控制可以处理上述控制难题。由于其不需要对被控对象进行在线辨识,从而大大地缩短了自适应控制的时间,这对于电气传动系统中参数变化较快的场合是合适的。模型参考自适应系统中的控制器参数是随着对象特性和环境的改变而不断调整的,从而使得系统具有很强的适应能力。只要在满足控制要求的前提下,建立起一个合适的参考模型,就能使自适应控制需要的时间足够小,从而使被控对象参数变化过程比起参考模型和对象本身的时间响应要慢得多。

典型的模型参考自适应控制系统是参考模型和被控系统并联运行,参考模型表示了控制系统的性能要求,其基本结构如图 7-3 所示,它包括两个环路:内环由调节器与被控对象组成可调系统,外环由参考模型与自适应机构组成。被控对象受干扰的影响而使运行轨迹偏离了最优轨迹,从而优化的参考模型的输出 $y_m(t)$ 与被控对象的输出 $y_p(t)$ 相比会产生误差 e。通过自适应机构,根据一定的自适应规律产生反馈作用,修改调节器的参数或产生一个辅助的控制信号,促使可调系统与参考模型的输出达到一致,从而使误差 e 趋向于零。设计控制规律的方法有三种:参数最优化方法、基于李雅普诺夫稳定性理论的方法、利用超稳定性来设计自适应控制系统的方法。

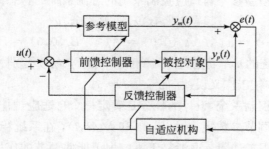

图 7-3　模型参考自适应控制系统的基本结构

参数最优化方法的基本思想是让可调系统中某个局部参数在某一性能指标下取得最小来设计自适应律,但容易引起整个系统的不稳定。基于稳定理论的设计方法的基本思想是保证控制器参数的自适应调整过程是稳定的,然后再使这个调整过程尽可能收敛得快一些。

参考模型是一个理想的控制模型,这就使得模型参考自适应控制系统不同于其他形式的控制,且不需要对性能指标进行变换。可调系统和参考模型之间性能的一致性由自适应机构保证,性能一致性程度可以由可调系统和参考模型之间的状态误差向量或输出误差向量来度量,自适应机构按减小偏差的方向修正或更新控制律,以使系统的性能指标达到或接近期望性能指标。

1)用输入输出方程描述模型参考自适应系统

一般用微分算子的形式表示模型参考自适应系统,参考模型的方程可以表述为

$$N(p)y_m = M(p)u \tag{7-1}$$

式中,$p = \dfrac{\mathrm{d}}{\mathrm{d}t}$ 为微分算子;$N(p)$ 和 $M(p)$ 都是 p 的多项式:

$$N(p) = \sum_{i=0}^{n} a_{mi} p^i \tag{7-2}$$

$$M(p) = \sum_{i=0}^{n} b_{mi} p^i \tag{7-3}$$

u 为标量输入信号；y_m 为标量输出信号；a_{mi} 和 b_{mi} 为常系数。

2）用状态方程描述模型参考自适应系统

可用下列线性方程表示参考模型：

$$\dot{x} = A_m x_m + B_m u, \quad x_m(0) = x_{m0} \tag{7-4}$$

式中，x_m 是模型的 n 维状态向量；u 是 m 维分段连续的输入向量；A_m 和 B_m 为常数矩阵。

参数调整式的模型参考自适应控制系统的可调系统的状态方程可以表示为

$$\dot{x}_p = A_p(e,t) x_p + B_p(e,t) u \tag{7-5}$$

$$x_p(0) = x_{p0}, \quad A_p(0,0) = A_{p0}, \quad B_p(0,0) = B_{p0} \tag{7-6}$$

式中，x_p 是可调系统的 n 维状态向量；$A_p(e,t)$ 和 $B_p(e,t)$ 分别为 $n \times n$ 和 $n \times m$ 维的时变矩阵，它们依赖于广义误差向量 $e : e = x_m - x_p$。

对于此自适应控制系统，设计的任务是确定一个自适应规律，依据广义误差向量按照这一规律来调节参数矩阵 $A_p(e,t)$ 和 $B_p(e,t)$，在系统稳定的情况下，这种调节作用将使广义误差向量 e 逐渐趋于零。为了能使调节的作用在广义误差向量逐渐趋向零时仍能维持，自适应规律一般选为具有比例加积分的作用，这样，对可调参数的调节不仅取决于广义误差向量的当前值 $e(t)$，而且依赖于它的过去值 $e(\tau)(\tau \leqslant t)$。

参数调整式的自适应规律常选择为

$$A_p(e,t) = F(e,\tau,t) + A_{p0}, \quad 0 \leqslant \tau \leqslant t \tag{7-7}$$

$$B_p(e,t) = G(e,\tau,t) + B_{p0}, \quad 0 \leqslant \tau \leqslant t \tag{7-8}$$

式中，F 和 G 表示在时间 $0 \leqslant \tau \leqslant t$ 上，$A_p(e,t)$ 与 $B_p(e,t)$ 和向量 e 之间的函数关系，常用下面的形式表示：

$$F(e,\tau,t) = \int_0^t F_1(v,\tau,t)\,\mathrm{d}\tau + F_2(v,t) \tag{7-9}$$

$$G(e,\tau,t) = \int_0^t G_1(v,\tau,t)\,\mathrm{d}\tau + G_2(v,t) \tag{7-10}$$

3）模型参考自适应系统的误差方程

模型参考自适应规律的主要信息来源是广义误差向量 e，由 e 所表示的误差方程所构成的新闭环系统必须是渐近稳定的，由此可知，误差方程是设计时的重要依据。

参数可调的模型参考自适应系统的误差方程可以表示为

$$e = A_m e + [A_m - A_{p0} - F(e, \tau, t)] x_p + [B_m - B_{p0} - G(e, \tau, t)] u \quad (7\text{-}11)$$

模型参考自适应系统的关键问题是怎样选择合适的自适应算法,以维持系统的稳定性,同时又尽可能地消除广义误差。其本质是使受控闭环系统的特性和参考模型的特性相一致,这就需要在闭环回路内实现零极点的相消,所以只适合于逆稳定系统。模型参考自适应系统还可以用来作为系统参数估计或状态观测的自适应方案,它与其他方式的主要区别是需将参考模型与实际对象的位置作交换。

模型参考自适应系统的主要特点有:

(1)自适应机构不是明显地去获得控制 u 来驱动被控过程,而是通过获得一组控制器可调参数去驱动;

(2)设计主要是针对输出跟踪问题。

4)基于频域模型的模型参考自适应控制

设模型参考的传递函数为

$$G_m(s) = k_m \frac{n_m(s)}{d_m(s)} \quad (7\text{-}12)$$

式中, $n_m(s)$ 和 $d_m(s)$ 是互质的首一多项式; $n_m(s)$、$d_m(s)$ 和 k_m 已知。模型参考自适应控制的任务是设计图 7-4 所示的前馈控制器 $\frac{n_1(s)}{d_1(s)}$ 和反馈控制器 $\frac{n_2(s)}{d_2(s)}$ 以及 c_0,使得对输入 $r(t)$,实际系统的输出 y_p 和模型输出 y_m 的差值 $e(t) = y_p(t) - y_m(t)$ 趋于零。

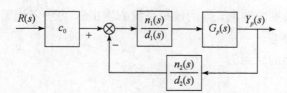

图 7-4　模型参考自适应系统

5)具有可调增益的模型参考自适应系统的设计

模型参考自适应控制系统中,用理想模型代表期望的动态特性,可使被控系统的特性与理想模型相一致。局部参数最优理论的设计方法,实质就是用非线性规划的有关算法来寻求参数空间中的最优化参数使性能指标达到最小值,或使之处于最小值的某一邻域内。

　　具有可调增益的模型参考自适应系统的方案最先是由美国麻省理工学院提出的,故又常称为 MIT 自适应规律,如图 7-5 所示。

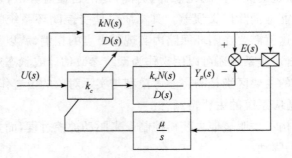

图 7-5　MIT 自适应控制方案

下面将介绍 MIT 方案自适应控制律的推导过程。

假设理想模型的传递函数为

$$G_m(s) = \frac{kN(s)}{D(s)} \tag{7-13}$$

被控系统的传递函数为

$$G_p(s) = \frac{k_v N(s)}{D(s)} \tag{7-14}$$

定义广义误差为

$$e = y_m - y_p \tag{7-15}$$

式中,y_m 为理想模型的输出;y_p 为被控系统的输出;e 为参考模型与被控系统的输入信号相同时的偏差。

　　选取性能指标的泛函为

$$J = \frac{1}{2} \int_{t_0}^{t} e^2(\tau) \mathrm{d}\tau \tag{7-16}$$

采用梯度法寻找最优值,则

$$\frac{\partial J}{\partial k_c} = \int_{t_0}^{t} e(\tau) \frac{\partial e(\tau)}{\partial k_c} \mathrm{d}\tau \tag{7-17}$$

k_c 沿着梯度下降的方向移动,则 k_c 的变化量 Δk_c 为

$$\Delta k_c = -\lambda \frac{\partial J}{\partial k_c} = -\lambda \int_{t_0}^{t} e(\tau) \frac{\partial e(\tau)}{\partial k_c} \mathrm{d}\tau \tag{7-18}$$

$$k_c = -\lambda \int_{t_0}^{t} e(\tau) \frac{\partial e(\tau)}{\partial k_c} \mathrm{d}\tau + k_{c0} \tag{7-19}$$

为了获得 k_c 的自适应率,对 t 求导可得

$$\dot{k}_c = -\lambda e(t)\frac{\partial e(t)}{\partial k_c} \tag{7-20}$$

由图 7-5 可知,系统的开环传递函数为

$$\frac{E(s)}{U(s)} = \frac{(k - k_c k_v)N(s)}{D(s)} \tag{7-21}$$

变形可得

$$E(s)D(s) = (k - k_c k_v)N(s)U(s) \tag{7-22}$$

转化为时域方程,可得

$$D(p)e(t) = (k - k_c k_v)N(p)u(t) \tag{7-23}$$

式中,p 为微分算子,将方程两边对 k_c 求导,可得

$$D(p)\frac{\partial e(t)}{\partial k_c} = -k_v N(p)u(t) \tag{7-24}$$

理想模型的输出与输入的关系为

$$D(p)y_m(t) = kN(p)u(t) \tag{7-25}$$

在实际系统中,常采用理想模型的输出 y_m,两者之间仅相差一个比例常数,则

$$\dot{k}_c = \mu \cdot e \cdot y_m \tag{7-26}$$

式中,$\mu = \lambda\dfrac{k_v}{k}$,这就是可调增益 k_v 的调节规律,也就是系统的自适应规律。

2. 基于 MIT 方案的自适应控制系统应用

例 7-1 在纺织工业生产中,有很多工艺对象需要进行温度检测与控制,如浆纱机的浆液、染槽的染液、蒸化机和烘干机的工作介质、加热滚筒甚至包括车间的空气温度等。对这些对象实施准确的温度检测与控制,不仅是决定纺织产品质量的关键因素,也是企业安全生产、节约能源的重要手段。目前,国内企业大多采用人工操作、手动控制,对被控对象的适应性差、控制精度低,不仅影响产品质量,而且往往造成能源浪费。

假设系统的传递函数模型为

$$G_m(s) = \frac{0.92}{7200s^2 + 380s + 1}$$

可调系统的控制模型为

$$G_p(s) = \frac{k_c k_v}{7200s^2 + 380s + 1}$$

将上述两式应用 MIT 方案,可以得到系统的自适应控制模型为

$$7200\ddot{e} + 380\dot{e} + e = (0.92 - k_c k_v) \cdot u$$

$$7200\ddot{y}_m + 380\dot{y}_m + y_m = 0.92 \cdot u$$

$$\dot{k}_c = u \cdot e \cdot y_m$$

假设 u 为阶跃信号,幅值为 10,k_v 的变化范围为 $0.6 \sim 1.2$,则由上式可得

$$7200\ddot{e} + 380\ddot{e} + \dot{e} + 0.92 k_v \mu u^2 e = 0$$

上式可以看成一个三阶系统,根据劳斯判据,欲使自适应闭环系统稳定,μ 必须满足

$$\mu < 5.73 \times 10^{-4} k_v^{-1}$$

根据 k_v 的变化范围可知,系统稳定的条件是

$$\mu < 4.77 \times 10^{-4}$$

对上述自适应系统运用 MATLAB 软件中的 Simulink 模拟系统进行仿真实验验证,如图 7-6 所示。

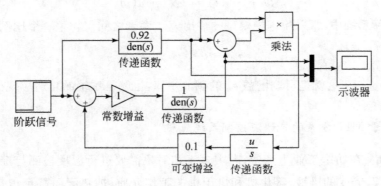

图 7-6　例 7-1 的 Simulink 仿真图

(1)当系统输入为 $u = 10$,取 $\mu = 1.0 \times 10^{-4}$,仿真图和波形分别如图 7-7 和图 7-8 所示。图 7-8 中,横轴表示系统运行时间,纵轴表示输出幅值,虚线为理想输出曲线,实线为实际输出曲线。通过输出波形曲线,可以看出此时系统是稳定的。

(2)当系统输入为 $u = 10$,取 $\mu = 1.5 \times 10^{-5}$,仿真图和波形分别如图 7-9 和图 7-10 所示。

图 7-10 中横轴表示系统运行时间,纵轴表示输出幅值,虚线为理想输出曲线,实线为实际输出曲线。通过输出波形曲线,可以看出此时系统是稳定的,且达到稳定的时间更短。

(3)当系统输入为 $u = 50$,取 $\mu = 2$,仿真图和波形分别如图 7-11 和图 7-12 所示。

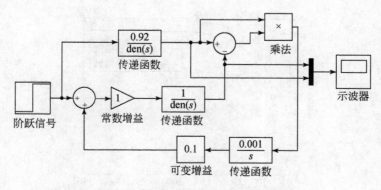

图 7-7　例 7-1 中(1)Simulink 仿真图

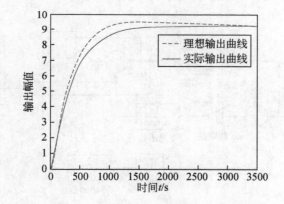

图 7-8　例 7-1 中(1)输出曲线

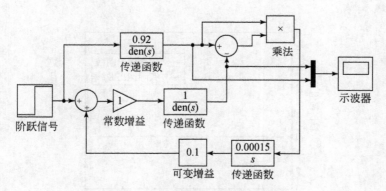

图 7-9　例 7-1 中(2)Simulink 仿真图

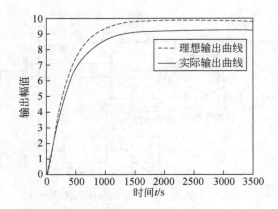

图 7-10 例 7-1 中(2)输出曲线

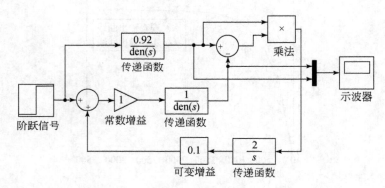

图 7-11 例 7-1 中(3)Simulink 仿真图

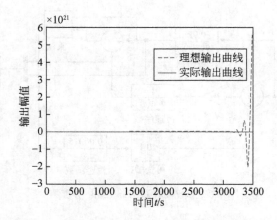

图 7-12 例 7-1 中(3)输出曲线

图 7-12 中横轴表示系统运行时间,纵轴表示输出幅值。通过观察理想输出曲线和实际输出曲线,可以看出此时的系统是不稳定的。

根据 MIT 的理论,如果 μ 取得过大,或者输入信号的幅值 R 过大,都有可能使系统不稳定,为了保证系统的稳定性,除了限制输入信号的幅值之外,一般应选取较小的自适应增益,对于 MIT 方案,进行稳定性的判断是十分必要的。

7.1.3　自校正控制系统

自校正控制系统又称参数自适应系统,是自适应控制系统的一个重要分支,是目前应用最广的一类自适应控制方法。它主要应用于结构已知参数未知的随机系统,同时也适用于结构已知参数变化缓慢的随机系统。自校正控制系统能够使用输入输出数据进行在线辨识被控系统或控制器的参数,应用参数估计法调整控制器的参数,从而适应系统的不确定性。

自校正控制器的基本结构如图 7-13 所示,自校正控制器包括两个环路:一个环路是由调节器与被控对象组成,称为内环,它与通常的反馈控制系统类似;另一个环路是由递推参数辨识器与参数调节器组成,称为外环。因此,自校正控制系统是将在线参数辨识与调节器的设计有机地结合在一起,在运行过程中,首先进行被控对象的参数在线辨识,然后根据参数辨识的结果,进行调节器参数的设计,并根据设计结果修改调节器参数以达到有效地消除被控对象扰动所造成的影响。

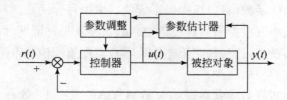

图 7-13　自校正控制器的基本结构

自校正控制系统通常属于随机自适应系统,它具有确定性等价性质,即当系统中所有的未知参数用相应的估计值代替后,其控制规律的形式与对应的参数已知的随机最优控制规律的形式相同。由此可见,在寻求自校正控制规律时,可根据给定的性能指标结合系统的最优控制规律,然后用估计模型来估计位置参数,并用估计结果代替最优控制规律中相应的位置参数,就可得到自校正的控制规律。

1)自校正控制的主要特点

(1)系统的过程建模和控制设计都可视为自动化的;

(2)过程模型和控制设计在每个采样周期中都要更新一次;

（3）控制器能自己校正自己的参数，以得到期望的闭环系统性能。

自校正系统的参数识别方法主要有随机逼近法、递推最小二乘法、辅助变量法以及极大似然法等，其中应用最普遍的是递推最小二乘法。自校正控制规律的设计方案比较常用的主要有最小方差控制、二次型最优控制和极点配置等。

2）自校正控制算法的分类

自校正控制算法一般可分为隐式算法和显式算法。隐式算法是直接估计控制规律的未知参数，采用的是预测控制原理，并要求系统的延迟已知。显式算法则需首先识别被控系统的参数，然后将估计值作为真值去计算控制器的参数，所以过程参数的估计精度对于计算控制律十分重要。同时，显式自校正的延迟可作为过程参数的一部分利用递推参数估计加以确定，因而属于非直接控制的一类。由于隐式算法省去了控制器设计这一步骤，从而避免了求解矩阵方程，使算法的鲁棒性有所提高。但是当系统延时较大时，显式算法可以显著地减少辨识参数的个数，且可以使算法稳定的条件与被控系统的参数联系起来。

从自校正控制算法所采用的控制策略来分类，可以分为基于最优控制策略的自校正控制系统、基于经典策略的自校正控制系统和基于最优控制策略与经典控制策略相结合的自校正控制系统。

3）自校正控制的性能指标

根据控制对象的性质及控制的目的和要求，可以有不同的结构形式。其中一种是误差二次型目标函数，自校正控制系统使二次型目标函数达到最小值，这种控制策略通常称为最小方差控制。自校正控制的策略就是保证实际闭环系统的零极点收敛于期望的零极点，这种控制策略称为零极点配置的控制策略。

4）广义最小方差控制

由于自校正调节器是建立在最小方差调节器的基础上，就会存在诸如最小方差调节器不适用非最小相位系统的缺点。为了克服上述缺点，1975 年英国学者 Clarke 和 Gawthrop 提出了最小方差控制算法，这种算法仍采用二次型的指标函数，但是在性能指标中引入了伺服输入项和控制作用的加权项。因此，它限制了控制作用过大地增长，同时，只要适当地选择性能指标中的各加权多项式，也可以适用于非最小相位系统。

设被控对象的模型描述为

$$y_k = \frac{B(z^{-1})}{A(z^{-1})} u_{k-d} + \frac{C(z^{-1})}{A(z^{-1})} \xi_k \tag{7-27}$$

式中，y_k 是输出；u_k 是输入；ξ_k 是均值为零，方差为 δ^2 的独立随机序列；d 为滞后时间。

$$A(z^{-1}) = 1 + a_1 z^{-1} + \cdots + a_{n_a} z^{-n_a} \tag{7-28}$$

$$B(z^{-1}) = b_0 + b_1 z^{-1} + \cdots + b_{n_b} z^{-n_b} \tag{7-29}$$

$$C(z^{-1}) = 1 + c_1 z^{-1} + \cdots + c_{n_c} z^{-n_c} \tag{7-30}$$

其中，$C(z^{-1})$ 的零点完全位于 z 平面的单位圆内。控制率 u_k 是 $\{y_k, y_{k-1}, \cdots, u_{k-1}, u_{k-2}, \cdots\}$ 的线性函数。

加权二次型的性能指标为

$$J = E\left\{[P(z^{-1})y_{k+d} - R(z^{-1})y_{rk}]^2 + [\Lambda'(z^{-1})u_k]^2\right\} \tag{7-31}$$

式中

$$P(z^{-1}) = 1 + p_1 z^{-1} + \cdots + p_{n_p} z^{-n_p} \tag{7-32}$$

$$R(z^{-1}) = r_0 + r_1 z^{-1} + \cdots + r_{n_r} z^{-n_r} \tag{7-33}$$

$$\Lambda'(z^{-1}) = \lambda_0' + \lambda_1' z^{-1} + \cdots + \lambda_{n_\lambda}' z^{-n_\lambda} \tag{7-34}$$

设计的目标是使上述目标函数达到最小。先定义一个广义输出方程，把上述目标函数的求解转化为求广义输出方差最小，定义的辅助系统为

$$\psi_{k+d} = P(z^{-1})y_{k+d} - R(z^{-1})y_{rk} + \Lambda(z^{-1})u_k \tag{7-35}$$

ψ_{k+d} 为广义输出，$\Lambda = \dfrac{\lambda_0'}{b_0}\Lambda'(z^{-1})$，$\lambda_0'$ 是 $\Lambda'(z^{-1})$ 多项式的常数项，b_0 是 $B(z^{-1})$ 多项式的常数项。

上述求最优控制律就转化为求使得广义输出 ψ_{k+d} 的方差 $E[\psi_{k+d}]^2$ 为最小的允许控制律，从而使得问题大大简化。

5）极点配置自校正控制技术

鉴于最小方差控制技术存在的诸如很难做到既保证静态指标的最优、又有较好的鲁棒性的缺点，在 20 世纪 70 年代中后期 Edmunds 等提出了极点配置自校正控制技术的设计方法。这一方法相对于最小方差控制技术来说，系统的闭环极点是按工艺要求而配置的，因此，它可以得到所希望的动态响应，且比较直观。

设系统模型为

$$A(q^{-1})y(k) = B(q^{-1})u(k-d) + C(q^{-1})\xi(k) \tag{7-36}$$

式中，$A(q^{-1})$、$B(q^{-1})$ 和 $C(q^{-1})$ 分别为 n_a、n_b 和 n_c 阶时的时滞算子多项式；d 为时滞时间。系统的反馈控制律为

$$u(k) = -\frac{G}{F}y(k) \tag{7-37}$$

式中

$$G(q^{-1}) = g_0 + g_1 q^{-1} + \cdots + g_{n_g} q^{-n_g}, \quad n_g = n_a - 1 \tag{7-38}$$

$$F(q^{-1}) = f_0 + f_1 q^{-1} + \cdots + f_{n_f} q^{-n_f}, \quad n_f = n_b + d - 1 \tag{7-39}$$

闭环方程为

$$y(k) = \frac{CF}{AF + q^{-d}BG}\xi(k) \tag{7-40}$$

式中

$$AF + q^{-d}BG = CT \tag{7-41}$$

其中,首一化多项式 $T(q^{-1})$ 为期望的闭环极点方程:

$$T(q^{-1}) = 1 + t_1 q^{-1} + \cdots + t_{n_t} q^{-n_t}, \quad n_t \leqslant n_a + n_b + d - n_c - 1 \tag{7-42}$$

由以上推导可以得出

$$y(k) = \frac{F}{T}\xi(k), \quad u(k) = -\frac{G}{T}\xi(k) \tag{7-43}$$

7.2 预 测 控 制

预测控制的基本出发点与传统 PID 控制不同。传统 PID 控制是根据过程当前和过去的输出测量值和设定值的偏差来确定当前的控制输入,而预测控制不但利用当前和过去的偏差值,而且利用预测模型来预估过程未来的偏差值,以滚动优化确定当前的最优输入策略。因此,从基本思想看,预测控制优于 PID 控制。

7.2.1 预测控制的基本原理

1)基本原理

预测控制的基本结构如图 7-14 所示。

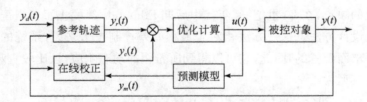

图 7-14 预测控制的基本结构

各类预测控制算法都有一些共同特点,归结起来有三个基本特征:

(1)预测模型。预测控制需要一个描述系统动态行为的模型,称为预测模型。它应具有预测功能,即能够根据系统现在时刻的控制输入以及过程的历史信息,预测过程输出的未来值。在预测控制中,各种不同算法采用不同类型的预测模型,如最基本的模型算法控制(model algorithmic control,MAC)、动态矩阵控制(dynamic matrix control,DMC)等,通常采用在实际工业过程中较易获得的脉冲响应模型和阶跃响应模型等非参数模型或传递函数。随着预测控制的发展,除了上述两种非参数模型外,目前经常采用易于在线辨识并能描述不稳定过程的受控自回归滑动平均模型(controlled auto-regressive moving average,CARMA)和受控自回归积分滑动平均模型(controlled auto-regressive integrated moving average,CARIMA)以及能反映系统内在联系的状态空间模型。

(2)反馈(在线)校正。在预测控制中,基于模型的预测不可能准确地与实际相符。因此,在预测控制中,通过输出的测量值与模型的预估值进行比较,得出模型的预测误差,再利用模型预测误差来校正模型的预测值,从而得到更为准确的将来输出的预测值。正是这种由模型加反馈校正的过程,使预测控制具有很强的抗干扰和克服系统不确定性的能力。

(3)滚动优化。预测控制是一种优化控制算法,它是通过某一性能指标的最优化来确定未来的控制作用。这一性能指标还涉及过程未来的行为,它是根据预测模型由未来的控制策略决定的。然而,预测控制中的优化与通常的离散最优控制算法不同,不是采用一个不变的全局最优目标,而是采用滚动式的有限时域优化策略。也就是说,优化过程不是一次离线完成的,而是反复在线进行的,即在每一采样时刻,优化性能指标只涉及从该时刻起到未来有限的时间,而到下一个采样时刻,这一优化时段会同时向前推移。因此,预测控制不是用一个对全局相同的优化性能指标,而是在每一个时刻有一个相对于该时刻的局部优化性能指标。不同时刻优化性能指标的形式是相同的,但其包含的时间区域是不同的,即为滚动优化的意义。预测控制局部的有限时域的优化目标,只能得到全局的次优解。但是由于优化过程是在线反复进行的,而且能更为及时地校正因模型失配、时变和干扰等引起的不确定性,始终把优化过程建立在从实际过程中获得的最新信息的基础上。因此,只要预测范围选择得合适,可以使控制保持实际中的最优。

2)参考轨迹

在预测控制中,考虑到过程的动态特性,为了使过程避免出现输入和输出的急剧变化,往往要求过程输出 $y(k+i)$ 沿着一条所期望的、平滑的曲线达到设定值 y_r,这条曲线通常称为参考轨迹 $y_r(k+i)$,是设定值经过在线"柔化"后的产物。最广泛采用的参考轨迹为一阶指数变化形式,可写为

$$y_r(k+i) = \alpha^i y(k) + (1-\alpha^i)y_r, \quad i=1,2,\cdots \tag{7-44}$$

式中, $\alpha = e^{-T_s/T}$, T_s 为采样周期, T 为参考轨迹的时间常数;下标 r 为参考轨迹; $y(k)$ 为当前时刻过程输出; y_r 为设定值,当 $y_r = y(k)$ 时,对应于镇定问题;当 $y_r \neq y(k)$ 时,对应于跟踪问题。

显然,T 越小,则 α 越小,参考轨迹就能很快地到达设定值 y_r。α 是预测控制中的一个重要设计参数,它对闭环系统的动态特性和鲁棒性都有重要作用。

3)在线滚动方法

在预测控制中,通过求解优化问题,可得到当前时刻所确定的一组最优控制

$$\{u(k),u(k+1),\cdots,u(k+M-1)\}$$

式中,M 为控制的时域长度。当前时刻 k 只施加第一个控制作用 $u(k)$,等到下一个采样时刻 $k+1$,再根据采集到的过程输出,重新进行优化计算,求出新一组最优控制作用,仍只施加第一个控制作用,以此类推,滚动式推进。它可以有效地克服过程的一些不确定性因素,提高控制系统的鲁棒性。

4)预测控制的性质

由于预测控制的一些基本特性使其产生许多优良的性质:对数学模型要求不高;能直接处理具有纯滞后的过程;具有良好的跟踪性能和较强的抗干扰能力;对模型误差具有较强的鲁棒性。这些优点使预测控制更加符合工业过程的实际要求,是 PID 控制或现代控制理论所无法相比的。因此,预测控制在实际工业中已得到广泛重视和应用,而且必将获得更大的发展,特别是多变量有约束预测控制的推广应用将会改变过去传统单变量设计方法,展现多变量设计的新阶段,使工业过程控制出现新的面貌。Tarisciotti 等用预测控制实现级联的 H 桥控制和 Wang 等用预测控制实现电气传动的控制都取得了良好的效果。

7.2.2 预测控制算法

1. 模型算法控制

模型算法控制又称模型预测启发式控制(MPHC),是基于脉冲响应模型的预测控制,适用于渐近稳定的线性过程。MAC 由预测模型、反馈校正、参考轨迹、滚动优化组成。

1)预测模型

对于线性对象,若已知其单位脉冲响应的采样值 h_i,则可根据离散卷积公式,给出输入输出之间的关系:

$$\hat{y}_{k+j-1} = \sum_{i=1}^{N} h_i \Delta u_{k+j-1-i}, \quad j=1,2,\cdots,P \tag{7-45}$$

式中,$\hat{y}_k$ 为模型输出,对于单位脉冲响应,该模型输出向量为 $\hat{h} = [\hat{h}_1 \quad \hat{h}_2 \quad \cdots \quad \hat{h}_N]^{\mathrm{T}}$,当 $i \geqslant N$ 时,$\hat{h}_i \approx 0$。将上式写成增量形式:

$$\hat{y}_{k+j} = \hat{y}_{k+j-1} + \sum_{i=1}^{N} h_i \Delta u_{k+j-i}, \quad j=1,2,\cdots,P \tag{7-46}$$

式中

$$\Delta u_{k+j-i} = u_{k+j-i} - u_{k+j-1-i} \tag{7-47}$$

将式(7-47)展开,可得

$$\hat{y}_{k+1} = \hat{h}_1 u_k + \hat{h}_2 u_{k-1} + \cdots + \hat{h}_N u_{k-N+1} \tag{7-48}$$

$$\hat{y}_{k+2} = \hat{h}_1 u_{k+1} + \hat{h}_2 u_k + \cdots + \hat{h}_N u_{k-N+2} \tag{7-49}$$

$$\vdots$$

$$\hat{y}_{k+p} = \hat{h}_1 u_{k+p-1} + \hat{h}_2 u_{k+p-2} + \cdots + \hat{h}_N u_{k-N+p} \tag{7-50}$$

将需要确定的控制量 $u_k, u_{k+1}, \cdots, u_{k+p-1}$ 和已知的控制量分开,并将其写成矩阵形式:

$$\hat{y}_{k+1} = H_1 u_{1k} + H_2 u_{2k} \tag{7-51}$$

式中

$$\hat{y}_{k+1} = \begin{bmatrix} \hat{y}_{k+1} & \hat{y}_{k+2} & \cdots & \hat{y}_{k+p} \end{bmatrix}^T \tag{7-52}$$

$$u_{1k} = \begin{bmatrix} u_{1k} & u_{1(k+1)} & \cdots & u_{1(k+p-1)} \end{bmatrix}^T \tag{7-53}$$

$$u_{2(k+1)} = \begin{bmatrix} u_{1(k-1)} & u_{1(k-2)} & \cdots & u_{1(k-p)} \end{bmatrix}^T \tag{7-54}$$

$$H_1 = \begin{bmatrix} \hat{h}_N & \hat{h}_{N-1} & \cdots & \cdots & \cdots & \hat{h}_2 \\ 0 & \hat{h}_N & \cdots & \cdots & \cdots & \hat{h}_3 \\ \vdots & \vdots & & & & \vdots \\ 0 & 0 & \cdots & \hat{h}_N & \cdots & \hat{h}_{p+1} \end{bmatrix}_{p \times (N-1)} \tag{7-55}$$

$$H_2 = \begin{bmatrix} \hat{h}_1 & 0 & \cdots & \cdots & \cdots & 0 \\ \hat{h}_2 & \hat{h}_1 & \cdots & \cdots & \cdots & 0 \\ \vdots & \vdots & & & & \vdots \\ \hat{h}_p & \hat{h}_{p-1} & \cdots & \cdots & \cdots & \hat{h}_1 \end{bmatrix}_{p \times p} \tag{7-56}$$

如果直接将上述输出进行反馈,称为开环预测,这样克服模型误差、扰动等的能力较差,需要反馈校正。

2)反馈校正

实际系统中存在的非线性、时变、模型失配、干扰等因素,基于上述模型预测输出难以与实际情况相符,这就需要用附加的预测手段补充模型预测的不足,或者对基础模型进行在线修正。滚动优化只有建立在反馈校正的基础上,才能体现出其优越性。因此,预测控制算法在通过优化确定了一系列未来的控制作用后,为了防止模型失配或环境干扰引起控制对理想状态的偏离,并不是把这些控制作用逐一全部实施,而只是实现当下时刻的控制作用。到下一采样时刻,则首先监测对象的实际输出,并利用这一实时信息对基于模型的预测进行修正,然后再进行新的优化。

闭环校正预测模型输出为

$$\hat{y}_{k+j} = \hat{y}_{k+j} + (\hat{y}_{k+j-1} - \hat{y}_{k+j-1}), \quad j = 1,2,\cdots,p; \hat{y}_k^c = y_k \tag{7-57}$$

将式(7-45)代入式(7-57)整理后得

$$\hat{y}_{k+j}^c = \hat{y}_{k+j-1}^c + \sum_{i=1}^{N} h_i \Delta u_{k+j-i}, \quad j = 1,2,\cdots,p \tag{7-58}$$

将上式展开,可得

$$\hat{y}_{k+1}^c = \hat{h}_1 \Delta u_k + \hat{y}_k^c + \sum_{i=2}^{N} h_i \Delta u_{k+1-i} \tag{7-59}$$

$$\hat{y}_{k+2}^c = \hat{h}_2 \Delta u_k + \hat{h}_1 \Delta u_{k+1} + \hat{y}_{k+1}^c + \sum_{i=3}^{N} h_i \Delta u_{k+2-i}$$

$$= \hat{h}_2 \Delta u_k + \hat{h}_1 \Delta u_{k+1} + \hat{h}_1 \Delta u_k + \hat{y}_k^c + \sum_{i=2}^{N} h_i \Delta u_{k+1-i} + \sum_{i=3}^{N} h_i \Delta u_{k+2-i} \tag{7-60}$$

3)参考轨迹

在 MAC 中,控制系统的期望输出是由当前时刻的实际输出到设定值 y_d 之间经光滑处理后的一条参考轨迹规定的。在 k 时刻的参考轨迹可由其未来采样时刻的值 $y_r(k+i)$ 来描述,它通常是一阶指数变化形式:

$$y_r(k+i) = \alpha^i y(k) + (1 - \alpha^i) y_d \tag{7-61}$$

式中,$y(k)$ 为 k 时刻系统的测量值。

4)滚动优化

在 MAC 中,k 时刻的优化准则只要选择未来 p 个控制量,使在未来 p 个时刻的预测输出 y_p 与参考轨迹所确定的期望输出尽可能靠近。优化目标函数为

$$\min J(k) = \sum_{i=1}^{p} \omega_i \left[y_p(k+i) - y_r(k+i) \right]^2 \tag{7-62}$$

式中,ω_i 为权系数,即每个采样时刻的误差在性能指标 $J(k)$ 中所占的比例。

2. 动态矩阵控制

动态矩阵控制是一种基于对象阶跃响应的预测控制算法,是由 Cluter 提出的一种约束多变量优化控制算法。它采用在工程上易于测试的阶跃响应模型,算法结构相对简单,计算量少,适用于渐近稳定的线性系统。对于弱非线性对象,可首先在工作点处线性化;对于不稳定的对象,可先通过常规 PID 控制使其稳定,然后再使用 DMC 算法。DMC 包括三个部分:预测模型、反馈校正、滚动优化。

1)预测模型

动态矩阵控制采用被控对象的单位阶跃响应作为预测模型,单位阶跃响应系数 a_i 与单位脉冲响应系数 h_i 的关系如下:

$$a_i = \sum_{j=1}^{i} \hat{h}_j, \quad i = 1, 2, \cdots, N \tag{7-63}$$

式中, a_i 为单位阶跃响应系数; $\hat{h}_j$ 为单位脉冲响应系数。则动态矩阵控制的预测模型输出为

$$\hat{y}_{k+1} = \sum_{i=1}^{N} \hat{h}_i u_{k+1-i} \tag{7-64}$$

$$\hat{y}_k = \sum_{i=1}^{N} \hat{h}_i u_{k-i} \tag{7-65}$$

$$\Delta \hat{y}_{k+1} = \sum_{i=1}^{N} \hat{h}_i u_{k+1-i} \tag{7-66}$$

式中

$$\Delta u_{k+1-i} = u_{k+1-i} - u_{k-i} \tag{7-67}$$

$$\Delta \hat{y}_{k+1} = \hat{y}_{k+1} - \hat{y}_k \tag{7-68}$$

因此可得

$$\Delta \hat{y}_{k+j} = \sum_{i=1}^{N} \hat{h}_i u_{k+j-i} \tag{7-69}$$

$$\hat{y}_{k+j} = \hat{y}_{k+j-i} + \sum_{i=1}^{N} \hat{h}_i u_{k+j-i} \tag{7-70}$$

对于 p 步预测, $j = 1, 2, \cdots, p, p < N$。

2)反馈校正

预测模型只是对象动态特性的粗略描述,由于实际系统中存在的非线性、时变、模型失配、干扰等因素,基于不变模型的预测不可能和实际情况完全相符,这就需要用附加的预测手段补充模型预测的不足,这就要对预测模型进行在线反馈校正。

闭环校正预测模型输出为

$$\hat{y}_{k+j}^c = \hat{y}_{k+j} + (\hat{y}_{k+j-1}^c - \hat{y}_{k+j-1}), \quad j = 1, 2, \cdots, p; \hat{y}_k^c = y_k \tag{7-71}$$

将式(7-70)代入式(7-71)整理后得

$$\hat{y}_{k+j}^c = \hat{y}_{k+j-1}^c + \sum_{i=1}^{N} \hat{h}_i u_{k+j-i}, \quad j = 1, 2, \cdots, p; \hat{y}_k^c = y_k \tag{7-72}$$

将上式输入变量的过去变化值从和的形式中分离出来,式(7-72)就可以写为矩阵的形式,则得

$$
\begin{aligned}
\hat{y}_{k+1}^c &= \hat{h}_1 \Delta u_k + \hat{y}_k^c + \sum_{i=2}^{N} \hat{h}_i u_{k+1-i} \\
&= a_1 \Delta u_k + y_k + \sum_{i=2}^{N} \hat{h}_i u_{k+1-i} \\
&= a_1 \Delta u_k + y_k + s_1 \\
&= a_1 \Delta u_k + y_k + p_1
\end{aligned}
\tag{7-73}
$$

式中

$$
p_1 = \sum_{i=2}^{N} \hat{h}_i u_{k+1-i}
\tag{7-74}
$$

$$
\begin{aligned}
\hat{y}_{k+2}^c &= \hat{h}_2 \Delta u_k + \hat{h}_1 \Delta u_{k+1} + \hat{y}_{k+1}^c + \sum_{i=3}^{N} \hat{h}_i u_{k+2-i} \\
&= \hat{h}_2 \Delta u_k + \hat{h}_1 \Delta u_{k+1} + \hat{h}_1 \Delta u_k + y_k + \sum_{i=2}^{N} \hat{h}_i u_{k+1-i} + \sum_{i=1}^{N} \hat{h}_i u_{k+2-i} \\
&= (\hat{h}_2 + \hat{h}_1) \Delta u_k + \hat{h}_1 \Delta u_{k+1} + y_k + s_1 + s_2 \\
&= a_2 \Delta u_k + a_1 \Delta u_{k+1} + y_k + \sum_{m=1}^{2} s_m \\
&= a_2 \Delta u_k + a_1 \Delta u_{k+1} + y_k + p_2
\end{aligned}
\tag{7-75}
$$

依次类推,可得

$$
\begin{aligned}
\hat{y}_{k+M}^c &= a_M \Delta u_k + a_{M-1} \Delta u_{k+1} + \cdots + a_2 \Delta u_{k+M-2} + a_1 \Delta u_{k+M-1} + y_k + \sum_{m=1}^{M} s_m \\
&= a_M \Delta u_k + a_{M-1} \Delta u_{k+1} + \cdots + a_2 \Delta u_{k+M-2} + a_1 \Delta u_{k+M-1} + y_k + p_M
\end{aligned}
\tag{7-76}
$$

所以,可写成矩阵方程:

$$
\begin{bmatrix} \hat{y}_{k+1}^c \\ \hat{y}_{k+2}^c \\ \vdots \\ \hat{y}_{k+M}^c \end{bmatrix} = \begin{bmatrix} a_1 & 0 & \cdots & 0 \\ a_2 & a_1 & \cdots & 0 \\ \vdots & \vdots & & \vdots \\ a_M & a_{M-1} & \cdots & a_1 \end{bmatrix} \begin{bmatrix} \Delta u_k \\ \Delta u_{k+1} \\ \vdots \\ \Delta u_{k+M-1} \end{bmatrix} + \begin{bmatrix} y_k + p_1 \\ y_k + p_2 \\ \vdots \\ y_k + p_M \end{bmatrix}
\tag{7-77}
$$

式中

$$
p_1 = \sum_{m=1}^{1} S_m, \quad p_i = \sum_{m=1}^{i} S_m, \quad p_M = \sum_{m=1}^{M} S_m, \quad i = 1, 2, \cdots, M
\tag{7-78}
$$

$$
S_m = \sum_{i=m+1}^{N} \hat{h}_i u_{k+M-i}, \quad m = 1, 2, \cdots, M
\tag{7-79}
$$

$$A = \begin{bmatrix} a_1 & 0 & \cdots & 0 \\ a_2 & a_1 & \cdots & 0 \\ \vdots & \vdots & & \vdots \\ a_M & a_{M-1} & \cdots & a_1 \end{bmatrix} \tag{7-80}$$

模型输出初值 $y_0(k+1)$ 是由 k 时刻以前施加在系统上的控制增量产生的。如果过程由稳态启动，则可以取 $y_0(k+1) = y(k)$。否则，可以按下面的方法计算。

假定从 $k-N$ 到 $k-1$ 时刻加入的控制增量分别为 $\Delta u(k-N)$，$\Delta u(k-N+1)$，$\cdots$，$\Delta u(k-1)$，而在 $k-N-1$ 时刻，假定 $\Delta u(k-N-1) = \Delta u(k-N-2) = 0$，则对于 $y_0(k+1)$ 的各个分量来说，有如下的关系式：

$$\hat{y}_{k+i} = y(k) + \sum_{j=1}^{N} \hat{h}_j [\Delta u(k+i-j) + \Delta u(k+i-j-1)$$
$$+ \cdots + \Delta u(k+2-j) + \Delta u(k+1-j)], \quad i = 1,2,\cdots,p \tag{7-81}$$

将式(7-81)写成如下的矩阵形式：

$$\hat{y}_{k+1}^c = A\Delta u(k+1) + y(k) + P \tag{7-82}$$

式中，$P = \begin{bmatrix} p_1 & p_2 & \cdots & p_P \end{bmatrix}^{\mathrm{T}}$。

3）滚动优化

预测控制的最主要特征是在线优化，主要是通过某一性能指标的最优化来确定未来的控制作用。这一性能指标涉及系统未来的行为，例如，通常可取对象输出在未来的采样点上跟踪某一期望轨迹的方差最小；也可取更广泛的形式，例如，要求控制能量为最小，而同时保持输出在某一给定的范围内等。性能指标中涉及的系统未来的行为，是根据预测模型由未来的控制策略决定的。

预测控制中的优化不是采用一个不变的全局优化目标，而是采用滚动式的优化时段的优化策略。在每一采样时刻，优化性能指标只涉及未来有限的时间，而到下一采样时刻，这一优化时段同时向前推移。因此，预测控制在每一时刻有一个相对于该时刻的优化性能指标。不同时刻优化性能指标的相对形式是相同的，但其绝对形式，即所包含的时间区域，则是不同的。因此，在预测控制中，优化不是一次离线进行，而是反复在线进行的，这就是滚动优化的含义，也是预测控制区别于现代控制理论中最优控制的根本特点。这种有限时间段优化目标的局限性是其在理性情况下只能得到全局的次优解，但优化的滚动实施却能顾及由模型失配、时变、干扰等引起的不确定性，及时进行弥补，始终把新的优化建立在实际的基础上，使控制保持实际上的最优。对于实际的复杂工业过程，模型失配、时变、干扰等引起的不确定性是不可避免的，因此建立在有限时间段的滚动优化策略反而更加有效。

DMC 的优化目标函数为

$$J = \sum_{i=1}^{p} (y_{k+i}^r - y_{k+i}^r)^2 q_i + \sum_{j=1}^{M} (\Delta u_{k+j-1})^2 r_j \tag{7-83}$$

式中，y_{k+i}^r 为参考值（给定值）；y_{k+i}^r 为闭环反馈校正输出；Δu_{k+j-1} 为输出控制增量；q_i 和 r_j 为加权系数；r_j 是对控制增量的约束，希望控制量变化不要过于激烈。

令 $\dfrac{\partial J}{\partial \Delta U} = 0$，可得使目标函数 J 最小的最优控制为

$$\Delta U = (A^T Q A + R I)^{-1} A^T Q E_0 \tag{7-84}$$

由此可见，最优控制存在的条件是 $(A^T Q A + R I)^{-1}$ 的存在。$M \leqslant P$ 是使之存在的必要条件。R 不仅是为了压缩控制作用的大小，也是满足这一条件的有力手段。

由于在每个采样时刻计算出最优控制 ΔU，这种多值预测控制算法需要算出 M 个 Δu，而实际上只执行 ΔU 的第一个元素 $\Delta u(k)$，在下一个采样时刻，要根据当时的实测输出 $y(k)$ 对预测值进行修正，再重新计算 ΔU，并给出新的 $\Delta u(k)$，如此不断地"滚动"优化，使控制系统有较高的鲁棒性。多值预测控制算法需要考虑的问题比较全面，调整 Q、R、M 和 P 可使控制系统的响应和控制作用的大小达到适当的折中，以适应不同的情况，但 Q、R、M 和 P 对响应的控制和控制作用的大小都有影响，调整其中某一个参数后，别的参数也要作相应的调整，使调整比较困难。

3. 广义预测控制

广义预测控制（generalized predictive control，GPC）是在自适应控制研究中发展起来的另一类预测控制算法。Clarke 等在保持最小方差自校正控制的模型预测、最小方差控制、在线辨识等原理的基础上，结合 MAC、DMC 中多步预测优化策略，提出了广义预测控制算法。GPC 作为一种自校正控制算法，主要是针对随机离散系统提出的。与 DMC 算法相比，虽然在滚动优化的性能指标方面相似，但在模型形式与反馈校正策略上二者有很大差别。GPC 具有如下特点：

（1）基于传统的参数模型，因而模型参数少，而模型算法控制和动态矩阵控制则基于非参数化模型，即脉冲响应模型和阶跃响应模型；

（2）在自适应控制研究中发展起来的，保留了自适应控制方法的优点，但比自适应控制方法更具有鲁棒性；

（3）由于采用多步预测、动态优化和反馈校正等策略，因而控制效果好，更适合工业生产控制。

由于以上优点，因此它一出现就受到了控制理论界和工业控制界的重视，成为

研究领域最为活跃的一种预测控制算法。

广义预测控制对被控对象的数学模型采用下列具有随机阶跃扰动非平稳噪声的离散差分方程描述：

$$A(z^{-1})y(k) = B(z^{-1})u(k-1) + C(z^{-1})\xi(k)/\Delta \qquad (7\text{-}85)$$

式中，y、u 和 ξ 分别为系统输出、输入和均值为零、方差为 σ^2 的白噪声；Δ 为差分算子，$\Delta = 1 - z^{-1}$。

$$A(z^{-1}) = 1 + \sum_{i=1}^{n_a} a_i z^{-1} \qquad (7\text{-}86)$$

$$B(z^{-1}) = \sum_{i=1}^{n_b} b_i z^{-1} \qquad (7\text{-}87)$$

7.2.3　动态矩阵算法 MATLAB 仿真

一般纺织生产过程温度控制系统框图如图 7-15 所示，其中 SP 是温度给定值，PV 是温度反馈值，温度是调节器的输出。

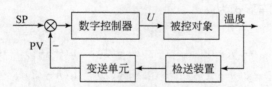

图 7-15　纺织过程温度控制系统

在纺织生产过程中，无论浆纱机的温度还是染槽的温度控制系统，其被控对象的数学模型均可表示为

$$G_0(s) = \prod_{i=1}^{n} \frac{K_i(t)}{T_i(t)S+1} \times \mathrm{e}^{-\tau_i(t)s} \qquad (7\text{-}88)$$

式中，$G_0(s)$ 表示控制对象的传递函数；n 表示系统的阶次；$K_i(t)$ 为时变比例系数；$T_i(t)$ 为时变时间常数；$\tau_i(t)$ 为时变滞后时间常数。

1. 模型选择

简化纺织生产的温控系统，温度被控系统的模型可以表达为

$$G(s) = \frac{K}{T_2 s^2 + T_1 s + 1} \mathrm{e}^{-Ds} \qquad (7\text{-}89)$$

且已知参数范围：$1 < K < 5, 100 < T_2 < 500, 50 < T_1 < 200, 8.5 < D < 11.5$，试验仿真中可以用随机序列来代替输入。

2. 辨识算法

辨识算法分别用一次最小二乘算法和递推最小二乘算法对被控对象进行辨识。

1)一次最小二乘算法

最小二乘法是一种数学优化技术,它通过最小化误差的平方和寻找数据的最佳函数匹配。利用最小二乘法可以简便地求得未知的数据,并使得这些求得的数据与实际数据之间误差的平方和为最小。

设单输入单输出线性定长系统的差分方程表示为

$$y(k) = -a_1 y(k-1) - a_2 y(k-2) - \cdots - a_n y(k-n)$$
$$+ b_0 u(k) + b_1 u(k-1) + \cdots + b_n u(k-n) + \xi(k) \quad (7-90)$$

式中,$\xi(k) = n(k) + \sum_{i=1}^{n} a_i n(k-i)$,$n(k)$ 为均值为 0 的白噪声,现分别测出 $n+N$ 个输出输入值 $y(1), y(2), \cdots, y(n+N), u(1), u(2), \cdots, u(n+N)$,则可写出 N 个方程,写成向量-矩阵形式为

$$\begin{bmatrix} y(n+1) \\ y(n+2) \\ \vdots \\ y(n+N) \end{bmatrix} = \begin{bmatrix} -y(n) & \cdots & -y(1) & u(n+1) & \cdots & u(1) \\ -y(n+1) & \cdots & -y(2) & u(n+2) & \cdots & u(2) \\ \vdots & & \vdots & \vdots & & \vdots \\ -y(n+N-1) & \cdots & -y(N) & u(n+N) & \cdots & u(N) \end{bmatrix} \times \begin{bmatrix} a_1 \\ \vdots \\ a_n \\ b_0 \\ \vdots \\ b_n \end{bmatrix}$$
$$+ \begin{bmatrix} \xi(n+1) \\ \xi(n+2) \\ \vdots \\ \xi(n+N) \end{bmatrix} \quad (7-91)$$

$$y = \begin{bmatrix} y(n+1) \\ y(n+2) \\ \vdots \\ y(n+N) \end{bmatrix}, \quad \theta = \begin{bmatrix} a_1 \\ \vdots \\ a_n \\ b_0 \\ \vdots \\ b_n \end{bmatrix}, \quad \xi = \begin{bmatrix} \xi(n+1) \\ \xi(n+2) \\ \vdots \\ \xi(n+N) \end{bmatrix} \quad (7-92)$$

$$\phi = \begin{bmatrix} -y(n) & \cdots & -y(1) & u(n+1) & \cdots & u(1) \\ -y(n+1) & \cdots & -y(2) & u(n+2) & \cdots & u(2) \\ \vdots & & \vdots & \vdots & & \vdots \\ -y(n+N-1) & \cdots & -y(N) & u(n+N) & \cdots & u(N) \end{bmatrix} \quad (7\text{-}93)$$

式中，y 为 N 维输出向量；ξ 为 N 为维噪声向量；θ 为 $2n+1$ 维参数向量；Φ 为 $N(2n+1)$ 测量矩阵。因此，式(7-93)是一个含有 $2n+1$ 个未知参数、由 N 个方程组成的联立方程组。

对于 $\theta = \phi^{-1}y - \phi^{-1}\xi$，在给定输出向量 y 和测量矩阵 Φ 的条件下求参数 θ 的估计，这就是系统辨识问题。

MATLAB 程序如下：

```
randn('seed',100);
v= randn(1,80);            % 产生正态分布 N(0,1)的随机噪声
L= 80;                     % M 序列的周期
y1= 1;y2= 1;y3= 1;y4= 0;   % 四个以为寄存器的输出初始值
for i= 1:L;
x1= xor(y3,y4);
x2= y1;
x3= y2;
x4= y3;
y(i)= y4;
if y(i)> 0.5,u(i)= - 5;
    else u(i)= 5;          % M 序列的幅值为 5
end
y1= x1;y2= x2;y3= x3;y4= x4;
end
z= zeros(1,80);            % 定义输出观测值的长度 1 * 80
Hm= zeros(78,4);
Zm= zeros(4,78);
z(2)= 0;z(1)= 0;
for k= 3:L
    z(k)= 1.1505 * z(k-1)- 0.1779 * z(k-2)+ 0.0365 * u(k-1)
          + 0.0208 * u(k-2)+ v(k);
```

```
% 用理想输出加噪声出值作为观测值
end
subplot(2,2,1)
stem(u),grid on              % 画出输入信号 u 的经线图形
title('输入 u(k)')
subplot(2,2,3)
i= 1:1:L;
plot(i,z)                    % 画出连续输出信号 z 的经线图形
title('连续输出 z(k)')
subplot(2,2,4)
stem(z)                      % 画出离散输出信号 u 的经线图形
title('离散输出 z(k)')
subplot(2,2,2)
stem(v),grid on              % 画出随机噪声信号 v 的经线图形
title('随机噪声 v')
for i= 3:L
    h= [-z(i-1)-z(i-2)u(i-1)u(i-2)];
    Hm(i-2,:)= h;
end
% 计算参数
for j= 3:L
    zz= [z(j)];
    Zm(j-2,:)= zz;
end
c1= Hm' * Hm;
c2= inv(c1);
c3= Hm' * Zm;
c= c2 * c3;
% 显示参数
a1= c(1);a2= c(2);b1= c(3);b2= c(4);
% 从中分离出并显示 a1、a2、b1、b2
a1_a2_b1_b2= [a1 a2 b1 b2]
```

辨识结果如下：

a1 = -1.0525   a2 = 0.1157   b1 = 0.0325   b2= -0.0018

Transfer function:

0.0325 z - 0.0018

- - - - - - - -

z^2 - 1.0525 z + 0.1157

其程序的流程框图如图 7-16 所示。

2）递推最小二乘算法

为了实现实时控制，必须采用递推算法，这种辨识方法主要用于在线辨识。设已获得的观测数据长度为 N，则

$$Y_N = \Phi_N \theta + \bar{\xi}_N \qquad (7\text{-}94)$$

$$\hat{\theta}_N = (\Phi_N^\mathrm{T}\Phi_N)^{-1}\Phi_N^\mathrm{T}Y_N \qquad (7\text{-}95)$$

估计方差矩阵为

$$\mathrm{Var}\tilde{\theta} = \sigma^2 (\Phi_N^\mathrm{T}\Phi_N)^{-1} = \sigma^2 P_N \qquad (7\text{-}96)$$

式中

$$P_N = (\Phi_N^\mathrm{T}\Phi_N)^{-1} \qquad (7\text{-}97)$$

$$\hat{\theta}_N = P_N\Phi_N^\mathrm{T}Y_N \qquad (7\text{-}98)$$

于是如果再获得一组新的观测值，则又增加一个方程：

$$y_{N+1} = \psi_{N+1}^\mathrm{T}\theta + \xi_{N+1} \qquad (7\text{-}99)$$

得新的参数估计值：

$$\hat{\theta}_{N+1} = P_{N+1}(\Phi_N^\mathrm{T}Y_N + \psi_{N+1}y_{N+1}) \qquad (7\text{-}100)$$

式中

$$P_{N+1} = \left\{ \left[\frac{\Phi_N}{\psi_{N+1}^\mathrm{T}}\right]^\mathrm{T} \left[\frac{\Phi_N}{\psi_{N+1}^\mathrm{T}}\right] \right\}^{-1} = (P_N^{-1} + \psi_{N+1}\psi_{N+1}^\mathrm{T})^{-1} \qquad (7\text{-}101)$$

应用矩阵求逆引理，可得 P_{N+1} 和 P_N 的递推关系式。

矩阵求逆引理：设 A 为 $n \times n$ 矩阵，B 和 C 为 $n \times m$ 矩阵，并且 A、$A+BCT$ 和 $I+CTA^{-1}B$ 都是非奇异矩阵，则有矩阵恒等式：

$$(A + BC^\mathrm{T})^{-1} = A^{-1} - A^{-1}B (I + C^\mathrm{T}A^{-1}B)^{-1}C^\mathrm{T}A^{-1} \qquad (7\text{-}102)$$

得到递推关系式：

$$P_{N+1} = P_N - P_N\psi_{N+1} (I + \psi_N^\mathrm{T}P_N\psi_{N+1})^{-1}\psi_{N+1}^\mathrm{T}P_N \qquad (7\text{-}103)$$

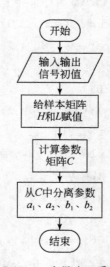

图 7-16　一次最小二乘辨识
程序流程框图

由于 $\psi_N^T P_N \psi_{N+1}$ 是标量,因而上式可以写成

$$P_{N+1} = P_N - P_N \psi_{N+1}(1 + \psi_N^T P_N \psi_{N+1})^{-1} \psi_{N+1}^T P_N \qquad (7\text{-}104)$$

最后,得最小二乘法辨识公式:

$$\begin{cases} \hat{\theta}_{N+1} = \hat{\theta}_N + K_{N+1}(y_{N+1} - \psi_{N+1}^T \hat{\theta}_N) \\ K_{N+1} = P_N \psi_{N+1}(1 + \psi_N^T P_N \psi_{N+1})^{-1} \\ P_{N+1} = P_N - P_N \psi_{N+1}(1 + \psi_{N+1}^T P_N \psi_{N+1})^{-1} \psi_{N+1}^T P_N \end{cases} \qquad (7\text{-}105)$$

MATLAB 程序如下:

```
randn('seed',100);
v= randn(1,80);              % 产生正态分布 N(0,1)的随机噪声
% 产生 M 序列
L= 80;                       % M 序列的周期
y1= 1;y2= 1;y3= 1;y4= 0;     % 四个以为寄存器的输出初始值
for i= 1:L;
    x1= xor(y3,y4);
    x2= y1;
    x3= y2;
    x4= y3;
    y(i)= y4;
    if y(i)> 0.5,u(i)= - 5;
      else u(i)= 5;          % M 序列的幅值为 5
    end
    y1= x1;y2= x2;y3= x3;y4= x4;
end
subplot(2,2,1)               % 画四行一列图形窗口中的第一个图形
stem(u),grid on
title('输入 u')
subplot(2,2,2)               % 画四行一列图形窗口中的第一个图形
stem(v),grid on
title('噪声 v')
% 递推最小二乘辨识程序
z(2)= 0;z(1)= 0;
for k= 3:80;
```

```
    z(k)= 1.5294 * z(k- 1)- 0.5759 * z(k- 2)+ 0.0371 * u(k- 1)
          + 0.06 * u(k- 2)+ v(k);
end
% RLS 递推最小二乘辨识
c0= [0.001 0.001 0.001 0.001]';      % 初始化值
p0= 10^3 * eye(4,4);            % 获得单位阵乘以 1000
E= 0.000000005;                % 相对误差
c= [c0,zeros(4,79)];           % 被辨识参数矩阵的初始值及大小
e= zeros(4,80);                % 相对误差的初始值及大小
lamt= 1;
for k= 3:80;
    h1= [- z(k-1),- z(k-2),u(k-1),u(k-2)]';
    k1= p0 * h1 * inv(h1' * p0 * h1+ 1 * lamt);      % 求出 k 的值
    new= z(k)- h1' * c0;
    c1= c0+ k1 * new;          % 求被辨识参数 c
    p1= 1/lamt * (eye(4)- k1 * h1') * p0;
    e1= (c1- c0)./c0;          % 求参数当前值与上一次的值的差值
    e(:,k)= e1;
    c(:,k)= c1;
    c0= c1;                    % 新获得的参数作为下一次递推的旧参数
    p0= p1;
    if norm(e1)< = E
        break;                 % 若参数收敛,则终止
    end
end
% 分离参数
a1= c(1,:);a2= c(2,:);b1= c(3,:);b2= c(4,:);
ea1= e(1,:);ea2= e(2,:);eb1= e(3,:);eb2= e(4,:);
subplot(2,2,3)
i= 1:80;
plot(i,a1,'k',i,a2,'b',i,b1,'r',i,b2,'g');% 画出辨识结果
legend('a1','a2','b1','b2');
```

```
title('递推最小二乘参数辨识')
subplot(2,2,4)
i= 1:80;
plot(i,ea1,'k',i,ea2,'b',i,eb1,'r',i,eb2,'g')
% 画出辨识结果的收敛情况
legend('a1','a2','b1','b2');
title('辨识精度')
a1= a1(80);a2= a2(80);b1= b1(80);b2= b2(80);
a1_a2_b1_b2= [a1 a2 b1 b2]
```

辨识结果如下：

a1 = - 1.4272   a2 = 0.5287   b1 = 0.0331   b2 = 0.0380

Transfer function:

0.0331 z +   0.0380

- - - - - - - - - -

z^2 - 1.4271z + 0.5287

其程序流程图如图 7-17 所示。

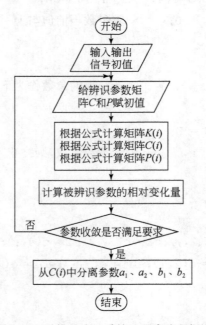

图 7-17　递推最小二乘算法程序流程框图

3)温度系统辨识结果与分析

设递推最小二乘法的参考数据为

$$a_1 = -1.5294, \quad a_2 = 0.5759, \quad b_1 = 0.0371, \quad b_2 = 0.0600$$

最小二乘法的参考数据为

$$a = -1.1505, \quad a_2 = 0.1779, \quad b_1 = 0.0365, \quad b_2 = 0.0208$$

（1）弱噪声下的辨识结果。

由于历史数据本身是在很弱的白噪声下采集的，所以两种辨识数据如下：

①一次最小二乘辨识数据（程序见 example7_2_3_2_3A.m）：

$$a_1 = -1.0525, \quad a_2 = 0.1157, \quad b_1 = 0.0325, \quad b_2 = -0.0018$$

②递推最小二乘辨识数据（程序见 example7_2_3_2_3B.m）：

$$a_1 = -1.4272, \quad a_2 = 0.5287, \quad b_1 = 0.0331, \quad b_2 = 0.0380$$

这是两种算法在弱噪声下的辨识结果，两组数据之中最小二乘法相对误差较大，所以不能将一次辨识结果直接作为模型数据来用。通过此次对比，可以看到，最小二乘一次性完成算法是离线算法，需要采集大量数据，一次完成计算；最小二乘递推算法可以实现在线辨识，而且运算量小，只要满足误差要求，不必完成所有数据的计算，在计算出一定量的数据后，参数趋于稳定。

（2）强噪声下的辨识结果。

首先对数据加入强噪声，辨识结果如下：

①一次最小二乘辨识数据：

$$a_1 = -0.6553, \quad a_2 = -0.3055, \quad b_1 = 0.0417, \quad b_2 = 0.0412$$

②递推最小二乘辨识数据：

$$a_1 = -1.4967, \quad a_2 = 0.5442, \quad b_1 = 0.0299, \quad b_2 = 0.0359$$

通过仿真，可以很明显地发现一次最小二乘辨识的结果无法使用，而递推最小二乘辨识的结果出入不是很大，可以作为模型数据。在强噪声下，一次辨识不能对模型作出精确的辨识，但是，递推辨识可以很接近地辨识出模型参数。

（3）噪声水平对辨识结果的影响分析。

通过上述仿真得到的数据，可以很明显地得到如下结论。在弱噪声下，两种辨识算法都可以采用，但是如果采用递推辨识，不仅运算量可以大大减少（运算次数当 $i = 273$ 时就得到辨识结果了），而且精度可以自己选择，效果也比一次辨识的高。在强噪声下，则不能采用一次最小二乘辨识方法，而递推辨识虽然有点误差，但是精度还是很高的，这就是递推辨识可以在线辨识的优点所在。

3. 温度系统动态矩阵控制仿真结果分析

动态矩阵控制是一种用被控对象的阶跃响应特性来描述系统动态模型的预测控制算法。

采用弱噪声下的递推辨识结果作为模型数据,弱噪声下的递推辨识结果作为被控对象数据,代入 DMC 程序(程序见 example7_2_3_3.m)。

注:在以下仿真过程中,得到合理的曲线需要修改 DMC 程序里画图程序的横纵坐标值。

MATLAB 程序如下:

```
D= 1;                                        % 纯迟延
CD= 1;                                       % 采样时间
g= poly2tfd([b1,b2],[1,a1,a2],CD,D);         % 将预测模型转换为阶跃响应
                                               模型
p= poly2tfd([b1,b2],[1,a1,a2],CD,D);         % 将控制对象转换为阶跃响应
                                               模型
Ts= [5];                                     % 采样时间
ny= [1];                                     % 输出稳定性指标
tfinal= [10];                                % 对阶跃响应模型的截断时间
model= tfd2step(tfinal,Ts,ny,g);             % 预测模型的阶跃响应系数矩阵
plant= tfd2step(tfinal,Ts,ny,p);             % 对象的阶跃响应系数矩阵
P= [80];                                     % 多步输出预测时域长度(优化
                                               时域长度)
M= [10];                                     % 控制时域长度
ywt= [1];                                    % 输出量约束 Q
uwt= [1];                                    % 控制量约束 Lamda
kmpc= mpccon(model,ywt,uwt,M,P);             % 控制器增益矩阵即反馈控
                                               制率
r= [20];                                     % 系统给定值
tend= 500;                                   % 仿真时间
dplant= [];                                  % 被控对象扰动取默认值
dmodel= [];                                  % 模型扰动取默认值
dfilter= [];                                 % 取默认值
```

```
[y,u,ym]= mpcsim(plant,model,kmpc,tend,r,dfilter,dplant);
% 无约束模型模拟预测控制器
figure(1);                          % 画第一个图即输出 y 的曲线
plot(y,'b');
title('系统响应 y ');
xlabel('t');ylabel('y');legend('y');
axis([0,50,0,26]);grid on;box;
figure(2);                          % 画第二个图即控制器输出 u 的曲线
plot(u);title('控制器输出');
xlabel('t');ylabel('u');legend('u');
axis([0,10,10,20]);grid on;box;
```

预测模型和控制模型的传递函数均为

$$G(z) = \frac{0.0331z + 0.0380}{z^2 - 1.4967z + 0.5763}$$

系统仿真曲线如图 7-18 所示。

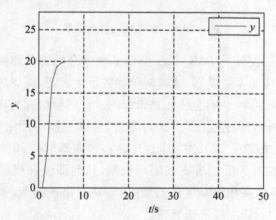

图 7-18　加入 DMC 的仿真结果

　　经过仿真，可以验证输出无静差这个特性。而且如果模型计算精确，系统平滑上升，没有超调，调节时间也很快。当给对象加入扰动，得到的曲线基本没有变化。

　　预测模型传递函数为

$$G(z) = \frac{0.0325z - 0.0018}{z^2 - 1.0525z + 0.1157}$$

控制模型传递函数为

$$G(z) = \frac{0.0331z + 0.0380}{z^2 - 1.4967z + 0.5763}$$

模型失配时的稳定性即所谓的鲁棒性。如果将弱噪声下一次辨识数据作为模型数据,把递推辨识数据作为被控对象数据,仿真曲线如图 7-19 所示。

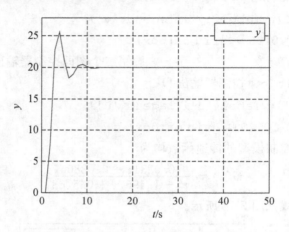

图 7-19　模型失配的仿真结果

实际对象与我们设计的 DMC 系统模型不相吻合的情况即模型失配。它是由在辨识对象阶跃响应时不够精确,或者对象参数发生时变,或者因存在非线性因素等引起的。对象的实际阶跃响应往往是未知的。这部分仿真所用的模型参数与被控对象的参数最大相对误差达到了 40% 左右,可以说模型严重失配,而响应曲线的时域性能指标衰减率在 80% 左右,上升时间和调节时间和模型匹配时基本一致。由于 DMC 算法基于反馈矫正的闭环机制,从而即使在模型失配时也有无静差的特性。DMC 算法采用滚动优化的策略,当系统出现超调,控制器也能及时地进行调节,使系统的响应曲线迅速衰减。

预测模型和控制模型的传递函数均为

$$G(z) = \frac{0.0299z + 0.0359}{z^2 - 1.4967z + 0.5442}$$

将强噪声下递推辨识参数作为模型参数,递推辨识结果作为对象参数,其仿真曲线如图 7-20 所示。

这两组数据的最大相对误差为 5% 左右,从仿真曲线上来看,系统没有出现超调,上升时间和调节时间很快,系统的时域性能指标良好,具有良好的动态性能和稳态性能。模型失配较轻,和模型匹配时的控制效果接近。

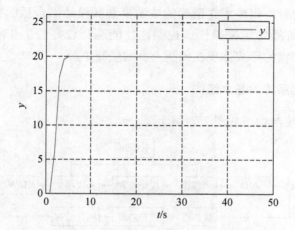

图 7-20　强噪声下递推辨识的仿真结果

鲁棒性分析：从这两部分来看，当模型失配程度较轻时，系统响应没有出现激烈的动作，各项性能指标良好，基本等同于模型匹配时的状态；当模型失配严重时，虽然系统出现了振荡，但衰减率达到 80% 以上，系统调节时间和上升时间较快。

由于 DMC 控制策略采用滚动优化策略，即通过某一性能指标的最优来确定未来的控制作用。这一性能指标涉及系统未来的行为，通常可取被控对象输出在未来的采样点上跟踪某一期望轨迹的方差最小。性能指标中涉及的系统未来的行为，是根据预测模型由未来的控制策略决定的，从而预测控制中的滚动优化得到了全局的次优解。但由于它的优化始终建立在实际过程的基础上，使控制结果达到实际意义上的最优控制，能够有效地克服工业过程控制中的模型不精确、非线性、时变等不确定性的影响，故而使系统具有较好的鲁棒性。

7.3　模 糊 控 制

模糊控制（fuzzy control）是以模糊数学为理论基础，以传感器技术、计算机技术和自动控制理论作为技术基础的一种先进控制技术和方法。

传统的控制系统分析与设计大多依赖于被控对象的精确数学模型，如传递函数或状态方程。与传统控制理论相比，模糊控制易于表达和处理语言形式的知识。模糊控制研究的对象一般有三个方面的特点：①对象模型不确定，包含两层意思，一是模型未知或所知甚少，二是模型的结构和参数可能在很大范围内变化；②具有非线性特征；③对象具有复杂的任务和要求。例如，工业过程的被控对象具有非线性、时变、延时等特性,很难建立精确的数学模型和设计出合适的控制器。然而这些过程系统由熟练操作工来操作或控制往往能达到较好的工作状态,其操作(控制)规则经常以模糊的形式体现在控制人员的经验中。

7.3.1 模糊控制系统的基本结构

模糊控制系统结构图如图 7-21 所示。

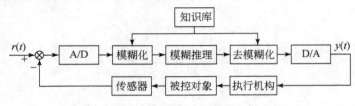

图 7-21　模糊控制系统

由图 7-21 可知模糊控制器由模糊化、知识库、模糊推理和去模糊化四个功能模块组成,各模块功能如下:

1) 模糊化

模糊化模块的功能是将输入的精确量按某些算法转换为模糊量(其中该模块的输入量包括了系统的参考输入、系统输出或状态等),并将输入量进行处理,使其变成模糊控制器要求的输入量。接着进行尺度变换,使其变换到各自的论域范围,并进行模糊化处理,通过定义在其论域上的隶属度函数计算出其属于各模糊集合的隶属度,从而将其转化成为一个模糊变量。模糊化过程一般如下:

(1) 首先对输入量进行处理,变换成模糊控制器要求的输入量。例如,当系统控制是按偏差控制时,计算偏差 $e = r - y$。

(2) 将 e 进行尺度变换,使其变换到各自的论域。

(3) 将变换到论域范围的输入量进行模糊化处理,把原有的精确量变换成模糊量,并用相应的模糊集合语言值来表示,例如:

$$\{"正大","正中","正小","零","负小","负中","负大"\}$$
$$=\{PB,PM,PS,ZO,NS,NM,NB\}$$

为便于工程实施,通常采用三角形或者梯形隶属度函数,最常用的三角形隶属度函数分布如图 7-22 所示。

2) 知识库

知识库由数据库和规则库两部分组成,知识库包含了应用领域的知识和控制目标,通常由数据库和模糊控制规则库两部分组成。其中数据库中包括的是所有输入、输出变量的全部模糊子集的隶属度矢量值(即经过论域等级离散化以后对应

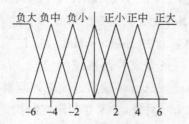

图 7-22　三角形隶属函数分布

数值的集合），其中若论域为连续域，则为隶属度函数。模糊子集的隶属度矢量可以用表格表示，如表 7-1 所示。将表中的数据存放于数据库中，在推理过程中向推理机提供数据。

表 7-1　数据方法表示隶属度

隶属度		论域											
		−6	−5	−4	−3	−2	−1	0	1	2	3	4	5	6
模糊集合	NB	1.0	0.5	0	0	0	0	0	0	0	0	0	0	0
	NM	0	0.5	1.0	0.5	0	0	0	0	0	0	0	0	0
	NS	0	0	0	0.5	1.0	0.5	0	0	0	0	0	0	0
	ZO	0	0	0	0	0	0.5	1.0	0.5	0	0	0	0	0
	PS	0	0	0	0	0	0	0	0.5	1.0	0.5	0	0	0
	PM	0	0	0	0	0	0	0	0	0	0.5	1.0	0.5	0
	PB	0	0	0	0	0	0	0	0	0	0	0	0.5	1.0

　　规则库是用模糊语言变量表示的一系列控制规则，反映了控制专家的经验和知识。基于专家系统知识或手动操作人员长期积累的经验，它是按人的直觉推理的一种语言表示形式。模糊规则通常由一系列的关系词连接而成。最常用的关系词为 if-then、or、else、end 等，关系词必须经过"翻译"，才能将模糊规则数值化。规则库是用来存放全部模糊控制规则的，在推理时为"推理机"提供控制规则。

　　模糊控制器由输入到输出的映射是用一组"条件→作用"的规则来表征的，即

$$if\ 条件\ then\ 结论$$

模糊控制器的输入为前件，输出为结论。if-then 规则可以表示成多种形式，常用的两种标准形式为：多输入多输出（MIMO）、多输入单输出（MISO）。

　　若语言规则为 MISO 形式，$e_1, e_2, \cdots, e_n$ 表示模糊控制器的输入语言变量，u

为其输出语言变量。$E_1^i, E_2^k, \cdots, E_n^l$ 分别表示 $e_1, e_2, \cdots, e_n$ 量的语言值(模糊子集);U_q^p 为输出 u 的模糊子集,其中第 i 条规则的形式如下:

$$\text{if } e_1 \text{ is } E_1^i \text{ and } e_2 \text{ is } E_2^k \text{ and}, \cdots, \text{and } e_n \text{ is } E_n^l \quad \text{then } u \text{ is } U_q^p$$

一组这样的规则就表示了一条专家控制系统的经验。MIMO 的形式可以分解成多个 MISO。例如,实现 n 个输入 2 个输出的模糊控制器,可以采用两个模糊控制器,一个输出 u_1,一个输出 u_2。另外,专家在制定控制规则时,其前件并不是要把所有的输入都包含进去的,并且规则库中没有两条相同的规则。如果规则的前件中用到了输入项的所有可能的组合,则控制规则数为

$$\prod_{i=1}^{n} N_i = N_1 N_2 \cdots N_n \tag{7-106}$$

式中,n 为输入的个数;N_i 为每个输入变量所取的语言值个数。

3)模糊推理

模糊推理是模糊控制器的核心,该推理过程是基于模糊逻辑中的蕴含关系及推理规则来进行的。在模糊控制中,考虑到推理时间,通常采用运算较简单的推理方法。最基本的有 Zadeh 近似推理,它包括正向推理和逆向推理两种。正向推理常被用于模糊控制中,而逆向推理通常用于知识工程领域的专家系统中。推理机有两项基本任务:其一为匹配,即确定当前的输入与哪些规则有关(可以看成激活哪些规则);其二为推理,即利用当前的输入和规则库中所激活规则的信息推导出结论。

4)去模糊化(清晰化)

由于实际的控制量,即被控量的输入应当是精确量,去模糊化的功能就是将模糊推理得到的模糊控制量变换为实际用于控制的清晰控制量。去模糊化过程包含两部分内容:其一,将模糊控制量经过清晰化处理变换为表示在论域范围内的清晰量;其二,将表述在论域范围内的清晰量经过尺度变换转换成实际的控制量。去模糊化的方法有很多,这里介绍常用的三种方法:最大隶属度法、重心法和加权平均法。

(1)最大隶属度法。

最大隶属度法也称直接法,该方法直接选择输出模糊子集隶属函数峰值在输出论域上所对应的值。假设隶属度分布:

$$u_U(u) = \frac{0}{-3} + \frac{0}{-2} + \frac{0}{-1} + \frac{0.5}{0} + \frac{0.75}{1} + \frac{1}{2} + \frac{0.75}{3} \tag{7-107}$$

可见其中隶属度最大值为 1,所对应元素为 $+2$,即 $u_U(2) = 1$,因此选择 $+2$ 为输出控制量。如果有多个相邻元素的隶属度最大,则取它们的平均值。假设隶属度最大值 1 所对应的元素分别是 2 和 3,则 $u = \dfrac{2+3}{2} = 2.5$。如果隶属度最大值所对应

的多个元素不相邻,则不宜采用此种方法。

(2)重心法。

重心法也称为质心法或者面积中心法,是所有解模糊化方法中最为合理、最流行和引人注目的方法。该方法的数学表达式为

$$u_0 = \frac{\int u_U(u) u \mathrm{d}u}{\int u_U(u) \mathrm{d}u} \tag{7-108}$$

式中,$\int$ 表示输出模糊子集所有元素的隶属度值在连续域 u 上的代数积分;u_0 的取值表示其左右两边的面积相等。此方法计算复杂,但是包含了输出模糊子集所有元素的信息,比较精确。

(3)加权平均法。

加权平均法比较适合于输出模糊集的隶属函数是对称的情况,其计算公式是

$$u_0 = \frac{\sum\limits_{i=1}^{n} u_{U_i}(u_i) u_i}{\sum\limits_{i=1}^{n} u_{U_i}(u_i)} \tag{7-109}$$

式中,u_i 和 $u_{U_i}(u_i)$ 分别表示各对称隶属函数的质心和隶属度函数值。此方法既突出了主要信息,又兼顾了其他的信息,较为贴近实际情况,因此应用较为广泛。

以上三种方法各有优缺点,在实际应用中,采用何种方法应视具体情况而定,不能一概而论。研究表明,加权平均法比重心法去模糊化性能更好,但是重心法的动态性能却优于加权平均法。

7.3.2　模糊 PID 控制

常规 PID 控制器是目前结构简单、应用广泛的控制方法。它既可以用解析方法进行设计,也可以凭借经验和试凑法确定,然而常规 PID 控制器不具有在线调节参数的功能,因此不能满足在不同工况下系统对参数的自动调节要求,难以保证其控制效果。自动调节 PID 控制器通过在线辨识被控过程参数来实时调节控制参数,其控制效果好坏取决于辨识模型的精确度,这对于复杂系统是非常困难的。于是将操作人员的一些成功控制经验存入计算机,由计算机根据实际情况自动调节PID 参数,进行实时控制,就是模糊 PID 控制。模糊控制和 PID 控制的结合有多种形式,图 7-23 为模糊控制器的一种实现方法。该方法需要找到 PID 三个控制参数与控制偏差 e 和偏差导数之间的模糊关系,在运行中不断监测控制偏差 e 和偏差导

数,根据模糊控制原理来对三个参数进行在线修订,从而满足于不同控制偏差和偏差导数对控制参数的不同要求,使被控对象具备良好的性能。

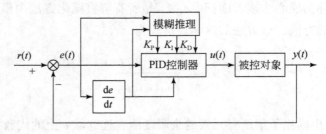

图 7-23　模糊 PID 控制系统结构图

7.3.3　模糊 PID 控制的 MATLAB/Simulink 仿真

例 7-2　双容水箱模糊液位控制在 MATLAB/Simulink 中的仿真。

双容水箱液位控制系统如图 7-24 所示,通过机理建模法可知双容水箱对象的传递函数为

$$G(s) = G_{\text{top}}(s)G_{\text{down}}(s) = \frac{5}{180s + 1}\frac{7}{200s + 1} = \frac{35}{36000s^2 + 380s + 1}$$

要求设计合理的控制器,使下水箱的液位能快速、准确、稳定地达到设定值。

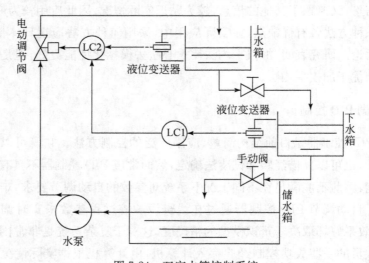

图 7-24　双容水箱控制系统

根据模糊 PID 控制在串级系统中的控制方法以及双容水箱的数学模型,在 Simulink 中建立图 7-25 所示的控制系统仿真图形。模糊 PID 控制器可以利用

Simulink 工具箱里面的已有元器件自行进行封装，具体内部封装细节可以参考图 7-26。PID 控制器初始参数依据对象特性采用工程整定法的经验公式确定。

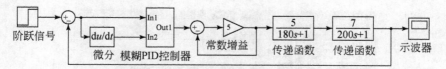

图 7-25　模糊 PID 控制系统仿真图形

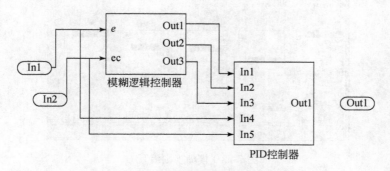

图 7-26　模糊 PID 控制器内部封装

　　模糊逻辑控制器中的模糊推理系统如图 7-27 所示，共有两个输入和三个输出，模糊规则编写界面如图 7-28 所示，针对本问题的模糊推理系统总共有 49 条规则。

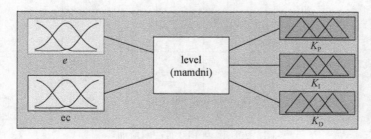

图 7-27　模糊推理系统

　　由计算机实现模糊控制算法进行模糊控制时，每次采样得到的被控量需经计算机计算，得到模糊控制器的输入变量偏差及偏差变化。为了进行模糊化处理，必须将输入变量从基本论域转换到相应的模糊集论域，这中间需将输入变量乘以相应的因子，这个因子称为量化因子，一般用 K 表示。其中，K_e 为偏差的量化因子，K_{ec} 为偏差变化量的量化因子。

经调试,得到量化因子比较合理的参数 $K_e=0.1,K_{ec}=0.1$,参数全部配置好之后,运行仿真程序可以得到系统输出响应曲线,如图 7-29 所示。

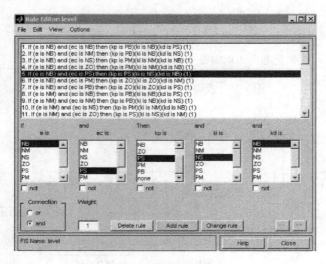

图 7-28　模糊规则编写

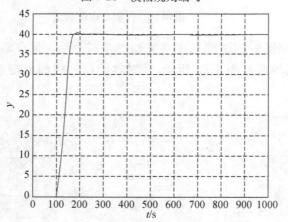

图 7-29　模糊 PID 系统响应曲线

由图 7-29 可以看出,模糊 PID 系统响应曲线的超调量为 1.25%,在 340s 左右输出已在合理的稳态误差范围内。

为增加对比效果,本例中用传统 PID 控制算法对双容水箱液位控制进行了仿真,在 Simulink 中建立图 7-30 所示的仿真图形。

其中,内环副控制器采用纯比例控制,外环主控制器采用 PID 控制,PID 的三个参数可以在 PID 模块中设置。根据系统的性能指标和 PID 参数的调整规则,分

图 7-30 传统 PID 控制在串级系统中的仿真图形

别选择不同的参数对系统进行控制,最终确定最优控制参数为:$K_P = 0.5$,$K_I = 0.003$,$K_D = 1$,传统 PID 系统响应曲线如图 7-31 所示。

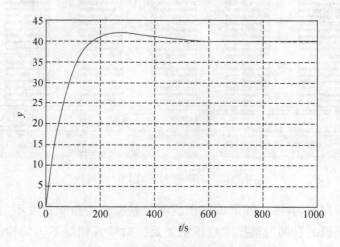

图 7-31 传统 PID 系统响应曲线

由图可以看出,传统 PID 控制系统其响应曲线的超调量约为 4%,在 2% 误差带所用的调节时间约为 450s,稳态误差约为 2mm。与传统 PID 控制系统比较可知,模糊 PID 控制响应速度快、超调量小、调节时间短。

另外,从 MATLAB 中 Simulink 工具箱的"fuzzy"工具模块,能够很好地观察偏差 e、偏差变化率 ec 的隶属度分布,并且当偏差 e、偏差变化率 ec 为不同值时,都能得到相应的 PID 控制器输出 K_P、K_I、K_D,以此获得模糊 PID 查询表,如图 7-32 所示。

7.3.4 模糊控制在纺织工程中的应用

例 7-3 梳棉机自调匀整系统的模糊控制。

近十年来多种先进的梳棉机应用技术被不断地应用于国际上各种型号的高产梳棉机上。其中自调匀整技术是应用最多、发展最快、科技含量最高的技术之一。无论精梳棉的喂棉箱喂入还是利用成卷机的棉卷喂入,喂入棉层经常存在程度不

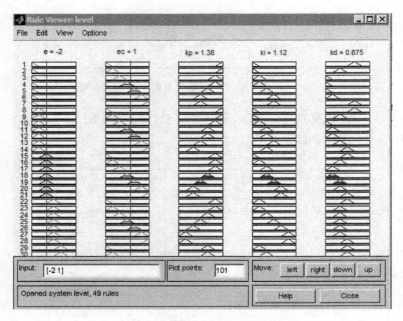

图 7-32 不同输入下的 PID 参数

同的纵向和横向不匀,喂入棉层的线密度不匀是输出生条线密度不匀率的主扰因素。因此梳棉机的自调匀整技术应该主要是针对喂入棉层不匀的检测、反馈和调整,其中的检测应该是对喂入棉层线密度的在线动态检测。自调匀整的匀整效果主要取决于:正确的检测、比例的调节和适宜的时滞。如果梳棉机自调匀整的检测机构能精确地检测喂入棉层的线密度,并有效消除棉层因加压不匀而产生的密度不匀偏差,则梳棉机自调匀整系统对喂入棉层线密度不匀的匀整修正精度和能力将大大提升。

自调匀整系统有三种类型:开环系统、闭环系统、混合环系统。其中开环系统的匀整装置为传统匀整装置,采取的是先检测后匀整的策略。

1)梳棉机的数学模型及传统控制方法

根据梳棉机的特性,梳棉机的数学模型为

$$V_{in}(t)(1-\eta)g_{in}(t) - g_{out}(t)V_{out}(t) = \frac{dQ(t)}{dt}$$

式中,η 为落棉率; $g_{in}(t)$ 为喂入棉层的线密度(g/m); $V_{in}(t)$ 为喂入棉层的线速度(m/s); $g_{out}(t)$ 为输出生条线密度(g/m); $V_{out}(t)$ 为输出生条线速度(m/s); $Q(t)$ 为梳棉机内纤维存量(g/m)。其中落棉率和梳棉机内纤维存量难以测量,其他可测。

设落棉率为 η_0，且梳棉机内棉纤维存储量基本不变，即 $\dfrac{\mathrm{d}Q(t)}{\mathrm{d}t} = 0$，则

$$V_{\mathrm{in}}(t)(1 - \eta_0)g_{\mathrm{in}}(t) = g_{\mathrm{out}}(t)V_{\mathrm{out}}(t)$$

梳棉机自调匀整装置的目的是使输出条子均匀，即喂入与输出生条线密度的设定值相等。设密度设定值为 $g_{\mathrm{outs}}(t)$，则可以由上式得到控制律：

$$V_{\mathrm{in}}(t) = \frac{g_{\mathrm{outs}}(t)V_{\mathrm{out}}(t)}{(1 - \eta)g_{\mathrm{in}}(t)}$$

但是在实际生产过程中，梳棉机内纤维存储量是不可能一成不变的，所以直接导致了机理模型本身是不精确的。因此，不建议使用精确机理模型，而改选用快速性、鲁棒性均较好的模糊控制器来实现自调匀整，使其取得较好的效果。

2）模糊混合环控制器的设计

图 7-33 所示为模糊混合控制环控制器的结构，模糊前馈控制器部分的模糊化原理与反馈控制部分相同。控制器中 g_{outs} 是设定值，$g_{\mathrm{out}}(t)$ 是被控量，$g'_{\mathrm{in}}(t)$ 是主要扰动，用前馈控制来消除主扰动对生条线密度的影响，而其他扰动如落棉率、输出生条线速度等均属于慢时变因素，可采用反馈回路来消除它们对生条质量的影响。

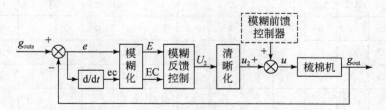

图 7-33　模糊混合环控制器设计

本例将着重描述模糊反馈控制器的设计，控制器在 MATLAB 中的仿真实现与例 7-2 类似，模糊前馈控制器的设计与反馈控制器类似。

（1）图 7-33 中，g_{outs} 为输出定量，$e = g_{\mathrm{outs}} - g_{\mathrm{out}}(t)$ 为输入的偏差值，$\mathrm{ec} = \dfrac{\mathrm{d}e(t)}{\mathrm{d}t} \approx e(t_i) - e(t_{i-1})$ 为偏差的变化率，u_2 为反馈控制器的输出，E、EC、U_2 分别为 e、ec、u_2 的模糊变量。

E、EC、U_2 模糊语言集和论域的定义如下：

$\mathrm{EC}, U_2 \in \{\mathrm{NB}, \mathrm{NM}, \mathrm{NS}, 0, \mathrm{PS}, \mathrm{PM}, \mathrm{PB}\}$

$E \in \{\mathrm{NB}, \mathrm{NM}, \mathrm{NS}, \mathrm{NO}, \mathrm{PO}, \mathrm{PS}, \mathrm{PM}, \mathrm{PB}\}$

$\mathrm{EC}, E \in \{-6, -5, -4, -3, -2, -1, 0, 1, 2, 3, 4, 5, 6\}$

$U_2 \in \{-7, -6, -5, -4, -3, -2, -1, 0, 1, 2, 3, 4, 5, 6, 7\}$

(2)输入量的模糊化。设置 e^*、ec^* 为 e、ec 的量化值,其中 $e \in [e_{min}, e_{max}]$,$ec \in [ec_{min}, ec_{max}]$,则

$$e^* = \text{round}\left[\frac{6+(-6)}{2} + K_e\left(e - \frac{e_{max}+e_{min}}{2}\right)\right], \quad K_g = \frac{6+(-6)}{g_{max}-g_{min}}$$

$$ec^* = \text{round}\left[\frac{6+(-6)}{2} + K_{ec}\left(ec - \frac{ec_{max}+ec_{min}}{2}\right)\right], \quad K_{gc} = \frac{6+(-6)}{gc_{max}-gc_{min}}$$

式中,round 为四舍五入取整函数;K_g、K_{gc} 为量化因子。

模糊化即求 e^*、ec^* 对应的模糊集合和隶属度,可通过定义模糊集的隶属度函数获得。为了方便,将隶属度函数离散化,构成赋值表,如表 7-2 所示。

例如,当 $e^* = +4$ 时,由表 7-2 可查到对应的模糊集为 PM,隶属度为 0.8。同理可以模糊化 ec^*。

表 7-2　E 的赋值表

隶属度		论域											
		−6	−5	−4	−3	−2	−1	0	1	2	3	4	5	6
模糊集合	NB	1.0	0.8	0.4	0.1	0	0	0	0	0	0	0	0	0
	NM	0.2	0.7	1.0	0.7	0.2	0	0	0	0	0	0	0	0
	NS	0	0	0.1	0.5	1.0	0.8	0.3	0	0	0	0	0	0
	NO	0	0	0	0	0.1	0.6	1.0	0	0	0	0	0	0
	PO	0	0	0	0	0	0	1.0	0.6	0.1	0	0	0	0
	PS	0	0	0	0	0	0	0.8	0.8	1.0	0.5	0.1	0	0
	PM	0	0	0	0	0	0	0	0	0.2	0.7	1.0	0.7	0.2
	PB	0	0	0	0	0	0	0	0	0	0.1	0.4	0.8	1.0

3)反馈控制规则的确定

控制规则可根据生产经验来控制。若输入棉层很厚,且继续变厚,则应迅速减小给棉罗拉的转速,这条规则即可描述为

if E is PB and EC is PB, then U_2 is NB

同理可建立其他规则,可参考表 7-3。

表 7-3　控制规则表

	NB	NM	NS	O	PS	PM	PB
NB	PB	PB	PB	PM	PM	O	O
NM	PB	PB	PB	PM	PM	O	O
NS	PB	PB	PS	PO	O	NS	NS
NO	PM	PM	PS	O	NS	NM	NM
PO	PM	PM	O	O	NS	NM	NM
PS	PS	PS	O	NS	NS	NM	NB
PM	O	O	NM	NS	NM	NM	NB
PB	O	O	NM	NM	NB	NB	NB

4) 模糊推理及输出量的清晰化

由表 7-3 可知,本例中控制器由 56 条控制规则组成,令其分别为 $R_1, R_2, \cdots,$ R_{56},则总体的模糊关系为

$$R = R_1 \bigcup R_2 \bigcup \cdots \bigcup R_{56} = \bigcup_{i=1}^{56} R_i$$

式中,"$\bigcup$"为取大运算。

在本例中,清晰化过程采用加权平均法实现,设 $u_2 \in [u_{2\min}, u_{2\max}]$,则

$$U_2^* = \frac{\sum_{i=1}^{15} u_{U_2}(u_i) u_i}{\sum_{i=1}^{15} u_{U_2}(u_i)}, \quad u_i \in \{-7, -6, -5, \cdots, 5, 6, 7\}$$

$$u_2 = \frac{u_{2\min} + u_{2\max}}{2} + K_{u_2} \left[U_2^* - \frac{7 + (-7)}{2} \right]$$

$$K_{u_2} = \frac{u_{2\max} - u_{2\min}}{7 - (-7)}$$

5) 模糊控制器的实现

经上述过程计算控制量,过程比较复杂,可能在实际生产中难以实现实时控制,因此需根据事先定义的控制规则离线计算控制表。在线控制时,只需根据输入的量化值来查控制表,就可以求得输出的量化值 U_2^*。控制表如表 7-4 所示。

表 7-4　模糊控制表

e^* ＼ ec^*　U_2^*	−6	−5	−4	−3	−2	−1	0	1	2	3	4	5	6
−6	7	7	7	7	7	7	7	4	4	3	0	0	0
−5	7	7	7	7	7	7	7	4	4	3	0	0	0
−4	7	7	7	7	7	7	7	4	4	3	0	0	0
−3	6	6	6	6	6	6	6	4	4	3	0	0	0
−2	4	4	4	4	4	4	4	0	0	−1	−1	−1	−1
−1	4	4	4	4	4	4	4	0	0	−1	−2	−2	−2
−0	4	4	4	3	1	1	0	−1	−1	−3	−4	−4	−4
+0	4	4	4	3	1	1	0	−1	−1	−3	−4	−4	−4
1	2	2	2	1	0	0	−4	−4	−4	−4	−4	−4	−4
2	1	1	1	1	0	0	−4	−4	−4	−4	−4	−4	−4
3	0	0	0	−3	−4	−4	−6	−6	−6	−6	−6	−6	−6
4	0	0	0	−3	−4	−4	−7	−7	−7	−7	−7	−7	−7
5	0	0	0	−3	−4	−4	−7	−7	−7	−7	−7	−7	−7
6	0	0	0	−3	−4	−4	−7	−7	−7	−7	−7	−7	−7

7.4　神经网络控制

神经网络是一种具有高度非线性的连续时间动力系统,它有着很强的自学习能力和对非线性系统的强大的映射能力,已广泛应用于复杂对象的控制中。神经网络所具有的大规模并行性、冗余性、容错性、非线性及自组织、自学习、自适应的能力,给不断面临挑战的控制理论带来生机。神经网络的智能处理能力及控制系统所面临的越来越严重的挑战是神经网络控制发展的动力。神经网络本身具有传统的控制方法无法实现的一些优点和特征,使得神经网络控制器的研究迅速发展。从控制角度来看,神经网络用于控制的优越性主要体现在:神经网络能处理那些难以用模型或规则描述的对象;神经网络采用并行分布式信息处理方法,具有很强的容错性;神经网络在本质上是非线性系统,可以实现任意非线性映射,神经网络在非线性控制具有很大的发展前途;神经网络具有很强的信息综合能力,它能够同时处理大量不同类型的输入,能够很好地解决输入信息之间的互补性和冗余性问题。

目前神经网络控制所取得的进展如下:

（1）基于神经网络的系统辨识：在已知系统模型结构的情况下，估计模型的参数；利用神经网络处理线性、非线性系统的能力，建立线性、非线性系统的静态、动态、逆动态及预测模型。

（2）神经网络控制器：神经网络作为控制器，可以实现对不确定系统或未知系统的有效控制，使控制系统达到所要求的特征。

（3）神经网络与其他算法相结合：神经网络与专家系统、模糊逻辑、遗传算法等相结合可构成新型控制器。

（4）优化计算：在常规控制系统的设计中，常会遇到求解约束优化问题，神经网络为这类问题提供了有效的途径。

（5）控制系统的故障诊断：利用神经网络的逼近特性，可以对控制系统的各种故障进行模式识别，从而实现控制系统的故障诊断。

7.4.1　神经网络的基本原理

简单地说，神经网络就是一类通过学习过程来实现有用计算的网络结构，完成简单计算的单元称为"神经元"，用于完成学习过程的程序称为学习算法。

神经元是神经网络操作的基本信息处理单元，图 7-34 给出了神经元的非线性模型，主要包括三种基本元素：

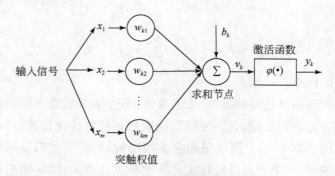

图 7-34　神经元的非线性模型

（1）突触：每一个都有其权值作为特征。具体来说，在连接到神经元 k 的突触 j 上的输入信号 x_j 被乘以 k 的突触权值 w_{kj}。其中，第一个下标 k 指正在研究的这个神经元，第二个下标 j 指所在的突触的输入端。

（2）加法器：用于求输入信号被神经元的相应突触加权的和。

（3）激活函数：用来限制神经元的输出振幅。由于激活函数将输出信号压制到允许范围之内的一定值，故而激活函数也称为压制函数。通常，一个神经元输出的正常幅度范围可以写成单位闭区间 $[0,1]$ 或者 $[-1,1]$。

神经元模型还包括了一个外部偏置,记为 b_k。偏置 b_k 的作用是根据正负,相应地增加或降低激活函数的网络输入。

接下来将介绍一些常见神经网络的基本原理和学习算法。

1)BP 神经网络(反向传播网络)

BP 网络模型处理信息的基本原理是:输入信号通过中间节点(隐层点)作用于输出节点,经过非线性变换,产生输出信号,网络训练的每个样本包括输入向量和期望输出量、网络输出值与期望输出值之间的偏差,通过调整输入节点与隐层节点的连接强度取值和隐层节点与输出节点之间的连接强度以及阈值,使误差沿梯度方向下降,经过反复学习训练,确定与最小误差相对应的网络参数(权值和阈值),训练即宣告停止。此时经过训练的神经网络即能对类似样本的输入信息,自行处理输出误差最小的、经过非线性转换的信息。

BP 网络模型包括输入输出模型、作用函数模型、误差计算模型和自学习模型,典型 BP 网络结构模型如图 7-35 所示。根据图 7-35,输入层和隐层之间的权为 w_{ij},阈值为 θ_j,隐层与输出层之间的权为 w_{jk},阈值为 θ_k,那么各层神经元输出满足

$$
\begin{aligned}
x_j &= f(u_i) = f\Big(\sum_{i=0}^{n-1} w_{ij} x_i - \theta_j \Big) \\
y_k &= f(u_j) = f\Big(\sum_{k=0}^{m-1} w_{jk} x_j - \theta_k \Big)
\end{aligned}
\tag{7-110}
$$

2)Hopfield 网络

Hopfield 神经网络是一种反馈、二值输出、全连接型的动态神经网络,它需要工作一段时间才能达到稳定,其主要应用于联想记忆和优化计算。Hopfield 网络的基本结构如图 7-36 所示。网络采用全连接结构,所有节点都是一样的,它们之间都可以相互连接,一个节点既接收来自其他节点的输入,同时输出给其他节点。其中,$I_1, I_2, \cdots, I_n$ 是外部对网络的输入,$v_1, v_2, \cdots, v_n$ 是网络的输出,根据网络的输出是离散量还是连续量,Hopfield 神经网络可以分为离散和连续两种;$u_1, u_2, \cdots, u_n$ 是对应神经元的输入;w_{ij} 是从第 j 个神经元对第 i 个神经元输入的权值,由于对称性,$w_{ji} = w_{ij}$。通常,Hopfield 网络没有自反馈,即 $w_{ii} = 0$。图中的 $f(\cdot)$ 是特性函数,它决定了网络是离散的还是连续的。离散网络神经元的输出取离散值 0 或 1;连续网络神经元的输出取某个区间内的连续值(如取区间 $[0,1]$ 内的连续值)。

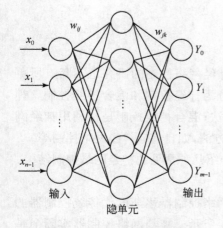

图 7-35　三层 BP 网络结构

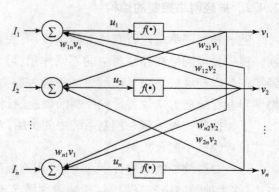

图 7-36　Hopfield 网络的基本结构

3)RBF 网络

径向基函数(RBF)网络结构如图 7-37 所示,它由三层神经元组成,第一层是输入层,第二层是径向基层(简称 RBF 层),第三层是线性输出层。

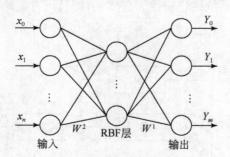

图 7-37　RBF 神经网络结构

设 RBF 网络结构为:输入层神经元节点数 N,RBF 层神经元节点数 R,输出层神经元节点数 M。

RBF 层神经元 j 与输入层神经元 i 之间的连接权为 w_{ji},RBF 层神经元 j 与输入层 N 个神经元之间的连接权向量为

$$w_j = (w_{j1}, w_{j2}, \cdots, w_{jN})^{\mathrm{T}}, \quad j = 1, 2, \cdots, R \qquad (7\text{-}111)$$

RBF 层神经元与输入层神经元之间的连接权矩阵为

$$W_1 = (w_1, w_2, \cdots, w_R)^{\mathrm{T}} \qquad (7\text{-}112)$$

其中,RBF 层采用径向基函数作为激活函数,线性输出层采用纯线性函数作为激

活函数。

7.4.2　神经网络控制的结构

随着神经网络理论研究的不断深入,有关神经网络控制的研究也不断有所更新。根据神经网络在控制器中的不同作用,可分为神经控制和混合神经控制。神经控制是以神经网络为基础形成的智能控制方法;混合神经控制是指利用神经网络学习和优化能力来改善传统控制的智能控制方法,如自适应神经网络控制等。

下面按照神经网络在控制系统中的作用,介绍几种常见的神经网络控制结构。

1)神经网络监督控制

通过对传统控制器进行学习,然后用神经网络控制器逐渐取代传统控制器的方法,称为神经网络监督控制,其结构如图 7-38 所示。神经网络控制器实际上是一个前馈控制器,它建立的是被控对象的逆模型。神经网络控制器通过对传统控制器的输出进行学习,在线调整网络的权值,使反馈控制输入 $u_p(t)$ 趋近于零,从而使神经网络控制器逐渐在控制中占据主导地位,最终取消反馈控制器的作用。一旦系统出现干扰,反馈控制器重新起作用。因此,这种前馈加反馈的监督控制方法,不仅可以确保控制系统的稳定性和鲁棒性,而且可有效地提高系统的精度和自适应能力。

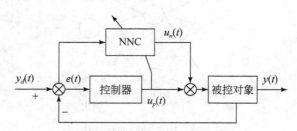

图 7-38　神经网络监督控制的结构

图 7-38 所示的神经网络监督控制结构主要包括以下三个部分:控制器、神经网络控制器(neural network controller,NNC)、被控对象。其中,NNC 的输入是由人接收到的传感器的输入信息,输出则应用于对系统的控制。神经网络监督控制系统实现控制具有以下三个步骤:

(1)通过传感器和传感信息处理,调用必要的和有用的控制信息;

(2)选择神经网络类型、结构参数、学习算法等,搭建神经网络监督控制的结构;

(3)训练神经网络监督控制器,实现输入与输出之间的映射,从而进行正确的控制。

2)神经网络直接逆控制

神经网络直接逆控制就是将被控对象的神经网络逆模型直接与被控对象串联起来,以便使期望输出与对象实际输出之间的传递函数为1。将此网络作为期望前馈控制器后,被控对象的输出为期望输出。显然,神经网络直接逆控制的可用性在相当程度上取决于逆模型的准确精度。由于缺乏反馈,简单连接的直接逆控制缺乏鲁棒性。为此,一般应使其具有在线学习的能力,即作为逆模型的神经网络连接权能够在线调整。

图 7-39 和图 7-40 为神经网络直接逆控制的两种结构方案。在图 7-39 中,神经网络 NN1 通过评价函数进行学习,实现对象的逆控制。在图 7-40 中,NN1 和NN2 具有完全相同的网络结构和连接权,并采用相同的学习算法,分别实现对象的逆控制。

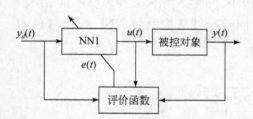

图 7-39 单个神经网络直接逆控制结构

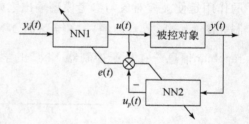

图 7-40 神经网络直接逆控制

3)神经网络模型参考自适应控制

神经网络的自适应控制分为神经网络自校正控制和神经网络模型参考自适应控制两种。自校正控制根据对系统正向或逆模型的结果调节控制器内部参数,使系统满足给定的指标,而在模型参考自适应控制中,闭环控制系统的期望性能由一个稳定的参考模型来描述。

神经网络自校正控制分为直接自校正控制和间接自校正控制。间接自校正控制使用常规控制器,神经网络估计器需要较高的建模精度。直接自校正控制同时使用神经网络控制器和神经网络估计器。

神经网络直接自校正控制,其结构如图 7-39 和图 7-40 所示。神经网络间接自校正控制,其结构图如图 7-41 所示。假设被控对象如下:

$$y_t = f(y_t) + g(y_t)u_t \tag{7-113}$$

若利用神经网络对非线性函数 $f(y_t)$ 和 $g(y_t)$ 进行逼近,得到 $\hat{f}(y_t)$ 和 $\hat{g}(y_t)$,

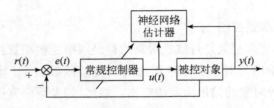

图 7-41　神经网络自校正控制结构

则控制器为

$$u_t = \frac{r_t - \hat{f}(y_t)}{\hat{g}(y_t)} \qquad (7\text{-}114)$$

式中，r_t 为 t 时刻的期望输出值。

神经网络模型参考自适应控制分为直接模型参考自适应控制和间接模型参考自适应控制两种，其中直接模型参考自适应控制如图 7-42 所示。神经网络控制器的作用是使被控对象与参考模型输出之差最小。神经网络间接模型参考自适应控制如图 7-43 所示。神经网络辨识器 NNI 向神经网络控制器 NNC 提供对象的 Jacobian信息 $\dfrac{\partial y}{\partial u}$，用于控制器 NNC 的学习。

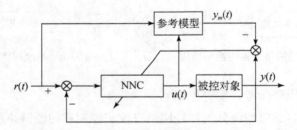

图 7-42　神经网络直接模型参考自适应控制结构

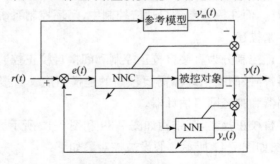

图 7-43　神经网络间接模型参考自适应控制结构

4)神经网络内模控制

神经网络内模控制将被系统的正向模型和逆模型直接加入反馈回路,系统的正向模型作为被控对象的近似模型与实际对象并联,它们之间的输出差被用做反馈信号,该反馈信号又经过前向通道的滤波器及控制器进行处理。控制器直接与系统的逆有关,通过引入滤波器来提高系统的鲁棒性。图 7-44 所示为神经网络内模控制,被控对象的正向模型及控制器均由神经网络来实现,NN1 实现对象的逆控制,NN2 实现对象的逼近。

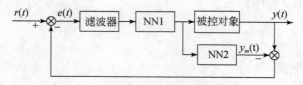

图 7-44　神经网络内模控制结构

5)神经网络预测控制

预测控制是基于模型的控制,该方法的特征是预测模型、滚动优化和反馈校正。神经网络预测控制的结构如图 7-45 所示,神经网络预测器建立了非线性被控对象的预测模型,并可在线进行学习修正。

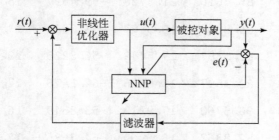

图 7-45　神经网络预测控制结构

神经网络预测控制结构包含神经网络预测器 NNP、非线性优化器、被控对象、滤波器,其中 NNP 用来预测受控对象在一定范围内的未来响应,其公式可以写为

$$y(t+j \mid t), \quad j = N_1, N_1+1, \cdots, N_2 \tag{7-115}$$

式中,N_1、N_2 分别是输出预测的最小和最大级别。

7.4.3　碳纤维生产过程的神经网络性能预测

例 7-4　以碳纤维纺丝生产过程的生产参数作为输入,碳纤维成品质量标准为输出。对碳纤维的纺丝生产过程进行实时监控从而及时进行优化以获得性能优良稳定的碳纤维是碳纤维纺丝生产过程的一个重要目标。请利用神经网络对碳纤维生产过程的性能进行预测。

在实验数据类型中,黏均分子量、转化率、固含量、喷丝头牵伸比、凝固浴温度和总牵伸倍数属于碳纤维纺丝生产过程的生产参数,强度、结构参数属于碳纤维产品的性能指标。将实验数据中的前 45 组数据作为训练数据集,后 5 组样本数据作为测试数据集,采用传统的 RBF 神经网络进行性能预测(输入神经元个数为 6,输出神经元个数为 2,隐层神经元个数为 6)。

MATLAB 仿真程序如下:

```
clear;clc
tic
% 训练输入数据
initialtraininput=[8.9   94.5   20.8   -50.3   14   6.33;
                   6.3   91.0   20.0   -59.7   15   5.89;
                   11.6  92.0   20.4   -50.5   14   6.03;
                   8.8   94.8   21.8   -63.4   13   6.65;
                   7.0   81.8   17.9   -63.4   15   6.32;
          8.2345   85.4616   21.6728   -59.4697   15.0000   5.4856;
          7.1887   89.8257   19.5407   -53.0544   13.0000   5.8848;
          8.9381   82.5397   17.5449   -56.8225   19.0000   6.3756;
          8.0370   83.3897   18.5988   -62.1478   17.0000   5.7185;
          11.7098  90.5760   17.9219   -53.8349   16.0000   6.4727;
          11.5220  82.8362   18.6860   -64.7685   17.0000   5.7894;
          6.3161   95.1363   19.6405   -54.8570   16.0000   6.3668;
          10.4271  98.6186   20.1629   -68.3485   17.0000   6.4081;
          7.6147   93.0655   19.7445   -55.3812   16.0000   5.8846;
          8.5370   84.5653   22.2522   -65.3100   18.0000   5.0392;
          9.2872   89.8495   20.1083   -53.7732   16.0000   5.6617;
          11.6564  79.3709   22.6617   -55.7500   19.0000   5.8486;
```

```
 8. 5065     96. 9388     20. 8263     -51. 8223     14. 0000     5. 5405;
11. 8983     96. 3524     22. 7462     -61. 5242     13. 0000     5. 3941;
 7. 8087     94. 9907     18. 4442     -63. 6673     13. 0000     6. 6434;
10. 2066     82. 7360     21. 0567     -60. 9319     13. 0000     5. 8598;
 9. 9980     90. 0758     18. 7344     -58. 5146     15. 0000     6. 7755;
 9. 2348     77. 4953     21. 0308     -62. 8889     16. 0000     5. 7824;
10. 1886     86. 3557     21. 1708     -62. 9524     15. 0000     6. 5382;
 9. 9992     83. 8798     17. 4080     -63. 5803     18. 0000     5. 7936;
 7. 0688     80. 5527     18. 5287     -62. 7157     17. 0000     6. 6170;
 6. 7681     80. 9329     18. 3442     -68. 9035     18. 0000     6. 5102;
11. 9945     86. 3035     21. 0070     -54. 1787     19. 0000     5. 7548;
 7. 0267     79. 0730     22. 0664     -64. 1856     19. 0000     5. 4320;
 6. 1956     90. 1675     19. 0668     -54. 7246     14. 0000     6. 5808;
 9. 3672     87. 3603     21. 6831     -52. 3879     13. 0000     6. 8986;
11. 2912     92. 3109     21. 0520     -62. 1461     17. 0000     5. 6551;
10. 0151     92. 3975     17. 0403     -59. 0028     13. 0000     6. 3425;
 7. 1426     91. 0477     20. 6130     -59. 1745     16. 0000     5. 8773;
 8. 2135     77. 7393     19. 3206     -63. 2389     16. 0000     6. 6670;
 8. 7644     78. 5137     22. 4959     -65. 4057     19. 0000     6. 5377;
11. 8898     84. 0312     17. 0069     -57. 0044     16. 0000     5. 3345;
 6. 9384     88. 6790     19. 7747     -63. 2402     15. 0000     6. 7240;
11. 1331     91. 3978     19. 5461     -58. 3232     17. 0000     6. 9797;
 9. 8686     85. 9676     19. 7655     -66. 8386     18. 0000     6. 0288;
 8. 2576     95. 0396     21. 6210     -66. 6583     16. 0000     6. 7686;
 7. 1455     92. 8039     18. 9348     -55. 1288     15. 0000     6. 1761;
```

```
        8.5695      98.3103      21.7084     -62.2692     14.0000  5.3095;
        8.8921      88.6893      19.8281     -61.6450     17.0000  5.3997;
        6.7237      84.1532      17.2146     -60.8148     14.0000  5.8139];
```

% 训练期望输出数据
```
initialtraintarget= [4.08 14.82;3.23 12.63;3.76 13.24;4.17 17.24;
3.99         15.14; 4.5799        16.6142; 3.6370        15.4887; 4.0681
   17.5699;
3.1799      15.4805; 3.2234       12.1019; 3.2726       12.7252; 4.3573
17.1763;3.9904    14.9058; 3.3794    17.0691;3.9900    13.2564;3.2952
     15.3137; 3.1099      15.7793; 4.7014      12.1919; 4.1211      15.6883;
4.8592      14.1745; 4.3933      12.2972; 4.1656      14.9374; 4.6308
13.1551;4.7580      12.7385; 4.9778      13.2330; 3.0010      12.8791; 4.7309
     13.1344; 4.2251      12.2559; 4.9799      15.8112; 4.0554      13.6912;
3.9590      15.2316; 4.6027      16.1710; 3.4557      14.9947; 3.9962
15.2148;4.8017      14.6711;4.1493      12.7436; 4.6904      14.9421;4.4773
     17.1180; 4.1720      17.2436;3.4935      13.6218; 4.3328      13.2508;
3.1670      15.3899; 4.2519      15.8419;4.3219      14.5022; 4.4595
13.2359];
```

% 测试输入数据
```
initialtestinput= [11.0  98.0  22.7  -74.6  12  6.89;9.5  92.2
  20.3  -50.5  17  5.92;7.7  78.2  17.2  -63.4  19  6.17;9.5370
79.3238  18.0552  - 67.3988  13.0000      6.4974;7.3571  90.4411
21.3305 -55.2956  18.0000  6.6512];
```

% 测试期望输出数据
```
initialtesttarget = [3.9   12.82; 3.91   13.20; 3.99   15.19;
4.7815 17.6876;4.9646  12.4924];
```

% 合并成全体数据集
```
initialinput= cat(1,initialtraininput,initialtestinput);
initialtarget = cat (1, initialtraintarget, initialtesttar-
get);
initialinput= initialinput';
```

```
initialtarget= initialtarget';
[norminput,ps]= mapminmax(initialinput,0,1);
[normtarget,ts]= mapminmax(initialtarget,0,1);
TRAINNUM= 45;
normtraininput = [norminput(:,linspace(1,TRAINNUM,TRAIN-
NUM))];
normtraintarget= [normtarget(:,linspace(1,TRAINNUM,TRAIN-
NUM))];
% RBF
goal= 0.01;
spread= 1.0;
MN= 100;
DF= 10;
[net, tr] = newrb(normtraininput,normtraintarget,goal,
spread,MN,DF);
Y= sim(net,normtraininput);
% view(net)
% Y2= sim(net,norminput);
Y1= sim(net,norminput);
% trainoutput= mapminmax('reverse',Y2,ts)
testoutput= mapminmax('reverse',Y1,ts)
% trainerror= trainoutput- initialtarget
% initialoutput= cat(2,initialtarget,initialtesttarget);
testerror= testoutput- initialtarget
for j= 1:45,
   OUTPUTTRAIN(:,j)= testoutput(:,j);
end
for j= TRAINNUM+ 1:50,
   OUTPUTTEST(:,j-TRAINNUM)= testoutput(:,j);
end
figure(3);clf;
plot(initialtraintarget(:,1),'o-');hold on;
```

```
plot(OUTPUTTRAIN(1,:),'s-');hold on;
xlabel('Samples');ylabel('Strength(CN/d)');
title('Train');
legend('actual data','RNN');
figure(4);clf;
plot(initialtraintarget(:,2),'o-');hold on;
plot(OUTPUTTRAIN(2,:),'s-');hold on;
xlabel('Samples');ylabel('Structure Parameter');
title('Train');
legend('actual data','RNN');
figure(5);clf;
legend('actual data','RNN');
plot(initialtarget(1,:),'o-');hold on;
plot(testoutput(1,:),'s-');hold on;
xlabel('Samples');ylabel('strength(CN/d)');
title('Test');
legend('actual data','RNN');
figure(6);clf;
plot(initialtarget(2,:),'o-');hold on;
plot(testoutput(2,:),'s-');hold on;
xlabel('Samples');ylabel('Structure Parameter');
title('Test');
legend('actual data','RNN');
% E1= Y1-normtarget;
% mse(E1)
toc
```

RBF 神经网络模型的训练结果和型对测试数据集的预测结果分别如图 7-46 和图 7-47 所示。

实验结果表明,RBF 神经网络可以完成预测任务,同时也存在一定的误差。后续工作可以对 RBF 神经网络进行改进,以提高预测精度和可靠性。

7.4.4 基于神经网络的故障监测和诊断

神经网络可被用做故障监测和诊断的工具。不同的故障情况,会产生不同的

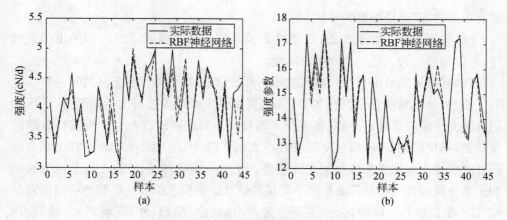

图 7-46　RBF 神经网络模型的训练结果

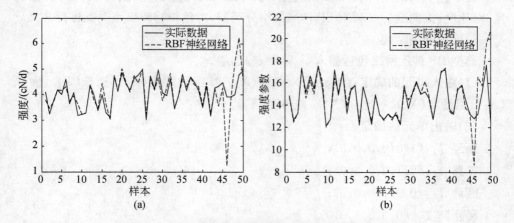

图 7-47　RBF 神经网络模型对测试数据集的预测结果

现象。将反映现象的工况变量作为网络输入,并通过网络的训练,使网络的各个输出节点反映某种故障存在与否,例如,各节点的输出都接近于零,表示不存在故障,第 i 个节点的输出接近于 1,表示存在故障。采用足够数量的若干组因果关系数据对网络进行训练后,网络将有很好的故障诊断功能。

　　然而,作为在线的工程应用方法,有以下几个需要注意的问题:

　　(1)提供训练的数据必须全面,否则在有些情况下结果可疑。如果某些故障对应于两个工作区域,但在训练时只提供一个工作区域的数据,则当工况进入发生故障的另一区域时,网络完全可能给出不存在这种故障的结论。又如,通常假定系统只处于无故障或存在一个故障的情况,当实际同时存在两个故障时,也可能给出不正确的结论。因此神经网络虽然不需要知道数学模型,但是足够的先验知识还是很有帮助的,甚至是必要的。

(2)实际过程总处于动态,依据稳态关系建立的神经网络有可能给出错误结论,考虑动态行为还是一个困难的问题。

(3)本质只能给出有无故障和故障在哪的结论,对故障程度无从判断。

例 7-5   随着生活品质的提高,人们更加关注服饰美感与生活的融合,色织物因其大方庄重的风格,受到众多消费者的青睐。而疵点的存在会严重破坏其纹理及花型,不仅影响美观,而且使经济效益大幅下降,因此及时发现疵点并对疵点进行处理以提高织物成品的质量尤其重要。此外,提取的色织物疵点信息也为纺织和服装企业对色织物分等级提供了有用的信息。根据色织提花织物的中国国家标准(GB/T 22851—2009),疵点主要分为六类:断经、筘路、断纬、稀密路、破洞、污渍。提取色织物疵点的特征参数类型:纬长、经长、纬经长度比、周长、面积、粗糙度、对比度、方向度。试利用 BP 神经网络分类器,对色织物瑕疵点类型进行分类。

1)确定网络结构

典型 BP 神经网络包括输入层、隐层、输出层。

(1)输入单元的确定:纬长(X_1)、经长(X_2)、纬经长度比(X_3)、周长(X_4)、面积(X_5)、粗糙度(X_6)、对比度(X_7)、方向度(X_8)。

(2)输出单元的确定:

断经 T_1:(1,0,0,0,0,0);

筘路 T_2:(0,1,0,0,0,0);

断纬 T_3:(0,0,1,0,0,0);

稀密路 T_4:(0,0,0,1,0,0);

破洞 T_5:(0,0,0,0,1,0);

污渍 T_6:(1,0,0,0,0,1)。

(3)隐层单元的确定:我们借助参考公式 $n_1 = \sqrt{n+m} + a$,其中,n 是输入神经元数,m 是输出神经元个数,a 是 [1,10] 的常数。

2)调用 MATLAB 神经网络工具箱函数,对 BP 神经网络进行训练

程序如下:

```
% 建立输入矩阵
p1= xlsread('样本数据.xls','sheet1','B3:B32');
p2= xlsread('样本数据.xls','sheet1','C3:C32');
p3= xlsread('样本数据.xls','sheet1','D3:D32');
p4= xlsread('样本数据.xls','sheet1','E3:E32');
```

```
p5= xlsread('样本数据.xls','sheet1','F3:F32');
p6= xlsread('样本数据.xls','sheet1','G3:G32');
p7= xlsread('样本数据.xls','sheet1','H3:H32');
p8= xlsread('样本数据.xls','sheet1','I3:I32');
p1= p1';p2= p2';p3= p3';p4= p4';p5= p5';p6= p6';p7= p7';p8= p8';
p= [p1;p2;p3;p4;p5;p6;p7;p8];
% 建立输出矩阵
t1= xlsread('样本数据.xls','sheet1','K3:K32');
t2= xlsread('样本数据.xls','sheet1','L3:L32');
t3= xlsread('样本数据.xls','sheet1','M3:M32');
t4= xlsread('样本数据.xls','sheet1','N3:N32');
t5= xlsread('样本数据.xls','sheet1','O3:O32');
t6= xlsread('样本数据.xls','sheet1','P3:P32');
t1= t1';t2= t2';t3= t3';t4= t4';t5= t5';t6= t6';
t= [t1;t2;t3;t4;t5;t6];
% 调用 newff 函数建立输入层为 8,隐层为 13,输出层为 6 的 BP 神经网络
net1= newff(minmax(p),[8,13,6],{'tansig' 'tansig' 'purelin
'},'traingdx');
% 调用 sim 函数对没有训练的网络进行仿真
y1= sim(net1,p);
% 绘出仿真得到的曲线
% 训练网络设置循环为 523 次,最小误差为 0.001
net1.trainParam.epochs= 560;
% net1.trainParam.show= 20
net1.trainParam.goal= 0.001;
net1= train(net1,p,t);
% 对训练后的网络进行仿真
y2= sim(net1,p);
% 输入测试数据
pp1= xlsread('样本数据.xls','sheet1','B45:B50');
pp2= xlsread('样本数据.xls','sheet1','C45:C50');
pp3= xlsread('样本数据.xls','sheet1','D45:D50');
```

```
pp4= xlsread('样本数据.xls','sheet1','E45:E50');
pp5= xlsread('样本数据.xls','sheet1','F45:F50');
pp6= xlsread('样本数据.xls','sheet1','G45:G50');
pp7= xlsread('样本数据.xls','sheet1','H45:H50');
pp8= xlsread('样本数据.xls','sheet1','I45:I50');
pp1= pp1';pp2= pp2';pp3= pp3';pp4= pp4';pp5= pp5';pp6= pp6';
pp7= pp7';pp8= pp8';
pp= [pp1;pp2;pp3;pp4;pp5;pp6;pp7;pp8];
% 用训练好的网络进行仿真
y3= sim(net1,pp)
```

BP 神经网络输出结果如下：

```
y =

    0.9234    0.0828    0.0237   -0.1435   -0.0340    0.0770

    0.0742    0.9044   -0.0086   -0.0553    0.0680   -0.0686

   -0.0635   -0.0360    0.9784   -0.0432   -0.1623   -0.0743

    0.0211   -0.0217    0.0123    1.0518    0.0721   -0.0153

   -0.0143   -0.0064    0.0813    0.0905    0.7572   -0.0278

   -0.0642    0.0078   -0.0090    0.0100    0.3512    0.9451
```

BP 神经网络训练结果如图 7-48 所示。

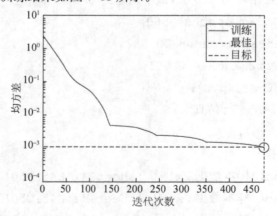

图 7-48 BP 神经网络训练结果图

在 473 次取得最优性能值 0.00099673

3)结果分析

从便于分类的角度出发,我们将输出阈值设定成 0.75,也就是说,神经网络输出层的各单元的输出值如果大于 0.75,那么这组数据中就会出现瑕疵。

分析测试数据,例如,第 3 组对应的输出为 (0.0237, −0.0086, 0.9784, 0.0123, 0.0813, −0.0090),容易发现,只有 0.9784 > 0.75,因此,该故障为断纬,与实际瑕疵点类型相符。

思考题与习题

1. 设某二阶系统的传递函数为 $G(s) = \dfrac{k}{a_2 s^2 + a_1 s + 1}$,按 MIT 方法设计闭环自适应系统并分析其稳定性。

2. 预测控制和 PID 控制有什么不同?

3. 试说明一个基本的模糊控制系统由几部分组成的? 各部分的作用如何? 模糊控制系统输入的精确量为什么还要把它变成模糊量? 模糊控制输出的模糊量为什么要经过去模糊化处理为精确量?

4. 请利用 MATLAB/Simulink 分别仿真 PID 控制器与模糊 PID 控制器,并比较两者之前的性能(鲁棒性、抗干扰性等)。

5. 试用 RBF 网络对函数 $y = \sin(0.1x), x \in [0, 100]$ 进行拟合。

6. 试阐述神经网络监督控制、神经网络直接逆控制、神经网络模型参考自适应控制、神经网络内模控制、神经网络预测控制各有什么特点。

第8章 过程控制系统工程实践

8.1 化纤过程控制系统应用

8.1.1 化纤生产工艺流程及其过程控制系统

化学纤维是用天然高分子化合物或人工合成的高分子化合物为原料,经过制备纺丝原液、纺丝和后期处理等工序制得的具有纺织性能的纤维。

按成纤高聚物的性质不同,化学纤维的纺丝方法主要有熔体纺丝法和熔液纺丝法两大类。根据凝固方式的不同,熔液纺丝法又分为湿法纺丝和干法纺丝两种。在化学纤维的生产中,多数采用熔体纺丝法生产,其次为湿法纺丝生产,只有少量的采用干法或其他非常规纺丝方法生产。本节以湿法纺丝为例,介绍化纤过程控制系统应用。

1. 化纤生产工艺流程

完整的化纤生产工艺流程如图 8-1 所示。

图 8-1 化纤生产工艺流程图

化纤生产工艺流程的主要步骤包括如下:

(1)聚合:原液制备及过滤。将成纤高聚物溶解在适当的溶剂中,得到一定组成、一定黏度并具有良好可纺性的溶液,称为纺丝原液。

(2)纺丝:喷丝及凝固。纺丝原液被循环管道送至纺丝机,通过计量泵计量,然后经烛形滤器、连接管而进入喷丝头。在喷丝头上有规律地分布着若干孔眼,从喷丝孔中压出的原液细流进入凝固浴,原液细流中的溶剂向凝固浴扩散,凝固剂向细流渗透,从而使原液细流达到临界浓度,在凝固浴中析出而形成纤维。刚纺成的丝条称为初生纤维。

（3）牵伸：牵伸是在力的作用下使纤维发生弹性形变和塑性形变的综合过程，也称为纤维的二次成型，是提高纤维物力与机械性能不可或缺的手段。

（4）水洗：在洗涤阶段，纤维中剩余的溶剂及残存的盐在洗涤设备上被洗掉。在下一步纺丝上油加工时，纤维要用含有黏合/滑移及抗静电剂的溶液处理一下以确保纤维其后的加工顺利进行。

（5）烘干及热定型：在经过上述工艺步骤后，短纤维仍然含有部分残余水分，因此需要干燥处理，使水分含量降至 1‰～2‰。干燥时常发生收缩，拉伸丝束可在无张力情况下干燥，即免除或去掉收缩，同时丝条是在松弛状态下铺放的。

（6）收丝：最后，制成的化纤可以卷绕收集形成长丝产品，也可以将丝束在打包机上切断打包制成短丝产品。

2. 纺丝及牵伸过程控制工艺

化纤生产工艺流程的众多环节中，纺丝环节和牵伸环节是两个十分重要的环节，这两个环节是决定纤维产品品质的主导环节。改变纺丝和牵伸的工艺条件，可在较大范围内调节纤维的结构，从而相应地改变所得纤维的物理机械性能。同时，纺丝和牵伸环节是工艺过程复杂、控制设备多、控制精度要求高的两个环节，因此，本节的化纤生产过程控制系统主要针对纺丝和牵伸这两个环节进行介绍，纺丝过程与牵伸过程的工艺设备示意图如图 8-2 所示。

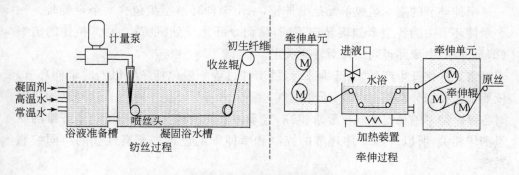

图 8-2 纺丝过程与牵伸过程的工艺设备示意图

1）纺丝过程工艺

聚丙烯腈纤维湿法纺丝的纤维成型系统的基本组成如图 8-2 所示，它包括两个互相连通的水槽（凝固浴准备槽和凝固浴槽）。凝固浴准备槽的设置是为了减小凝固浴溶液准备过程对碳纤维原生丝条凝固过程的干扰，凝固浴溶液的主要成分为凝固剂和水。在凝固浴溶液准备槽中，三种不同浓度和温度的液体被均匀混合制备成凝固浴溶液,进而送入凝固浴槽。

凝固浴溶液准备槽与凝固浴槽之间有管道相通,相当于连通器,因此两个槽中的液面一致。通过"制备—使用"的两阶段过程,凝固浴溶液浓度变化对凝固浴的影响可以很大程度降低。凝固浴槽的尾部装有出液口,多余的凝固浴溶液可以从此口排出并循环至凝固浴溶液准备槽进行回收。由于凝固浴溶液准备槽和凝固浴槽液面一致,且凝固浴溶液在准备槽中形成,因而对凝固浴的控制可转化为对凝固浴溶液准备槽的控制。

从上述系统组成可看出,影响凝固浴性能的主要因素是凝固浴溶液的浓度、温度以及液面高度(液面高度会影响到凝固浴上方喷丝头到凝固浴的空气层厚度,而该值是影响初生丝条性能的重要因素之一)。同时,从凝固浴溶液的制备过程也可看出,凝固浴的上述三个主要变量相互耦合。

2)牵伸过程工艺

牵伸环节的作用是在纤维尚未完全成形、结构仍具有可塑性时,利用不同转速的多个旋转机构,将缠绕在上面的纤维在不同环境条件下以不同倍率逐级拉伸,使纤维内部的分子链排列趋向一致,从而改善纤维结构,提高制成纤维的强度和韧性。

牵伸过程一般由多个牵伸环节级联组成,每个牵伸环节以一定的牵伸率对该环节中的纤维进行拉伸,环节的数量由生产工艺决定,其基本构成如图8-2所示。

牵伸环节的基本组成单元是牵伸辊,一个牵伸环节至少包含两个牵伸辊。一个牵伸环节中的各个牵伸辊转速不同,从而令纤维受到机械拉伸力,拉伸的倍率(即牵伸率)由牵伸辊间的相对转速决定。

常见的化纤生产(如碳纤维原丝)的牵伸过程一般包括三级以上的牵伸环节,依照工艺要求分别是在空气、干热空气、蒸汽、沸水等环境中进行。这种牵伸过程对各级牵伸率的稳定和同步要求很高,且牵伸率间的相互关系与所纺碳纤维的质量密切相关,所以纤维牵伸环节的控制和牵伸率的设定需要高性能的协同控制系统。

8.1.2　干喷湿纺法纺丝过程的浓度-温度-液位解耦控制

本节基于干喷湿纺法凝固浴的机理模型,对凝固浴三个互相耦合的关键变量:浓度、温度和液面高度进行解耦控制,设计了相关的解耦控制器,并进行了仿真实验。

1. 凝固浴液位-温度-浓度的机理模型

通过对纤维纺丝过程的凝固浴的液位、温度和浓度三个过程控制对象进行机理研究分析,可得到其相应的机理模型。

(1)凝固浴液位模型。在凝固浴溶液准备槽中,三个独立进液口进入槽中的液体遵循体积守恒的原则:

$$L(s) = \frac{V_S(s) + V_{w,H}(s) + V_{w,L}(s)}{Ss + \dfrac{K}{R}} \tag{8-1}$$

式中,S 是准备槽的槽底面积;L 为液面高度;R 为连通准备槽和凝固浴的管道液阻;K 为转换系数(通常为 1);V_S、$V_{w,H}$ 和 $V_{w,L}$ 分别为溶剂、高温水和低温水进入准备槽的流量。

(2)凝固浴温度模型。与凝固浴液面调节模型类似,液位-浓度-液面高度耦合条件下的凝固浴温度模型为

$$T(s) = \frac{V_S(s)(T_S - T_0) + V_{w,H}(s)(T_{w,H} - T_0) + V_{w,L}(s)(T_{w,L} - T_0)}{SL_0 s + \dfrac{L_0}{R}}$$

$$\tag{8-2}$$

式中,T_S、$T_{w,H}$ 和 $T_{w,L}$ 分别为溶剂、高温水和低温水的温度;T_0 是凝固浴稳态温度;L_0 为液面稳态高度。

(3)凝固浴浓度模型。凝固浴浓度指凝固浴中溶剂的浓度。在凝固浴温度-浓度-液面高度耦合条件下,凝固浴的浓度模型为

$$C(s) = \frac{V_S(s)(C_S - C_0) + V_{w,H}(s)(C_{w,H} - C_0) + V_{w,L}(s)(C_{w,L} - C_0)}{SL_0 s + \dfrac{L_0}{R}}$$

$$\tag{8-3}$$

式中,C_0 为生产工艺规定的凝固浴溶剂浓度。

综合对凝固浴溶液的液面高度、温度与浓度模型的推导,可以得到针对凝固浴的三个关键被控变量的多输入多输出控制模型,如式(8-4)所示:

$$\begin{bmatrix} L(s) \\ T(s) \\ C(s) \end{bmatrix} = \begin{bmatrix} G_{11}(s) & G_{12}(s) & G_{13}(s) \\ G_{21}(s) & G_{22}(s) & G_{23}(s) \\ G_{31}(s) & G_{23}(s) & G_{33}(s) \end{bmatrix} \begin{bmatrix} U_1(s) \\ U_2(s) \\ U_3(s) \end{bmatrix}$$

$$= \frac{1}{Ss + \frac{1}{R}} \begin{bmatrix} 1 & 1 & 1 \\ \dfrac{T_S - T_0}{L_0} & \dfrac{T_{w,H} - T_0}{L_0} & \dfrac{T_{w,L} - T_0}{L_0} \\ \dfrac{C_S - C_0}{L_0} & \dfrac{C_{w,H} - C_0}{L_0} & \dfrac{C_{w,L} - C_0}{L_0} \end{bmatrix} \begin{bmatrix} U_1(s) \\ U_2(s) \\ U_3(s) \end{bmatrix} \quad (8\text{-}4)$$

实际生产过程中,从控制动作到系统响应之间存在一定延迟,而对于液体温度、浓度、液位等变量的控制时滞相对明显。加入时间延迟的凝固浴温度-浓度-液位控制模型如式(8-5)所示:

$$\begin{bmatrix} L(s) \\ T(s) \\ C(s) \end{bmatrix} = \frac{1}{Ss + \frac{1}{R}} \begin{bmatrix} e^{-\tau_1 s} & e^{-\tau_2 s} & e^{-\tau_3 s} \\ \dfrac{T_S - T_0}{L_0}e^{-\tau_1 s} & \dfrac{T_{w,H} - T_0}{L_0}e^{-\tau_2 s} & \dfrac{T_{w,L} - T_0}{L_0}e^{-\tau_3 s} \\ \dfrac{C_S - C_0}{L_0}e^{-\tau_1 s} & \dfrac{C_{w,H} - C_0}{L_0}e^{-\tau_2 s} & \dfrac{C_{w,L} - C_0}{L_0}e^{-\tau_3 s} \end{bmatrix} \begin{bmatrix} U_1(s) \\ U_2(s) \\ U_3(s) \end{bmatrix}$$

$$(8\text{-}5)$$

式中,τ_1、τ_2 与 τ_3 分别表示液面高度回路、温度回路与浓度回路的滞后时间常数。

2. 凝固浴的解耦控制器设计

在解耦控制理论中,前馈解耦控制技术是使用最广泛的解耦方法之一,并能在理论上达到完全解耦。本章基于前馈解耦方法,为凝固浴设计了多变量解耦控制器,其结构如图 8-3 所示。

其中,$R_i(s)(i=1,2,3)$ 为三个被控回路的设定输入,$G_{cii}(s)(i=1,2,3)$ 为三个回路控制器,$G_{pij}(s)(i=1,2,3,j=1,2,3,i \neq j)$ 为各回路之间的解耦补偿器,$f_i()(i=1,2,3)$ 为三个控制回路的执行器特性方程,正常情况下一般为线性(取为1),$G_{ij}(s)(i=1,2,3,j=1,2,3)$ 为式(8-5)中的对象方程。

由图 8-3 可知,前馈解耦控制器包括两个主要的组成部分:一是各回路的主控制器,二是每个回路与其他回路间的解耦补偿器,用于抵消其他各个回路对该回路的耦合作用。对于具有 n 个被控变量的系统,主控制器需要 n 个,解耦补偿器每个回路上需要 $n-1$ 个。这些解耦补偿器按照前馈补偿原理,设计为

$$G_{pij}(s) = \frac{G_{ij}(s)}{G_{ii}(s)} \quad (8\text{-}6)$$

纤维凝固过程有 3 个关键被控变量,则有 3 条被控回路。每个回路的回路控制器选择为 PID 控制器。而每个回路上带有 2 个解耦补偿器,则一共有 6 个解耦补偿器。

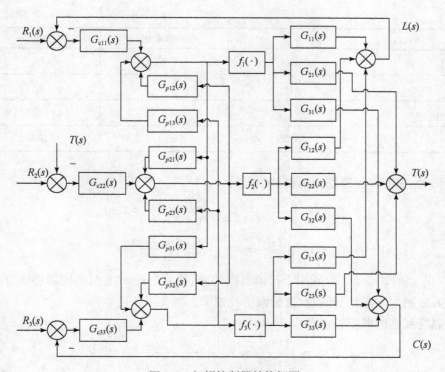

图 8-3 解耦控制器结构框图

3. 实验与结果分析

在 MATLAB 仿真试验平台上,按照图 8-3 搭建 Simulink 模型,即可实现凝固浴的解耦控制系统。相关的系统参数在表 8-1 中列出。

根据表 8-1 所给参数,可得具体的被控对象模型为

$$
\begin{bmatrix} L(s) \\ T(s) \\ C(s) \end{bmatrix} = \frac{1}{0.15s+1} \begin{bmatrix} \mathrm{e}^{-s} & \mathrm{e}^{-s} & \mathrm{e}^{-s} \\ 150\mathrm{e}^{-s} & 500\mathrm{e}^{-s} & -50\mathrm{e}^{-s} \\ 1.5\mathrm{e}^{-s} & -6.49\mathrm{e}^{-s} & -6.49\mathrm{e}^{-s} \end{bmatrix} \begin{bmatrix} U_1(s) \\ U_2(s) \\ U_3(s) \end{bmatrix} \tag{8-7}
$$

表 8-1 凝固浴系统试验参数

槽体参数	取值	溶液参数	取值
S/m^2	0.15	$T_\mathrm{S}/℃$	30
R	1	$T_{\mathrm{w,H}}/℃$	65
L_0	1	$T_{\mathrm{w,L}}/℃$	10

槽体参数	取值	溶液参数	取值
τ_1	1	$T_0/℃$	15
τ_2	1	$C_S/\%$	80
τ_3	1	$C_{W,H}/\%$	0.001
$C_0/\%$	0.65	$C_{W,L}/\%$	0.001

同时,液面高度回路的解耦补偿器为

$$\begin{cases} G_{p12}(s) = \dfrac{G_{12}(s)}{G_{11}(s)} = \dfrac{e^s/(0.15s+1)}{e^s/(0.15s+1)} = 1 \\ G_{p13}(s) = \dfrac{G_{13}(s)}{G_{11}(s)} = \dfrac{e^s/(0.15s+1)}{e^s/(0.15s+1)} = 1 \end{cases} \tag{8-8}$$

式中,$G_{p12}(s)$、$G_{p13}(s)$ 分别用于抵消温度回路、浓度回路对液面高度回路的作用,其输入分别为高温水、低温水流量阀的控制率。

温度回路的解耦补偿器为

$$\begin{cases} G_{p21}(s) = \dfrac{G_{21}(s)}{G_{22}(s)} = \dfrac{150e^s/(0.15s+1)}{500e^s/(0.15s+1)} = \dfrac{3}{10} \\ G_{p23}(s) = \dfrac{G_{23}(s)}{G_{22}(s)} = \dfrac{-50e^s/(0.15s+1)}{500e^s/(0.15s+1)} = -\dfrac{1}{10} \end{cases} \tag{8-9}$$

式中,$G_{p21}(s)$、$G_{p23}(s)$ 分别用于抵消液面高度回路、浓度回路对温度回路的作用,其输入分别为溶剂、低温水流量阀的控制率。

浓度回路的解耦补偿器为

$$\begin{cases} G_{p31}(s) = \dfrac{G_{31}(s)}{G_{33}(s)} = \dfrac{1.5e^s/(0.15s+1)}{-6.49e^s/(0.15s+1)} = -\dfrac{150}{649} \\ G_{p32}(s) = \dfrac{G_{32}(s)}{G_{33}(s)} = \dfrac{-6.49e^s/(0.15s+1)}{-6.49e^s/(0.15s+1)} = 1 \end{cases} \tag{8-10}$$

式中,$G_{p31}(s)$、$G_{p32}(s)$ 分别用于抵消液面高度回路和温度回路对浓度回路的作用,其输入分别为溶剂和高温水流量阀的控制率。

为了体现前馈解耦控制器在解耦能力上的优势,本章进行了与普通 PID 控制器(只有回路主 PID 控制器,没有前馈解耦补偿器)的对比仿真实验。试验中所采用的 PID 控制器参数根据经验设置,在表 8-2 中列举。

根据表 8-2 中的参数设置,得到了图 8-4 所示的仿真结果。由图可见,与单回路 PID 控制器相比,本节所设计的前馈解耦控制器在任一回路上都具有更快的响应速度和更稳定的输出,三个回路超调量均小于单回路 PID 控制器。另外,当改变液面高度回路的设定输入值而不改变其他两个回路的设定输入时,前馈解耦控制器只在液面高度回路上出现了较小的波动,且只需 5s 左右即可回到稳态,其他两个回路没有受到液面高度回路设定值变化的影响,始终保持在稳态;而单回路 PID 控制器在三个回路上都出现了较大的波动,三个回路都经过了 10s 左右的时间才回到稳态。

表 8-2 各回路控制器参数设置

回路	控制方式	解耦控制器	PID 控制器
液面高度回路	P	0.35	0.5
	I	0.8	0.9
	D	0	0
温度回路	P	0.006	0.001
	I	0.0015	0.00065
	D	0	0
浓度回路	P	0.035	0.1
	I	0.1	0.08
	D	0	0

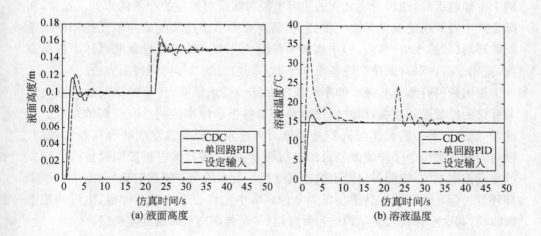

(a) 液面高度 (b) 溶液温度

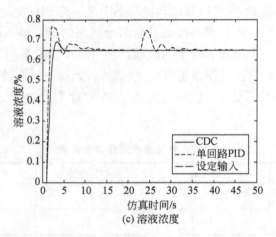

(c) 溶液浓度

图 8-4　常规解耦控制器对各回路的调控效果

　　综上可知,基于前馈解耦控制方法所设计的常规解耦控制器,在系统正常运行状态下,能够取得相对满意的控制效果,可以作为系统初始投运时的一个常规控制器。

8.1.3　聚丙烯腈纤维多级牵伸过程协同控制

1. 多级反馈调节的协同控制器

　　以聚丙烯腈纤维的生产为例,牵伸单元的基本组件是牵伸辊,一个牵伸单元由两个牵伸辊组成,通过两辊之间的速度差便可实现对经过的纤维的牵伸。通常,实际生产中对纤维的牵伸无法一步到位,而需要由多个连续的牵伸单元在相同或不同的环境(如沸水浴、蒸汽浴)中逐步牵伸到位。本节针对双导辊的牵伸率控制系统,提出了一种联合调速实现各级牵伸率协同控制的双辊协同控制方法。

　　聚丙烯腈纤维对各级牵伸率的稳定和同步要求很高,且牵伸率间的相互关系与纤维的质量密切相关,因此实现牵伸环节各级牵伸率的同步有较高的难度。目前,纤维牵伸环节的调速与同步是通过对多个牵伸辊的独立或联合调速实现的。独立调速是指每个牵伸辊由各自的电机驱动,通过各自的电机控制设备构成独立的反馈控制系统,按照各自设定的速度运行。所有的牵伸辊同时运行,组成多级牵伸环节。而联合调速则是指在每个牵伸环节中选择一个主动牵伸辊,由可调速电机驱动,其余牵伸辊与主动辊进行配合运行,牵伸率由实时速度差决定。

　　在联合调速双辊协同控制系统中,为了实现多级牵伸率的稳定和同步,需要协同设计主动辊与从动辊的速度,而后分别对其进行控制。双辊协同控制系统的结构如图 8-5 所示,系统由主动/从动辊自调速系统、主动/从动辊控制器及三个换算环节组成。

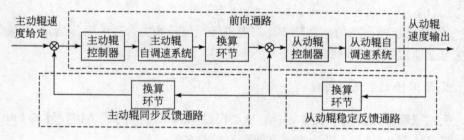

图 8-5　双辊协同控制系统基本结构

系统各组成部分结构如下:

(1)牵伸辊控制器。位于每个导辊自调速系统之前,用于对各自调速系统的速度给定值进行动态调整,该控制器采用经典的 PID 控制结构。

(2)主动/从动辊自调速系统。导辊自调速系统是指针对每个牵伸辊的独立的控制系统。双辊协同的控制系统通过改变自调速系统的输入输出,达到双辊同步调速的目的。

(3)换算环节。三个换算环节的位置如图 8-5 所示。换算环节用于对自调速系统的输出和牵伸辊控制器的输入进行量值转化,使多个牵伸辊结合为整体,换算算法根据被换算量的性质不同而有所不同。

换算环节的具体算法如下:

(1)前向通路的换算环节。该环节设置在主动辊自调速系统之后,从动辊控制器之前。设该换算环节的输入为主牵伸辊电机转速值 $C_{V,\text{in}}$(单位为 r/min),输出为从牵伸辊的电压给定值 $C_{U,\text{out}}$(单位为 V),换算公式为

$$C_{U,\text{out}} = \frac{C_{V,\text{in}}}{K} + \sigma(C_{U,\text{out}}, C_{V,\text{in}}) \tag{8-11}$$

式中,K 是换算的比例系数,其计算公式为

$$K = \frac{C_{V,\text{in}} \times K_V}{K_U} \tag{8-12}$$

其中,K_V 为主牵伸辊和从牵伸辊电机的转速比;K_U 为电压同转速的比值。

$\sigma(C_{U,\text{out}},C_{V,\text{in}})$ 是与换算环节输入输出有关的函数,在非线性换算时进行比例系数补偿,该非线性关系可以通过补偿值查找表得到。在线性换算环节中,$\sigma(C_{U,\text{out}},C_{V,\text{in}})=0$。

（2）两个反馈通路的换算环节。将电机转速值转换为合适的电压给定值,换算方法可参照式(8-11)和式(8-12)。

2. 协同控制系统的实现

上述双辊协同控制系统中,主动/从动辊自调速系统的内部结构设计的 Simulink 实现如图 8-6 所示,设计的细节见相关参考文献。

将自调速系统做成模块,嵌入双辊协同控制系统中,则整体的牵伸率双辊协同系统控制结构图如图 8-7 所示。

3. 仿真实验与结果分析

为验证所提出的双辊协同控制器的性能,建立一个含有两个直流电机作为牵伸辊驱动机构的化纤牵伸模拟台,进行上述控制器的软件模拟实验。

整个模拟过程分为三个试验环节,分别对主牵伸辊、从牵伸辊和同时对二者施加干扰。每个环节中,干扰的强度分为三个层次逐步加到牵伸辊上,干扰强度分别为标准负载的 10%、50% 和 100%,每个环节的运行时间为 250s。主牵伸辊和从牵伸辊的转速分别为 1000r/min 和 1500r/min,即牵伸率为 1.5。表 8-3 和表 8-4 分别为该系统中各控制器、牵伸辊及其驱动机构的参数。

实验结果如图 8-8～图 8-10 所示,分别为主牵伸辊和从牵伸辊受到三个不同水平的外加干扰时,电枢电流的变化过程和转速的变化过程。记录电枢电流变化的原因是干扰加在牵伸辊上,牵伸辊连接的直流电机的电枢电流会发生变化。

在实验中,双辊协同控制器首先保证牵伸辊速度调节的快速性和调节后的稳定性,通过对比两个牵伸辊的速率来决定整个牵伸系统可达到的牵伸率。从图 8-8～图 8-10 可见,由于牵伸系统中的牵伸辊自调节系统,双辊协同控制器能够有效地将各牵伸辊的转速稳定在其设定值上,有利于连续产出高质量的纤维产品。

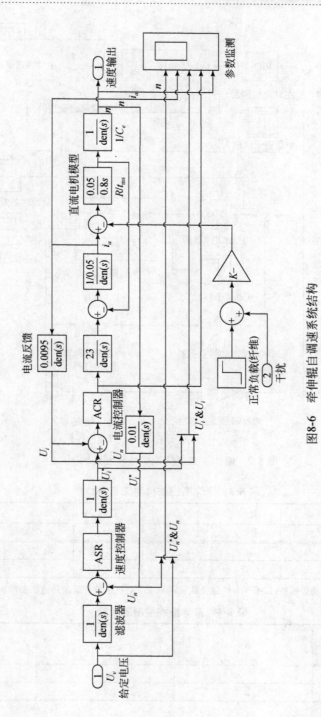

图8-6　牵伸辊自调速系统结构

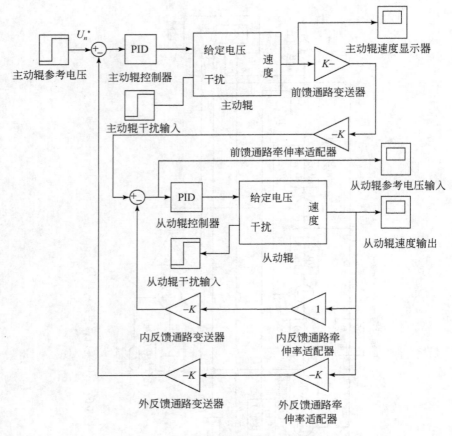

图 8-7 牵伸率双辊协同系统控制结构图

表 8-3 牵伸系统结构和工艺参数

参数	K_S	R/Ω	T_m/s	T_s/s	T_l/s	C_e^a
取值	23	0.05	0.8	0.0017	0.025	0.185
参数	T_{on}/s	T_{oi}/s	α	β	负载[b]	U_n^*/V
取值	0.01	0.002	0.01	0.0095	500	10

注:a 直流电机电动势系数(EMF);b 外加负载采用相对于电机正常负载的转速来衡量。

表 8-4 牵伸系统控制器参数

参数 控制器	K_P	K_I	K_D
主牵伸辊控制器	0.08	0.15	0.15
从牵伸辊控制器	2.5	0.35	0.11

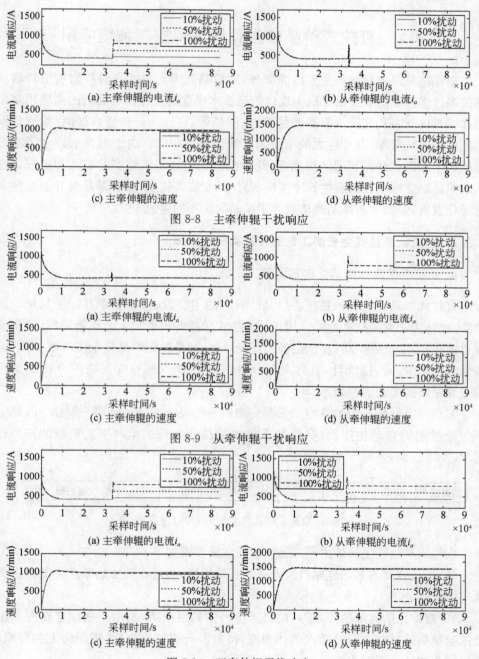

图 8-8　主牵伸辊干扰响应

图 8-9　从牵伸辊干扰响应

图 8-10　双牵伸辊干扰响应

8.2 直拉式单晶硅生长炉过程控制系统应用

单晶硅是晶体材料的重要组成部分,以单晶硅为代表的高科技附加值材料及相关高技术产业的发展已经成为现代信息技术产业的支柱。单晶硅的主要用途是用作半导体材料和利用太阳能光伏发电、供热等,它作为一种极具潜能、亟待开发利用的高科技资源,具有巨大的市场和广阔的发展空间。由于世界上许多国家已经掀起了太阳能开发利用的热潮,因此单晶硅正引起越来越多的关注和重视。直拉式单晶制造法生长具有生长速度快、晶体纯度高等优点,随着单晶硅片制造向大直径化发展,直拉式单晶制造法成为了单晶硅生产的主流方式。

8.2.1 直拉式单晶硅生长炉工艺流程及其控制目标

1. 直拉式单晶硅生长炉工艺流程

直拉式单晶硅生长炉是制备单晶硅材料的主要设备,又称单晶硅生长炉。直拉法,也称为切克劳斯基方法。用直拉式生长单晶的设备和工艺比较简单,容易实现自动控制,生产效率高,易于制备大直径单晶,容易控制单晶中杂质浓度,可以制备低电阻率单晶。据统计,世界上单晶硅的产量中 70%～80% 是用直拉式生产的。其完整的工艺流程如下。

实现单晶硅生长炉抽真空—检漏—熔料—引晶—放肩—转肩—等径—收尾—停炉全过程的自动化控制,完整的直拉式单晶硅生长炉生产工艺流程如图 8-11 所示。

图 8-11 直拉式单晶硅生长炉生产工艺流程图

直拉式单晶硅生长炉生产工艺流程的主要步骤如下:

(1)把高纯度的多晶硅原料放入高纯石英坩埚,通过石墨加热器产生的高温将其熔化。

(2)对熔化的硅液稍作降温,使之产生一定的过冷度,再用一根固定在籽晶轴上的硅单晶体(称为籽晶)插入熔体表面,待籽晶与熔体熔合后,慢慢向上拉籽晶,晶体便会在籽晶下端生长。

(3)控制籽晶生长出一段长为 100～200mm、直径为 3～7mm 的细颈,用于消除高温溶液对籽晶的强烈热冲击而产生的原子排列的位错,这个过程就是引晶。

(4)放大晶体直径到工艺要求的大小,一般为 100~250mm,这个过程称为放肩。

(5)突然提高拉速进行转肩操作,使肩部近似直角。

(6)进入等径工艺,通过控制热场温度和晶体提升速度,生长出一定直径规格大小的单晶柱体。

(7)待大部分硅溶液都已经完成结晶时,再将晶体逐渐缩小而形成一个尾形锥体,称为收尾工艺。这样一个单晶拉制过程就基本完成,进行一定的保温冷却后就可以取出。

其提拉工作过程如图 8-12 所示:单晶硅的提拉过程可分为润晶、缩颈、放肩、等径生长、拉光等步骤。当熔体温度稳定在稍高于拉晶温度时,将籽晶润晶,然后进行缩颈,放肩到正常的直径,等径生长,最后将熔体全部拉光。

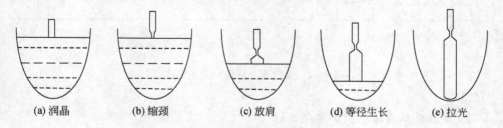

(a) 润晶　　　　(b) 缩颈　　　　(c) 放肩　　　　(d) 等径生长　　　　(e) 拉光

图 8-12　提拉单晶生长过程

单晶硅提拉过程如图 8-13 所示。其中,h_0 为籽晶长度,h_1 为拉制启动段形成的长度,h_2 为缩颈段长度,h_3 为放肩段长度,h_4 为等径段长度,h_5 为拉光段长度。

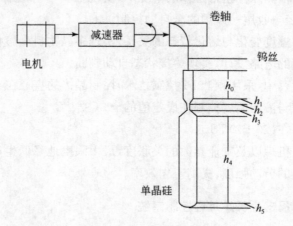

图 8-13　单晶硅提拉过程

依据推导,可以得出单晶硅的提拉速度与直径的关系如图 8-14 所示。图 8-14(a)的横轴表示直径,纵轴表示速度,结合拉晶过程分析可以得出图 8-14(b)所示的提拉过程速度曲线。其中 $t_0 \sim t_1$ 时间电机启动,速度由零上升到 V_1,对应图 8-13 中的 h_1;$t_1 \sim t_2$ 时间进行缩颈,对应图 8-13 中的 h_2;$t_2 \sim t_3$ 时间进行放肩,对应图 8-13 中 h_3;$t_3 \sim t_4$ 时间为等径生长,对应图 8-13 中的 h_4;$t_4 \sim t_5$ 时间进行拉光,对应图 8-13 中的 h_5,至此晶体拉制结束,电机停车。

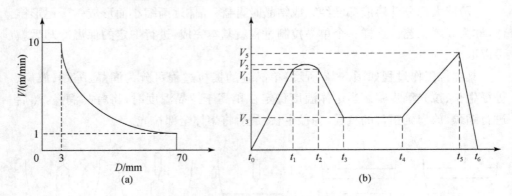

图 8-14 提拉速度与直径关系曲线

2. 直拉式单晶硅生长炉实现目标

通过研究单晶炉的生产机理,建立过程的动态模型,采用数字图像处理技术与控制算法,实现单晶炉全自动生产,具体目标如下:

(1)在设备与检测原件正常工作的情况下,实现抽真空—检漏—熔料—引晶—放肩—转肩—等径—收尾—停炉的全自动控制。

(2)研究液面温度变化与熔化状态的关系,实现多晶物料全熔状态自动判断。

(3)通过必要的电路设计,实现熔接状态自动判断。

(4)在等晶过程中,采用预测 PI 控制技术,控制晶棒的直径在 ±1mm 以内。

(5)热场温度与液面温度控制在设定值的 ±1℃。

(6)压力控制在(20±2)Torr。

(7)根据工艺机理以及工业参数的关联度,最大限度地降低生产参数的输入个数,降低操作人员的劳动强度,提高工作效率。

8.2.2 直拉式单晶硅生长炉过程控制系统

本节内容中控制系统需要采用先进的软、硬件开发平台。先进的预测 PI 控制算法在石油化工、钢铁、化纤、玻璃和卷烟等大型流程工业已经成功应用,控制效果良好,因此在单晶炉的控制上采用预测 PI 控制算法,将会极大限度地提高控制系统的稳定性与精度。同时,采用在线仿真技术,对控制系统顺序逻辑测试与控制系统参数设定,将缩短控制系统的开发周期与现场调试时间,降低生产过程的影响。

具有远程调试功能的直拉式单晶硅生长炉控制系统结构如图 8-15 所示。

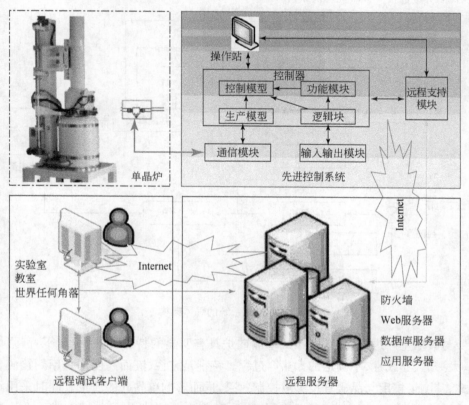

图 8-15　直拉式单晶硅生长炉控制系统结构

实现单晶的全自动生长控制是保障单晶品质的必要条件。由于不确定性因素及外部干扰的存在,在晶体全自动生长过程的各个阶段,必须对一系列的工艺参数进行有效的控制,如热场温度、液面温度、坩埚位置、晶体直径、单晶体旋转速度、坩埚旋转速度、晶体升降速度、坩埚升降速度、氩气流量、节流阀调节、加热功率、磁场强度。这些工艺参数的调整是全自动控制的关键之一,往往参数设定不足系统反应缓慢,参数设定过度则系统反应过于剧烈,影响晶体生长的稳定性。为实现单晶生长的全自动控制首先需要按照单晶硅生长过程设计全自动生长工艺来减少人为因素对生长过程的干扰。

控制系统的总体构架如图 8-16 所示。

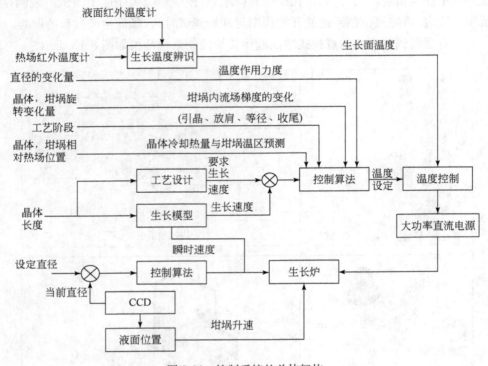

图 8-16　控制系统的总体架构

与其他生产过程比较,直拉式单晶硅炉具有明显的特点,即一个多干扰、强耦合、大滞后、非线性、不确定的大热容过程。特别是直径、液面高度均采用间接测量方式,其测量精度与品质直接影响控制效果,进而影响单晶硅的质量。同时采用红外线技术测量热场温度、液面温度,其测量稳定性、可靠性以及精度都难以令人满意。对直径的控制,一般采用拉速进行控制,但为了保证晶体的生长速度,拉速既不能过大,又不能过小,在这种情况下液面温度也参与控制。如何协调拉速与液面温度之间的关系,传统的控制算法是难以奏效的。具体表现在以下几个方面:

(1)干扰因素,如晶体旋转速度、坩埚旋转速度、晶体升降速度、坩埚升降速度、氩气流量、加热功率等。

(2)直径、液面高度均采用间接测量的方式,其测量精度与品质直接影响控制效果,进而影响单晶硅的质量。

(3)测量仪表存在一定的问题,特别是红外温度仪精度受外界的影响较大,基准值易发生漂移,测量值波动频繁,严重时会影响闭环控制性能。

(4)由于单晶硅生产过程的复杂性,建立严格的机理模型难度也很大,而一般对于先进控制,不掌握被控对象的模型是无法实施先进控制策略的。

(5)直径的控制是一个大滞后过程,往往直径测量值发生变化后,在对其进行控制是不及时的,造成的直接后果是直径大小在设定值附近上下波动,不能稳定。

(6)如何协调拉速与液面温度对直径控制的关系,也是系统设计的理论难点。

以上种种原因增加了单晶硅炉控制的难度,运用简单的 PID 控制算法进行的闭环控制不能保证系统的稳定,更不谈控制的精度。因此必须借助先进的控制理论和算法,同时结合实际情况实施先进控制,才能保证其控制的品质和精度。

8.2.3　直拉式单晶硅生长炉关键技术

直拉式单晶硅生长炉采用预测 PI 技术、Kalman 滤波技术、双重控制技术和数字图像处理技术等,这些技术的先进性与可靠性得到石油化工、钢铁、化纤、玻璃和卷烟等大型流程工业的长期检验。这些关键技术具有以下特点:

(1)既具有模块化组件,又能够独立开发一些新的功能,和国外其他的一些完全集成的先进控制软件完全不同。如 Aspentech 的 DMCplus 和 Honeywell 的 RMPCT 完全集成封装,工程技术人员只能够组态和调试,不能够对其进行源代码开发。

(2)在核心算法相同的情况下,针对不同的系统开发不同的控制方案,控制系统源代码大大简化,算法可以嵌入硬件中,如美国的 OPTO22 系列控制器之中,安全性和可靠性得到极大限度的保障。而当今主流先进控制软件过于庞大,一般是基于上位机操作平台的,一旦上位机系统瘫痪,先进控制系统也随即瘫痪。

(3)在控制系统模型的建立上,采取机理建模和测试建模相结合的原则,如果能够通过机理建立过程数学模型,就建立过程的数学模型,然后采用相关方法将数学模型简化为控制系统所需要的模型。对于不能够通过机理建模的对象,采用历史数据分析和在线测试的方式建立模型。这样就缩短了模型建立的时间,同时对生产过程的干扰达到最小。

(4)算法参数整定方便,在知道工艺特性和过程模型的情况下,算法的参数可以直接在实验室给定,而无需现场的调试。

(5)有完善的在线实时仿真平台,对算法的安全性、可靠性、稳定性以及参数整定的准确性提供强有力的保障。

1. 预测 PI 控制技术

长久以来,传统的 PID 控制算法由于结构简单、参数易整定等优点被广泛应用于工业控制系统中。然而针对一些多变量、大滞后、非线性、强耦合的系统,PID 算法往往并不能获得十分满意的控制效果。通过先进过程控制提高系统性能已成为一种趋势。

在众多的先进过程控制算法中,预测 PI 控制算法自 1992 年由 Hagglund 提出以来,得到了逐步的发展和改善,并成功应用在一些复杂对象的控制上。预测 PI 控制算法可分为两种:一种是带有预测功能的 PID 控制器,其本质还是一种 PID 控制器,只是依据一些先进控制机理来设计控制器参数;另一种也是本节所采用的,是预测算法和 PID 算法融合在一起的控制器,是一种真正意义上的预测 PI 控制算法。

以上预测 PI 控制算法已经成功应用到石油化工、钢铁、化纤、玻璃、生物发酵、复烤和卷烟行业中的 100 多个控制回路上,该控制器的输入输出传递函数可表示为

$$U(s) = \frac{1}{\lambda K}\left(1 + \frac{1}{Ts}\right)E(s) - \frac{1}{\lambda Ts}(1 - e^{-\tau s})U(s) \tag{8-13}$$

式中,T 为过程的主导时间常数;K 一般选为过程增益;τ 是系统滞后时间;λ 是可调参数,其目的是调整系统的闭环响应速度。这种控制器从结构上来看,其第一项为 PI 控制器,第二项为预测控制器。因而该控制算法既具有 PID 控制算法结构简单、整定方便的优点,又具有预测的功能,控制精度高,鲁棒性能好,在算法的实现上也非常方便。

2. Kalman 滤波技术

由于采用红外线方式对热场温度和液面温度进行测量,而这种方式测量精度低,受单晶炉内气流以及外部多种干扰因素的影响较大,测量噪声大,稳定性差,因此有必要根据单晶炉的热力学原理和 Kalman 滤波技术,对红外测温仪所测量的数据进行处理。从统计学的角度,得到最为真实的温度数据,为单晶炉的稳定操作提供保证。

Kalman 滤波是一种高效率的递归滤波器(自回归滤波器),它能够从一系列的不完全包含噪声的测量中,估计动态系统的状态。简单来说,Kalman 滤波是一种最优化自回归数据处理算法。对于解决很大部分的问题,它是最优、效率最高甚至是最有用的。它的广泛应用已经超过 30 年,包括机器人导航、控制、传感器数据融

合甚至在军事方面的雷达系统以及导弹追踪等,近年来更被应用于计算机图像处理,如头脸识别、图像分割、图像边缘检测等。

假如要研究的对象是单晶炉的其中一个温度,如热场温度。根据经验判断,这个温度是和加热器的功率有一定的动态关系的,也就是下一时刻的温度是可以根据加热功率的变化而可以估计的。但经验估计不是 100% 的准确,可能会有几度的偏差。这些偏差可以视为高斯白噪声,也就是偏差与前后时间是没有关系的,而且符合高斯分布。另外,红外线温度测量也是不准确的,测量值会较实际值有偏差,也把这个偏差看成高斯白噪声。现在,在某一时刻有两个有关单晶炉的热场温度值:根据经验的预测值(系统的预测值)和温度计的值(测量值),如何运用这两个值结合它们各自的噪声来估算出单晶炉的实际热场温度值?这个值从统计学的角度上讲是最为准确的、可靠的。

3. 双重控制技术

在单晶炉生产过程中,直径的控制是至关重要的。在传统控制中,一般采用拉速进行控制,但为了保证晶体的生长速度,拉速既不能过大,又不能过小。如果达到了工艺所要求的极限,操作人员将调整加热器功率来改变液面温度,参与对直径的控制。一般来讲,拉速与液面温度之间的协调,全靠人工操作,控制精度低,操作的随意性大,同时也是不及时的。造成的最直接后果是直径的控制精度低,单晶的品质差。而采用双重控制算法,特别是改进的双重控制算法,可以完全克服传统控制的缺陷,既能达到全自动控制,又能够提高控制的精度。

对于一个被控变量采用两个或两个以上的操纵变量进行控制的系统称为双重或多重控制系统。这类控制系统采用不止一个控制器,其中一个控制器的输出作为另一个副控制器的测量信号,这个副控制器用来迫使主控制器的输出最终处于一个理想的设定值,而这一过程通常是缓慢的。因此这类控制系统通常有一个快响应的控制回路及一个慢响应的控制回路。双重控制系统结构如图 8-17 所示,该系统使用一个变送器,两个控制器及两个控制机构。与串级控制系统相比,双重控制系统少用一个变送器多用一个控制机构,且双重控制系统的两个回路是并联的。

从整体来看,双重控制系统仍是一个定值控制系统。但与单由主控制器、副控制器和慢响应对象组成的单回路控制系统相比,由于增加了一个具有快速响应的回路,使它具有一些特殊的功能。双重控制具有“动静结合,快慢结合,急则治标,缓则治本”的特点。这里的“快”指动态性能好,“慢”指静态性能好。

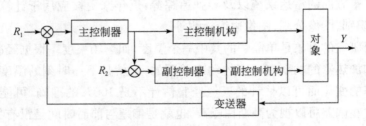

图 8-17　双重控制系统结构图

4. 数字图像处理技术

直径测量技术在单晶硅生长炉的控制技术中发展变化最快,也是全自动控制系统与半自动控制系统的主要区别之一。数字图像处理技术测量几何尺寸,主要包括:

(1)通过图像的预处理获得清晰和足够分辨率和信息量的图像;

(2)通过边界寻找获得图像边缘轮廓位置;

(3)对边缘轮廓进行精细提取获得。

直径软件算法主要包括:

(1)系统的标定,主要是获得 CCD 测量角度来还原真实图像和像素的长度标定;

(2)在图像边缘轮廓的提取完成后,通过已知的被测单晶体旋转速度,将其光圈还原成一个圆;

(3)通过最小二乘法得到晶体直径值。最终达到在细颈生长时晶体直径 4～8mm 时能分辨优于 0.05mm,在等径生长时晶体直径 100～200mm 时能分辨优于0.1mm 的要求。这里主要是采用先进的边缘检测技术,并引入液面高度在线补偿测量的结果,提高检测的精度。

8.2.4　直拉式单晶硅生长炉具体方案

1. 数据处理与动态模型的建立

在单晶炉运行过程中,涉及一些重要的工艺参数,这些参数有些是间接测量的,如直径和液面位置的测量;有些参数测量具有噪声和不确定性,如热场温度和液面温度。准确的工艺参数也是建立过程动态模型的基础,因此采用先进的技术对这些数据进行预处理。表 8-5 是对工艺参数进行数据处理的方法。

表 8-5　工艺参数数据处理方法

参数	存在问题	处理方式	目的
直径	测量精度低	新型边缘检测技术	提高精度
液面位置	间接测量、干扰多	随机统计方法	提高精度
热场温度	噪声和不确定性	Kalman 滤波	提高准确性与稳定性
液面温度	噪声和不确定性	Kalman 滤波	提高准确性与稳定性
压力(真空度)	存在噪声	数字滤波	提高稳定性

　　为了设计先进的控制算法,建立单晶生产过程的动态模型是十分必要的。尽管部分模型可以采用机理建模的方式建立模型,但是由于单晶炉生产机理非常复杂,动态模型的结构和参数难以确定。为此,采用机理建模和测试建模相结合的原则。

　　采用应用热力学方法以及单晶硅生成机理,根据复杂的物流平衡、能量平衡、相平衡等工艺计算,得到动态模型的微分表达式,这样得到的模型表达式非常复杂,必须通过适当的方法将模型简化,转化为适合控制的模型。

　　如果模型的结构和参数难以确定,将进行必要的测试,一般的先进控制软件采用开环阶跃测试的策略,这样不仅影响正常的工艺生产,消耗大量的时间(一般3~5周),而且部分建立的模型不能真实地反映对象的动态特性。在这种情况下,采用闭环测试技术,尽可能地消除测试对正常生产过程的影响,同时得到比开环测试更能够反映过程动态特性的模型。闭环测试是在反馈控制存在的条件下,获得对象的实时数据,然后采用预测误差方法建立过程模型。

　　对于采用测试数据来建立过程模型,预测误差方法是最简单的直接建模方法。该方法不需要知道控制器的结构和参数,一般采用渐近理论对模型的有效性进行检查。它的主要优点是比较容易地确定被建立模型的置信度区间,这个区间是比较可靠的,并能够给出对象不确定性的适当描述。根据以上步骤,建立各对象的传递函数见表 8-6。

表 8-6　对象的传递函数模型

控制对象	传递函数模型
拉晶速度和直径过程 2	$\dfrac{-200}{10s+1}e^{-4s}$
热场温度	$\dfrac{15}{4855s+1}e^{-97s}$
液面温度	$\dfrac{0.9}{200s+1}e^{-5s}$
直径过程 1	$\dfrac{-1.3}{150s+1}e^{-1.5s}$

2. 直径控制

在单晶炉的直径控制中,采用双重控制系统的主控制器控制拉速,使直径尽快恢复到所设定的工艺值上,保证系统具有良好的动态响应,达到"急则治标"的功效。同时,在偏差减小的同时,双重控制系统又充分地发挥了副控制器缓慢的调节作用,改变加热器的功率,并使拉晶速度达到一个理想的设定点上,这就使系统具有较好的静态性能。由于双重控制系统较好地解决了动与静的矛盾,达到了操作优化的目的,控制不需要人工干预和协调。

改进的双重控制策略和一般的双重控制策略不同,主控制器、副控制器均采用先进的预测 PI 控制器,而一般的双重控制策略采用 PID 控制器,改进的单晶炉直径双重控制方案如图 8-18 所示。

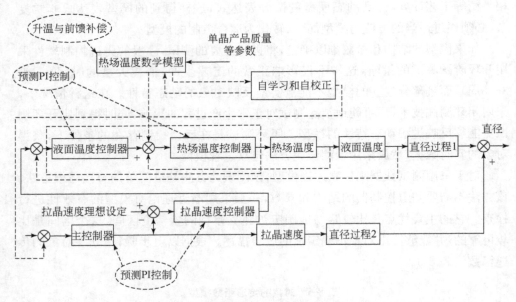

图 8-18　改进的单晶炉直径双重控制方案

根据表 8-6 中各对象的传递函数和预测 PI 控制器设计的基本原理以及双重控制的结构,得到图 8-18 中各控制器的传递函数模型,具体见表 8-7,其中参数 λ 是控制器控制强度的标志,λ 越小,系统的响应速度越快,控制效果越好。但实际由于模型的误差,λ 过小可能会造成系统振荡甚至不稳定,因此应根据实际情况合理设定 λ 的值。参数 λ 的整定方法一般是先设置一个较大的数,然后将其调小,使得系统闭环阶跃响应恰好不出现超调。

表 8-7　控制器的传递函数模型

控制器	传递函数	λ 值
主控制器	$\dfrac{10s+1}{200\lambda(10s+1-e^{-4s})}$	1
拉晶速度控制器	$\dfrac{348s+1}{\lambda(452.4s+1-e^{-302s})}$	1.3
液面温度控制器	$\dfrac{562.5s+1}{1.8\lambda(281.25s+1-e^{-241s})}$	0.5
热场控制器	$\dfrac{4855s+1}{150\lambda(485.5s+1-e^{-97s})}$	0.1

3. 热场温度与液面温度控制

热场温度和液面温度采用串级控制的模式,但与普通串级控制的模式不同。由于这两个温度过程具有大容特性,滞后大,主控制器、副控制器均采用预测 PI 控制技术,保证最终的液面温度在所期望的设定点上。这个液面温度设定点是由单晶硅棒直径与生长速度共同决定而动态给定的,因此该控制系统在设计上要考虑良好的动态响应特性与鲁棒稳定性。热场温度和液面温度也要经过 Kalman 滤波技术进行处理,以便得到真实的温度数据,具体方案如图 8-19 所示。

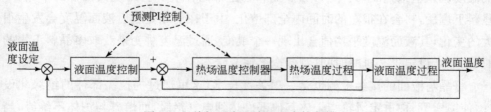

图 8-19　热场温度和液面温度控制模式

4. 液面、生长速度控制及压力控制

随着晶体的不断生长,在拉晶过程中为了保持液面不变或者液面可控,需要知道液面的当前位置,目前获取液面位置的方法主要有重量测算法、激光对射测量法。

重量测算法简单可靠。通过在晶体的提升钢丝绳上方设计一个定滑轮,在定滑轮上面安装称重传感器,通过称重传感器获得当前晶体重量,然后发送蜡塌内熔体重量并计算出当前的液面高度,通过控制当前值坩埚速度来调节液面的位置,保证液面位置控制在一定目标范围,其控制算法采用先进的预测 PI 算法。

对于生长速度控制,系统将直径控制闭环输出的拉速通过软件滤波获得一个单晶的平均生长速度,该值与期望的生长速度进行比较,通过调整加热功率改变液面的温度。实际上生长速度的控制就是拉速的控制,它是直径双重控制策略的一部分,通过改变液面温度来保证拉速最终控制在理想的设定值上,即保证生长速度满足期望的要求。

单晶炉内压力通过控制氩气流量进行控制,采用预测 PI 控制算法,达到压力控制在(20±2)Torr 的精度。

5. 顺序逻辑与状态检测

在设计控制系统的过程中,将控制过程分为不同的阶段,以便在不同的生产阶段实施不同的控制模式。具体分成抽真空、检漏、压力化、熔料、稳定化、熔接、引晶、放肩、转肩、等径、收尾及停炉等 12 个阶段。在这些阶段既可以全自动控制,又留有必要的接口,满足在异常情况下,操作人员进行适当的干预。这里两个状态检测是非常关键的,一是全熔状态检测,二是籽晶与液面接触状态检测,这两个状态检测是实现单晶炉全自动控制的关键因素。

为解决新型热场的判断全熔状态检测问题,采用液面温度变化并结合平均液面温度偏差值来判断,具体为:当多晶料在全部熔化前料会出现大面积的下塌,一旦料下塌后,料会在很短的时间内全部熔化,由于在下塌完成后液面温度会发生很大的变化,其液面温度平均值会出现一个跳变,通过温度跳变来获取多晶料下塌的时刻,然后设定工艺延时时间,判断全熔完成状态。

籽晶与液面的接触检测也是一项关键技术,这里通过提拉头部件的绝缘化设计,使缆索管、称重定滑轮与炉体其他部件达到电气绝缘,而熔硅与炉体不绝缘,当籽晶接触到熔体时,缆索管与炉体发生电容值突变,检测电路检测到该变化值,判断为籽晶接触熔体。

6. 仿真实验与结果分析

若液面温度不变,即只用拉晶速度控制直径的情况下,采用 Z-N 方法整定的 PID 控制算法和预测 PI 控制算法时直径的阶跃响应曲线如图 8-20 所示。

从图 8-20 可以看出,预测 PI 控制算法用做主环控制器时要优于常规 PI 控制,直径的响应速度快且平稳。但此时存在的问题是液面温度是恒定不变的,当在大干扰的情况下,拉晶速度可能过大或者过小,不能保证单晶硅的成晶质量的工艺要求。若保持拉速不变,只采用液面温度来控制晶体直径,控制效果如图 8-21 所示。

从图 8-21 可以看出,若系统只采用液面温度控制直径,过程非常缓慢,1500s 才趋于稳定,抗干扰能力差,对直径控制精度差。而拉速控制直径在 25s 时已趋于稳定,这是由热场温度过程和液面温度过程的大滞后和大惯性决定的。

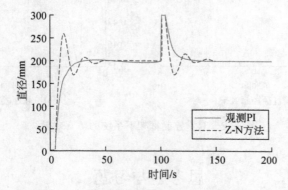

图 8-20　单用拉晶速度控制直径时系统的阶跃响应

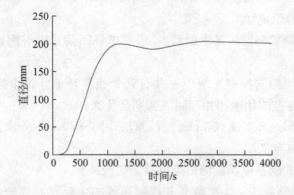

图 8-21　单用液面温度控制直径时系统的阶跃响应

在双重控制的框架下,系统的仿真效果如图 8-22 所示。从图中可以看出,主控制器采用先进的预测 PI 控制算法,减少了振荡和波动,进一步提高了直径的控制精度,增加了系统的鲁棒性和稳定性;同时在稳态的情况下拉晶速度能够保持在一个理想的设定点上,避免了长时间处于上限和下限的状态,保证了成晶质量对拉晶速度的工艺要求。

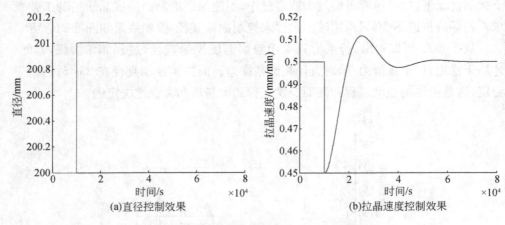

图 8-22　双重控制框架下系统的仿真效果

思考题与习题

1. 根据表 8-1 中的数据,建立图 8-3 所示的解耦控制系统 Simulink 仿真模型,并分析控制系统的稳定性。

2. 试归纳解耦控制器的基本原理,并通过扩展阅读总结解耦控制在多变量系统控制中的地位。

3. 碳纤维双辊协同控制系统中一共有几个换算环节？每个换算环节的算法是否相同？它们各自的用途和相互间的区别是什么？

4. 试用 MATLAB 实现 Kalman 滤波算法,并分析 Kalman 滤波技术在过程控制系统中的作用与意义。

5. 简述直拉式制备单晶硅的原理以及工艺流程。

6. 预测 PI 控制算法是生产单晶硅控制系统的主要核心算法,试分析预测 PI 控制算法的原理以及在控制系统中的意义。

7. 若要在直拉式单晶硅生长炉过程控制系统中添加故障诊断模块,应如何添加？请给出系统结构图并说明理由。

参 考 文 献

摆玉龙,杨利君,柴乾隆.2011.基于系统辨识的模型参考自适应控制.自动化与仪器仪表,(3):23-26.

陈复扬,姜斌.2009.自适应控制与应用.北京:国防工业出版社.

陈佳佳.2013.碳纤维纺丝过程的协同模型与智能优化研究.上海:东华大学博士学位论文.

陈夕松,汪木兰,杨俊.2014.过程控制系统.北京:科学出版社.

丁宝苍,张寿明.2012.过程控制系统与装置.重庆:重庆大学出版社.

丁永生.2004.计算智能:理论、技术与应用.北京:科学出版社.

丁永生,郝矿荣,任立红,等.2016.碳纤维生产过程的动态建模与智能控制.北京:科学出版社.

方康玲.2009.过程控制与集散系统.北京:电子工业出版社.

方康玲.2013.过程控制及其MATLAB实现.北京:电子工业出版社.

高志宏.2006.过程控制与自动化仪表.杭州:浙江大学出版社.

关颖.2012.碳纤维及原丝用油剂研发及应用.化工新型材料,40(6):1-4.

郭阳宽,王正林.2009.过程控制工程及仿真——基于MATLAB/Simulink.北京:电子工业出版社.

海金.2011.神经网络与机器学习.北京:机械工业出版社.

韩红桂,乔俊飞,薄迎春.2012.基于信息强度的RBF神经网络结构设计研究.自动化学报,38(7):1083-1090.

韩曾晋.1995.自适应控制.北京:清华大学出版社.

贺福.2004.高性能碳纤维原丝与干喷湿纺.高科技纤维与应用,29(4):68-75.

黄德先,王京春,金以慧.2011.过程控制系统.北京:清华大学出版社.

李言俊,张科.2005.自适应控制理论及应用.西安:西北工业大学出版社.

梁琛,应骏.2013.图像处理在单晶硅直径检测中的应用.视频应用与工程,37(5):189-191.

林德杰.2009.过程控制仪表及控制系统.北京:机械工业出版社.

刘金琨.2005.智能控制.北京:电子工业出版社.

刘叔军.2006.MATLAB 7.0控制系统应用与实例.北京:机械工业出版社.

吕永根,王华平,潘鼎.2009.聚丙烯腈碳纤维的产业化及装置.高科技纤维与应用,34(2):1-8.

潘海鹏,柯挺,戴文战.2004.纺织生产过程温控对象的自调整模糊控制.纺织学报,24(3):33-35.

潘立登.2010.先进控制系统应用与维护.北京:中国电力出版社.

邵裕森,戴先中.2003.过程控制工程.北京:机械工业出版社.

史军,任丽静,王宗刚.2008.PID神经元网络在单晶硅提拉速度控制系统中的应用研究.石河子大学学报,26(2):245-248.

舒迪前.1996.预测控制系统及其应用.北京:机械工业出版社.

孙洪程,翁维勤,魏杰.2010.过程控制系统及工程.北京:化学工业出版社.

王正林,郭阳宽.2006.过程控制与Simulink应用.北京:电子工业出版社.

王正林,王胜开,陈国顺,等.2012.MATLAB/Simulink与控制系统仿真.北京:电子工业出版社.

吴士昌,吴忠强.2005.自适应控制.北京:机械工业出版社.

徐湘元.2015.过程控制技术及其应用.北京:清华大学出版社.

薛定宇.2009.控制系统仿真与计算机辅助设计.北京:机械工业出版社.

俞金寿,孙自强.2009.过程控制系统.北京:机械工业出版社.

曾光奇,胡均安,王东,等.2006.模糊控制理论与工程应用.武汉:华中科技大学出版社.

张国良.2002.模糊控制及其MATLAB应用.西安:西安交通大学出版社.

周东华.2002.非线性系统的自适应控制导论.北京:清华大学出版社.

朱凯.2010.精通MATLAB神经网络.北京:电子工业出版社.

庄家兴.1993.过程控制工程.武汉:华中理工大学出版社.

Bazbouz M B, Stylios G K. 2008. Novel mechanism for spinning continuous twisted composite nanofiber yarns. European Polymer Journal,44(1):1-12.

Cao J,Chen G,Li P. 2008. Global synchronization in an array of delayed neural networks with hybrid coupling. IEEE Transactions on Systems Man & Cybernetics Part B Cybernetics,38(2):488-498.

Carroll J R, Givens M P, Piefer R. 1994. Design elements of the modern spinning control system. Textile,Fiber and Film Industry Technical Conference,IEEE 1994 Annual:1-12.

Ding Y S,Liang X,Hao K R,et al. 2013. An intelligent cooperative decoupling controller for coagulation bath in polyacrylonitrile carbon fiber production. IEEE Transactions on Control Systems Technology,21(2):467-479.

Ismail A F,Rahman M A,Mustafa A,et al. 2008. The effect of processing conditions on a polyacrylonitrile fiber produced using a solvent-free free coagulation process. Materials Science & Engineering A,485(1):251-257.

Jones P M, Jacobs J L. 2000. Cooperative problem solving in human-machine systems:theory, models,and intelligent associate systems. IEEE Transactions on Systems Man & Cybernetics Part C,30(4):397-407.

Liang X,Ding Y S,Ren L H,et al. 2012. Abioinspiredmultilayered intelligent cooperative controller for stretching process of fiber production. IEEE Transactions on Systems Man & Cybernetics Part C,42(3):367-377.

Luengo J,García S,Herrera F. 2010. A study on the use of imputation methods for experimentation with radial basis function network classifiers handling missing attribute values:the good synergy between RBFNs and event covering method. Neural Networks,23(3):406-418.

Quan Y, Yang J. 2004. Optimal decoupling control system using kernel method. Journal of Systems Engineering & Electronics, 3:364-370.

Tan L, Chen H, Pan D, et al. 2008. Investigating the spinnability in the dry-jet wet spinning of PAN precursor fiber. Journal of Applied Polymer Science, 110(4):1997-2000.

Tarisciotti L, Zanchetta P, Watson A, et al. 2014. Modulated model predictive control for a seven-level cascaded h-bridge back-to-back converter. IEEE Transactions on Industrial Electronics, 61(10):5375-5383.

Wang F, Li S, Mei X, et al. 2015. Model based predictive direct control strategies for electrical drives: an experimental evaluation of PTC and PCC methods. IEEE Transactions on Industrial Informatics, 6:671-681.

Wu M, Yan J, She J, et al. 2009. Intelligent decoupling control of gas collection process of multiple asymmetric coke ovens. IEEE Transactions on Industrial Electronics, 56(7):2782-2792.